高职高专机电类专业"十三五"规划教材

液压与气压传动技术

主　编　张前森　廖昌荣　单旭姣

副主编　段绍娥　胡艳科　黄　中　宁伟嫦

刘　灵　李　双

参　编　罗　吒　申　凯　高　微　黄文杰

吴　辉　李建华　陈　曦　邓小单

陈　琼　彭　林　刘意花　张　亿

彭　锐

主　审　周少良　尹　晖

西安电子科技大学出版社

内 容 简 介

本书共分8个学习模块，主要内容包括液压油的力学基础、常用液压元件的结构原理、液压基本回路、典型液压系统实例分析和气压传动等。

本书语言简练，习题丰富，实用性强，适合作为高等职业院校、成人高校、广播电视大学、本科院校二级职业技术学院和民办高校的机电类相关专业教材，也可供工程技术人员参考或作为自学用书。

图书在版编目(CIP)数据

液压与气压传动技术/张前森，廖昌荣，单旭姣主编. —西安：西安电子科技大学出版社，2018.10

ISBN 978-7-5606-5090-6

Ⅰ.①液…　Ⅱ.①张…　②廖…　③单…　Ⅲ.①液压传动—高等职业教育—教材　②气压传动—高等职业教育—教材　Ⅳ.①TH137　②TH138

中国版本图书馆CIP数据核字(2018)第222648号

策划编辑　杨丕勇
责任编辑　师　彬　杨丕勇
出版发行　西安电子科技大学出版社(西安市太白南路2号)
电　　话　(029)88242885　88201467　　邮　　编　710071
网　　址　www.xduph.com　　电子邮箱　xdupfxb001@163.com
经　　销　新华书店
印刷单位　陕西利达印务有限责任公司
版　　次　2018年10月第1版　2018年10月第1次印刷
开　　本　787毫米×1092毫米　1/16　印张14
字　　数　332千字
印　　数　1～3000册
定　　价　36.00元

ISBN 978-7-5606-5090-6/TH

XDUP 5392001-1

前 言

本书作为高等职业教育机电类相关专业教材，是根据教育部对高等职业教育人才培养目标的要求，结合高等职业教育人才培养特点和编者的教学与实践经验编写而成的。在编写的过程中充分考虑了高职高专教育的职业特色和高职学生的学习特点，在教学内容的设计上注重理论联系实际，在内容的取舍上以必需、够用为度，力求做到少而精。

本书主要介绍了液压与气动技术的基本知识、理论以及与之相关的基本技能。全书共分为 8 个模块。

模块一为液压油的力学基础。本模块主要介绍了工作介质液压油的分类及物理性质，液体静力学、动力学基础知识，压力损失、层流、紊流、雷诺数的概念，以及液压冲击和气穴现象。

模块二为动力元件液压泵。本模块重点介绍了齿轮泵、叶片泵、柱塞泵的工作原理及性能参数。

模块三为执行元件液压缸。本模块对不同液压缸的工作原理、分类、图形符号、应用、组成结构等知识进行了概述。

模块四为液压传动控制调节元件与基本回路。本模块对各类液压控制阀的作用及工作原理进行了较详细的介绍，并介绍了常用液压基本回路的组成及工作原理。

模块五为液压辅助元件。本模块介绍了不同液压系统的特点及设备的安全操作规范，以及油箱和过滤器、油管和管接头、蓄能器和热交换器等元件的用途及符号。

模块六为典型液压系统。本模块对几种典型液压系统进行了分析，以具体案例介绍了分析较复杂液压系统的基本方法。

模块七为气压传动基础知识。本模块主要介绍了气压传动的相关基础知识，包括气压传动技术的定义及工作原理、气压传动系统的组成和作用、气压传动技术的特点及应用、气体物理性能及流动规律。

模块八为气动元件。本模块主要介绍气压传动的气源装置、控制元件、执行元件以及辅助元件的结构和工作原理，并介绍了气压传动的基本回路。

本书充分考虑到新技术、新成果的应用，并力求语言简练、实用、通俗易懂，以方便学生自学。书中精选了大量的机械装备与产品图片，图文并茂，版面生动美观。

本书由衡阳技师学院机械系张前森、廖昌荣、单旭姣担任主编，段绍娥、胡艳科、黄中、宁伟嫦、刘灵、李双担任副主编，参与编写的还有罗吒、申凯、高微、黄文杰、吴辉、李建华、陈曦、邓小单、陈琼、彭林、刘意花、张亿、彭锐等。张前森编写了绪论，模块一、二、三、五；单旭姣编写了模块四；廖昌荣编写了模块六、七、八及附录。全书由周少良、尹晖主审。

由于编者水平有限，书中难免存在不妥之处，敬请读者批评指正。

编者

2018 年 6 月

目录 contents

绪 论

【学习目标】

(1) 掌握液压传动的工作原理、系统组成及图形符号。

(2) 掌握液压传动的优、缺点。

(3) 了解液压传动的发展概况。

一、液压传动概述

图 0-1 所示为磨床工作台液压传动系统的工作原理。通过它可以了解液压传动系统的组成情况，以及一般液压系统应具备的性能。

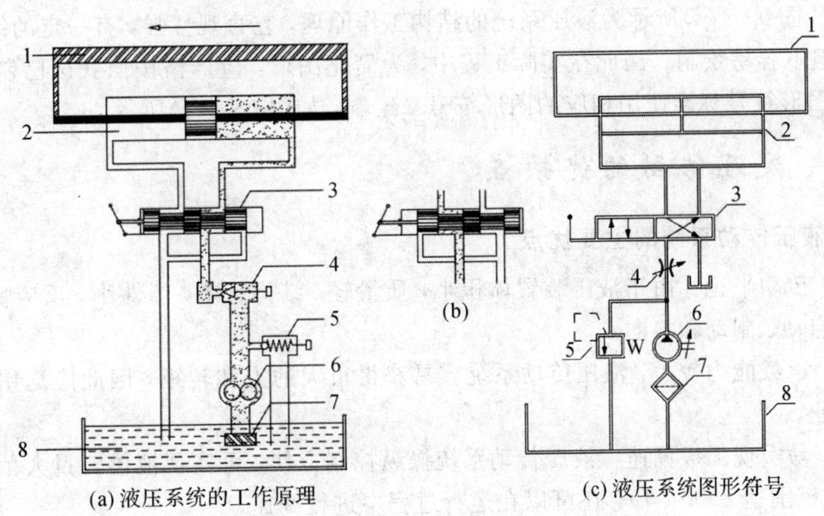

(a) 液压系统的工作原理　　(c) 液压系统图形符号

1—工作台；2— 液压缸；3— 换向阀；4—节流阀；5— 溢流阀；6— 液压泵；7—过滤器；8— 油箱

图 0-1　磨床工作台液压传动系统的工作原理

在图 0-1(a)中，液压泵在电动机(图中未画出)的带动下旋转，油液由油箱经过滤器被吸入液压泵，经泵的出油口向系统输送压力油，压力油通过节流阀、手动换向阀进入液压缸的右腔，推动活塞连同工作台向左移动。此时，液压缸左腔的油液经换向阀通过油管排回油箱。如果将换向阀手柄转换成如图 0-1(b)所示的状态，则压力油进入液压缸的左腔，推动工作台向右移动，液压缸右腔的油液经换向阀通过油管排回油箱。工作台的移动速度由节流阀来调节，当节流阀阀口开大时，进入液压缸的油液增多，工作台的移动速度变大；当节流阀阀口关小时，工作台的移动速度减慢。液压泵输出的压力油除了通过节流阀的一部分外，其余的通过打开溢流阀流回油箱。工作台移动时要克服各种阻力，泵的输出压力应该能够调整。

由此可以看出，液压传动是以液体作为工作介质，以液体的压力能来进行能量转换、传递和控制的一种传动方式。

一般，一个正常工作的液压传动系统应由以下五部分组成：

(1) 动力元件：指液压泵，它是将机械能转换成油液压力能的装置，是系统动力的来源。

(2) 执行元件：指液压缸、液压电动机，它们是将油液压力能转换成机械能的装置。在压力油的作用下，输出力或转矩，完成预定的工作。

(3) 控制元件：包括各种阀类，这些阀是对系统中油液的压力、流量或流动方向进行控制或调节的装置，如压力、流量、方向控制阀等。

(4) 辅助元件：如油箱、管路、过滤器、压力表等，它们起到储油、连接、过滤和测量油液压力等相关作用。

(5) 工作介质：指系统中传递能量的液体，通过它实现运动和动力的能量传递。

二、液压系统的图形符号

在绘制一个完整的液压系统时一般都采用国标 GB/T786.1 — 1993 所规定的液压与气压符号。图 0 - 1(a)所示为液压系统的结构工作原理，它直观性强，有一定的结构性，容易理解，但不容易绘制。因此在实际工程中，为简化图形，应严格按照我国已制定的液压元(辅)件图形符号标准使用相应的图形符号来绘制，如图 0 - 1(c)所示。

三、液压传动的优缺点

1. 液压传动系统的主要优点

(1) 传动平稳。由于液压装置体积小，质量轻，结构紧凑，惯性小，反应快，因此可实现快速启动、制动和换向。

(2) 承载能力较大，液压传动系统容易获得很大的力和转矩，因此广泛用于机械工程相关行业。

(3) 易实现无级调速。液压传动系统操纵控制方便，可实现液体流量大范围的无级调速(调速范围达 2000 : 1)，还可以在运行过程中进行调速。

(4) 易实现过载保护。液压系统中采取了许多安全保护措施，能够自动避免过载，防止事故的发生。

(5) 易实现机器的自动化。当采用电液联合控制或者联合计算机控制后，可实现大负载、高精度、远程自动控制。

(6) 液压传动系统中的各种元件可根据实际需要，方便、灵活地来布置。

(7) 液压元件实现了标准化、系列化、通用化，便于设计、制造和使用。

2. 液压传动系统的主要缺点

(1) 实现严格的传动比较困难，这是由于液压油在相对运动的表面间的泄漏和自身不可避免的可压缩性造成的。

(2) 油液受温度的变化影响较大，这是由于油具有黏性随温度变化而改变的性能，故不宜在温度很高或很低的环境下工作。

(3) 制造精度要求高，加工和装配比较困难，使用维护成本比较高。

(4) 由于泄漏的存在，液压油容易受到外界环境的污染，容易产生振动、噪声、爬行等现象。

总体来说，液压传动的优点比较突出，随着科学的进步与发展，一些缺点已经得到了很大的改善。

四、液压传动的应用

由于液压传动技术的优点比较突出，因而在机械设备、化工、航空、航天、国防等领域都有液压传动技术的应用，见表 0-1。

表 0-1　液压传动技术的应用

行业名称	应用实例
工程机械	挖掘机、装载机、汽车起重机、压路机、自动铲运机等
农业机械	联合收割机、犁、拖拉机等
汽车工业	高空作业车、越野车、减振器、消防车等
船舶工业	游艇、快艇、拖船、打捞船、护卫舰等
矿山机械	起重机、排水机械、输送机等
轻纺工业	纺纱机、造纸机、印刷机、包装机等
航天工业	火箭助飞装置、锁渣阀等

我国的液压技术起步较晚，但是近年来发展迅速，液压元件也日益完善，其在工程机械传动系统、船舶驾驶、航空航天等各方面得到了突飞猛进的发展。

习　题

1. 液压传动均是以______作为工作介质，以______来进行能量________、________和________的一种传动方式。

2. 液压传动系统由________、________、________、________和________五部分组成。

3. 液压传动的优缺点有哪些？

模块一　液压油的力学基础

【学习目标】

（1）掌握工作介质液压油的分类及物理性质。

（2）掌握液体静力学、动力学基础知识。

（3）了解压力损失、层流、紊流、雷诺数的概念。

（4）掌握液压冲击和气穴现象。

1－1　液压工作介质

一、液压工作介质的种类

在液压传动系统中，工作介质按照 GB/T7631.2 — 87（等效采用 ISO6743/4）进行分类，主要分为石油基型液压油和难燃型液压油两大类，如图 1－1 所示。其中，石油基型液压油应用广泛。

- 液压油
  - 石油基型液压油（易燃型液压油）
    - L－HL 液压油（普通液压油）
    - L－HM 液压油（抗磨液压油）
    - L－HG 液压油（导轨油）
    - L－HV 液压油（低温、高黏度液压油）
  - 难燃型液压油
    - 合成型液压油（L－HFC 液压油）
    - 磷酸酯液（L－HFDR 液压油）
    - 乳化性液压油（L－HFB、L－HFAE 液压油）
    - 高水基型液压油（L－HFAS 液压油）

图 1－1　工作介质分类

在液压传动系统中，一般以矿物油（石油基型液压油）作为工作介质。液压油是传递信号和能量的转换介质，同时它还具备润滑、防腐、散热等方面的作用。一个液压系统能够正常有效工作，很大程度上取决于液压油。

二、液压油的物理性质

1. 密度

单位体积内液体的质量，称为液体的密度。体积为 V、质量为 M 的液体的密度 ρ 为

$$\rho = \frac{M}{V} \tag{1-1}$$

式中：ρ 为液体密度，单位为 kg/m^3；M 为液体质量，单位为 kg；V 为液体体积，单位为 m^3。

一般认为液压油的密度是一个常数，计算时可近似地取 900 kg/m³。

2. 可压缩性

液体是可以被压缩的，液体受外部压力作用而发生体积减小的性质称为可压缩性。液体可压缩性的大小用液体的压缩系数 k 表示，指在单位压力变化时引起液体体积的相对变化量。由于液体的体积不容易压缩，故在一般的液压系统中，静态工作下可不考虑油液的压缩性。

3. 黏性

1）黏性的概念

液体在外力作用下流动(或有流动趋势)时，分子间的内聚力要阻止分子间的相对运动而产生一种内摩擦力，这种现象叫做液体的黏性。液体只有在流动(或有流动趋势)时才会呈现出黏性，静止液体是不呈现黏性的。液体黏性的示意图见图 1-2。

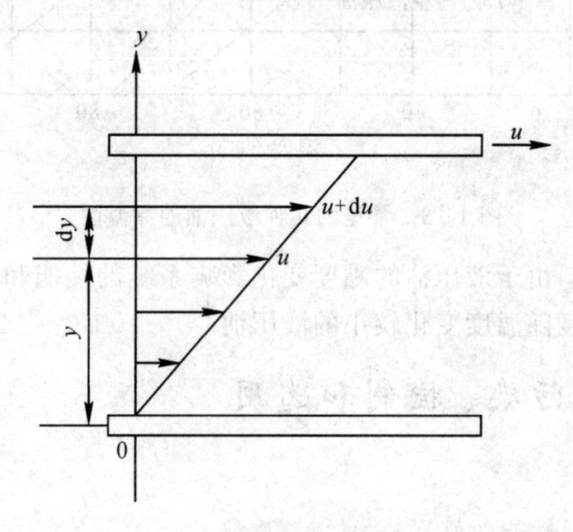

图 1-2　液体黏性的示意图

如图 1-2 所示，黏性能使流动时的液体内部各个质点的速度不相等。两平板间充满液体，下板不动，上板以速度 u 向右运动，由于液体的黏性，靠紧下板的液层速度近似为零，紧靠上板的液层速度近似为 u，中间各个液层的速度则与其和下板的距离按线性规律变化。这样在各个液层之间产生了相互作用的摩擦力。

2）黏度

液体的黏性大小可用黏度来表示。黏度的表示方法有动力黏度 μ、运动黏度 ν 和相对黏度。

3）黏度与压力、温度的关系

液体的黏度会随着压力、温度的变化而发生变化。

压力增加，体积减小，密度增大，黏度增大，但增加的数值不大。在一般液压系统的使用范围内，黏度可忽略不计。

液体的黏度受温度影响较大。温度升高，体积膨胀，密度减小，黏度下降，这种现象叫做液压油的黏温特性。不同的液压油具有不同的黏温特性，决定了液压油的使用场合。

图 1-3 所示为常见的几种不同液压油的黏温图。

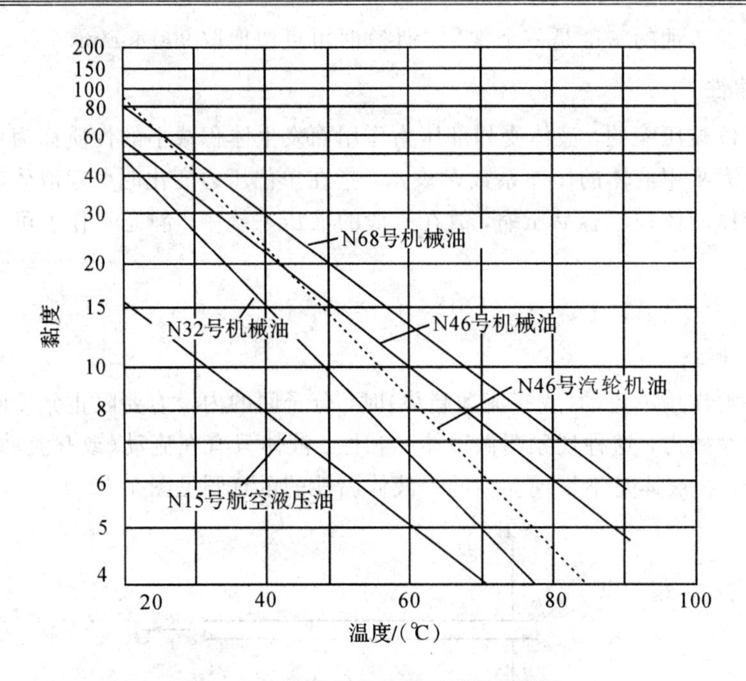

图 1-3 常见的几种液压油的黏温图

在液压传动系统中，由于液压油的黏度变化影响系统的性能和泄漏量，因而在实际使用场合中，尽量选用黏度随温度变化较小的液压油。

三、液压油的污染、控制和选用

1. 要求

(1) 黏度合适，黏温性能要好。

(2) 油液纯净，不含杂质。

(3) 在低温下不容易凝固，在高温下不容易燃烧。

(4) 润滑性能好，不容易形成干摩擦。

(5) 具有良好的抗泡沫性和抗乳化性，相容性好。

(6) 稳定性好，能长期在高温、高压以及高速环境下使用。

(7) 防腐性好。

(8) 经济适用性好，成本低。

2. 选用

在液压传动系统中，各类阀及液压泵对油液的性能非常敏感，合理地选择液压油对延长系统中各元件的使用寿命、提高系统可靠性都有重要的影响。

在选用时，优先考虑黏性。

(1) 工作压力高，选黏度大的；工作压力低，选黏度小的。

(2) 环境温度高，选黏度大的；环境温度低，选黏度小的。

(3) 工作元件运动速度高时，宜选黏度小的；工作元件运动速度低时，宜选黏度大的。

其次选用经济适合型。尽量选择成本低、对污环境染性小、防腐性能好、难燃型、毒性小、稳定性高、更换方便、使用时间长的液压油。

3. 液压油的污染与保养

质量再好的液压油其性能也不可能永远保持不变。液压油变质除了会降低使用性能外，劣化生成的有机酸或油泥还会导致液压装置腐蚀生锈，引起液压元件动作不良等故障。据统计，液压系统故障的70％～85％是由于液压油的污染引起的。引起液压油污染的过程包括运输、安装、运行、维护、储存、自然混入及物化过程。

因此，为了防止液压油的劣化、污染对液压系统造成损害，必须遵照换油基准(定期更换或理化分析方法)，使液压油的性能始终保持在安全范围内。

习　题

1. 液压油的物理性能有________、________、________等。
2. 液压油分________、________两大类，其中________应用最广泛。
3. 什么叫黏温特性?
4. 液压油的作用有哪些?
5. 如何合理地选择液压油?
6. 液压系统的主要故障产生在什么地方?如何防范?
7. 在液压系统中，工作压力高，选黏度________的液压油；工作压力低，选黏度________的液压油。环境温度高，选黏度________的液压油；环境温度低，选黏度________的液压油。工作元件运动速度高时，宜选黏度________的液压油；工作元件运动速度低时，宜选黏度________的液压油。

1－2　液压油的力学基础

一、液体的静力学基础

液体的静力学主要讨论液体处于静止状态时的平衡规律及这些规律的应用。

> 思考
>
> 盛装液体的容器做匀速运动或者匀加速运动，请问液体内部的点处于什么状态?静止液体是指液体内部各个质点之间无相对运动，也认为液体不呈现黏性。

1. 液体的静压力

液体的静压力是指在单位面积上所受的内法向力，简称压力。在物理学中它称为压强，在液压与气压传动中则称为压力，用符号 P 来表示：

$$P=\frac{F}{A} \tag{1-2}$$

式中：F 为内法向力，单位为N(牛顿)；A 为接触面积，单位为 m^2；P 为静压力，单位为Pa(帕斯卡)。

液体的静压力有以下重要性质：

(1) 液体的静压力垂直于其作用平面，其方向与该平面的内法线方向一致。

(2) 静止液体内任一点的压力在各个方向上都相等。

由此可知，如果液体中某点受到的各个方向的压力不相等，那么就破坏了液体静止的条件，液体就会产生运动。

2. 静力学基本方程

如图1-4所示，在盛有液体的容器中，作用在液面上的压力为 P_0，求离液面 h 深处 A 点压力。

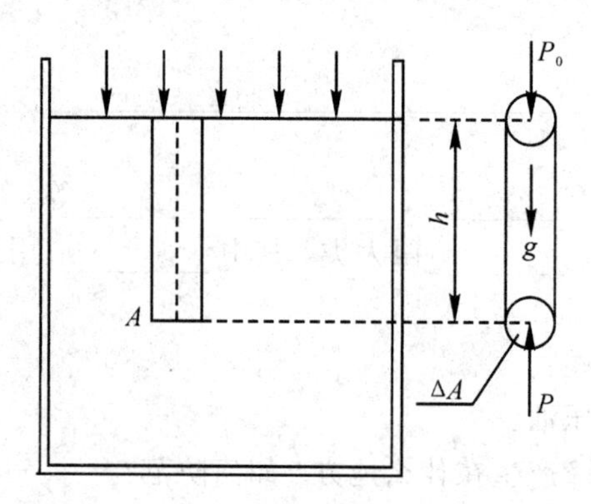

图1-4　液体内压力分布规律

由于液体在外力、重力及周围液体的压力作用下处于平衡状态，故 A 点压力作用的公式计算为

$$P = P_0 + \rho g h \tag{1-3}$$

式中：P 为容器内任意深度 h 处的压力；P_0 为液面上的压力；ρ 为液压油密度；g 为重力加速度，一般取 10 N/kg。

式(1-3)为液体静力学基本方程，该式表明：

(1) 静止液体内任一点处的压力由两部分组成，一部分是液面上的压力 P_0，另一部分为 ρg 与该点距液面深度 h 的乘积。当液面上只受大气压 P_a 作用时，点 A 处的静压力则为 $P=P_a+\rho g h$。

(2) 静止液体内的压力 P 随液体深度 h 呈直线规律分布。

(3) 距液面深度 h 相同的各点压力都相等，由压力相等的点组成了等压面，这个等压面为一水平面。

[例1-1]　如图1-5所示，容器内盛满油液。活塞上的作用力 $F=1000$ N，活塞面积 $A=1\times10^{-3}\ \mathrm{m}^2$，液压油的密度为 900 kg/m³，求活塞下方深度为 0.6 m 处的压力。

解　根据公式 $P=P_0+\rho g h$，有

$$P_0 = \frac{F}{A} = \frac{1000}{10^{-3}} = 1\times10^6\ \mathrm{Pa} \tag{1-4}$$

因此，深度 $h=0.6$ m 处的液体压力为

$$\begin{aligned} P &= 1\times10^6 + 10\times900\times0.6 = 1\times10^6 + 5400 \\ &= 1.0054\times10^6 \approx 1\times10^6\ \mathrm{Pa} \end{aligned} \tag{1-5}$$

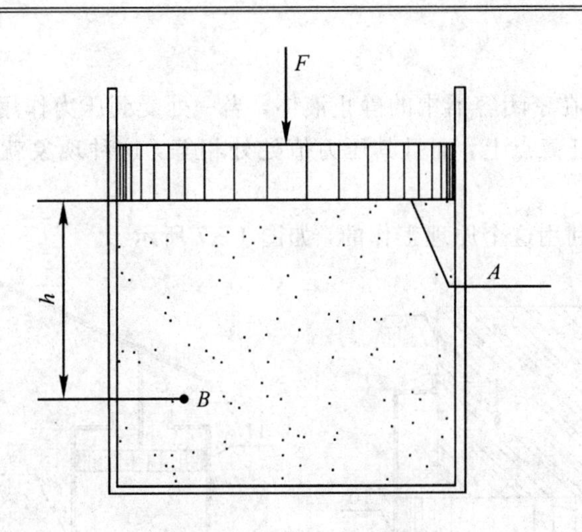

图 1－5　静止液体内压力图

由上式可知，液体在受外压力作用的情况下，液体自重所形成那部分压力 ρgh 是相当小的，可以忽略不计。因而可以近似认为整个静止液体内部各个点的压力是相等的。在以后的液压系统分析中，一般都采用这种结论。

3. 压力的表示方法

压力有两种表示方法：一种是以绝对真空作为基准所表示的压力，称为绝对压力；另一种是以大气压力作为基准所表示的压力，称为相对压力。由于大多数测压仪表所测得的压力都是相对压力，故相对压力也称表压力。当绝对压力小于大气压力时，可用容器内的绝对压力不足一个大气压的数值来表示，称为真空度。

它们的关系如下：

绝对压力＝大气压力＋相对压力(绝对压力＞大气压力)

真空度＝大气压力－绝对压力 (绝对压力＜大气压力)

绝对压力、相对压力、真空度三者之间的关系如图 1－6 所示。

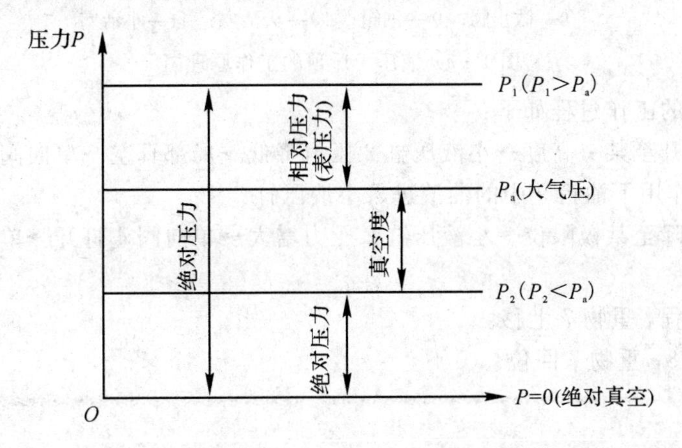

图 1－6　绝对压力、相对压力及真空度间的关系

由此可知，当以大气压力为基准时，基准以上的正值就是表压力，基准以下的负值就是真空度。

4. 帕斯卡原理

从例 1-1 得出，在密闭容器中的静止液体，当一处受到压力作用时，这个压力将通过液体自身传到内部的任意点上，而且其压力值处处相等，这种现象就叫帕斯卡原理，也叫静压传递原理。

液压千斤顶就是利用这个原理工作的，如图 1-7 所示。

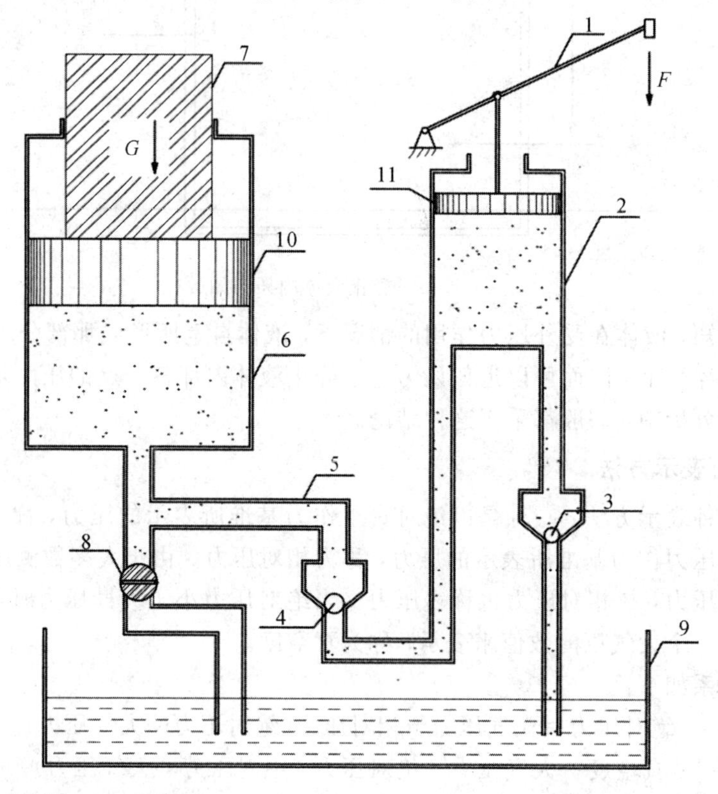

1—杠杆手柄；2—小液压缸；3、4—单向阀；5—油管；6—大液压缸；7—重物；
8—截止阀；9—油箱；10—大活塞；11—小活塞

图 1-7　液压千斤顶的工作原理图

液压千斤顶的工作过程如下：

杠杆手柄上升至某一高度→小液压缸 2 压力降低→局部真空→单向阀 3 打开→单向阀 4 关闭→在大气作用下油箱 9 中的油液进入小液压缸 2。

杠杆手柄下降至某极限位→小液压缸 2 压力增大→单向阀 4 打开→单向阀 3 封闭→油液压入大液压缸 6。

重复以上过程，重物 7 上移。

打开截止阀 8，重物 7 回位。

拓展知识

小液压缸、小活塞以及吸油单向阀和排油单向阀组合在一起，向系统提供一定量的压力油液，称为液压泵；大活塞和大液压缸组合带动重物(负载)运动，使其获得一定运动和输出力，称为执行元件。

二、液体的动力学基础

1. 基本概念

(1) 理想液体：既无黏性又不可压缩的液体。

(2) 实际液体：既有黏性又可压缩的液体。

(3) 稳定流动：液体流动时，若液体中任意一点的压力、速度和密度都不随时间的变化而变化，称为稳定流动，也叫恒定流动，如图 1-8 所示。

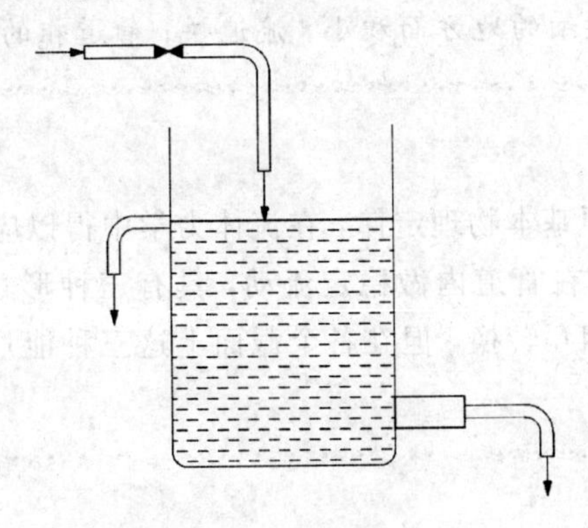

图 1-8　恒定流动示意图

(4) 非稳定流动：液体流动时，任意一点的压力、速度和密度中有一项随时间发生变化，称为非稳定流动，也叫非恒定流动。

(5) 通流截面 A：液体在管道内流动时，垂直于液体流动方向的截面。

(6) 流量 q：单位时间通过通流截面的液体的体积，单位为 L/min 或 m^3/s。

(7) 平均流速 v：由于流动的液体的黏性作用，通流截面上液体各点的流速不相等。为了计算方便，假设通流截面上各点的流速均匀分布，则称为平均流速，单位为 m/s 或 m/min。因此：

$$v=\frac{q}{A} \tag{1-6}$$

2. 连续性方程

质量守恒定律是一项基本物理定律，在流体力学中广泛应用。

如图 1-9 所示，理想液体在管道内做恒定流动，通过两个通流截面 1-1、2-2 的面积分别为 A_1 和 A_2，液体的平均流速分别为 v_1 和 v_2，则单位时间流过两个截面的液体质量

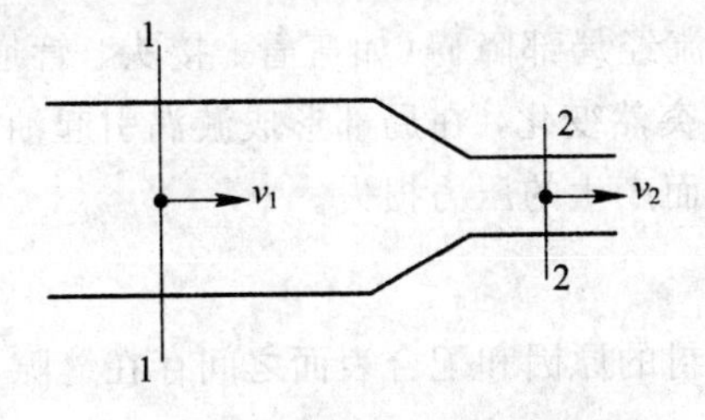

图 1-9　连续性方程简图

相等，因此有

$$\rho_1 \times A_1 \times v_1 = \rho_2 \times A_2 \times v_2 \tag{1-7}$$

由于液体近似认为不可压缩，因此 $\rho_1 = \rho_2$，故

$$A_1 \times v_1 = A_2 \times v_2 = q(\text{常数}) \tag{1-8}$$

式(1-8)称为连续性方程。

拓展知识

当流量一定时，管道细的地方面积小，流速快；管道粗的地方面积大，流速慢。

3. 伯努利原理

能量守恒定律也是一项基本物理定律，在流体力学中得以应用。

物理意义：理想的液体在管道内做稳定流动，具有三种形式的能量，即压力能、动能和势能。这三种能量可以相互转换，但在各个截面上这三种能量的总和是一个常数，即能量守恒。

拓展知识

理想液体在管道内做稳定流动，当管道水平放置时，高度势能不变，管道细的地方面积小，流速快，动能大，压力能低，而管道粗的地方面积大，流速慢，动能小，压力能高。

三、管道中的能量损失

液体在密封的管道内流动时，由于液体内部分子间存在黏性，以及液体和管壁之间的摩擦和碰撞因素，会产生阻力，称为液阻。液体在流动时要克服液阻，必然有能量的损耗，即产生能量损失。

在液压传动中，能量损失体现在两个方面：压力损失和流量损失，其中主要表现在压力损失。

1. 压力损失

在液压传动中，压力损失分为两类：沿程压力损失和局部压力损失。

沿程压力损失：油液沿等直径直管流动时所产生的压力损失。这类压力损失是由液体流动时的内、外摩擦力所引起的。

局部压力损失：是油液流经局部障碍(如弯管、接头、管道截面突然扩大或收缩)时，由于油液流的方向和速度的突然变化，在局部形成漩涡引起油液质点间，以及质点与固体壁面间相互碰撞和剧烈摩擦而产生的压力损失。

2. 流量损失

由于液压元件连接处密封的原因和配合表面之间存在缝隙，所以不同程度地存在着泄漏，泄漏造成流量损失。

泄漏分内泄漏与外泄漏两种。

3. 总能量损失

液压系统中所有压力损失及流量损失的总和，称为总能量损失。

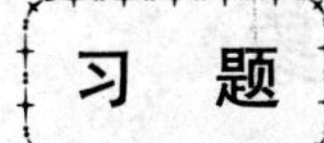

习　题

1. 静压力的性质有哪些？其公式如何表达？

2. 静力学基本方程有哪些意义？

3. 静压传递原理的概念是什么？

4. 液体的流量概念是什么？单位如何表示？

5. 理想液体在管道内做稳定流动，当管道水平放置时，管道粗的地方流速________，动能________，压力能________而管道细的地方流速________，动能________，压力能________。

6. 液体的平均流速怎么表达？

7. 液压系统中能量损失分________和________两种，其中主要体现在________方面。

8. 真空度是指________。

A. 绝对压力和相对压力的差值

B. 当绝对压力低于大气压力时，此绝对压力就是真空度

C. 当绝对压力低于大气压力时，此绝对压力与大气压力的差值

D. 大气压力与相对压力的差值

9. 图 1-10 所示的液压千斤顶中，小活塞直径 $d=10$ mm，大活塞直径 $D=40$ mm，重物 $G=50000$ N，小活塞行程 20 mm，杠杆 $L=500$ mm，$l=25$ mm。

(1) 杠杆端需加多少力才能顶起重物 G？

(2) 此时液体内所产生的压力为多少？

(3) 杠杆每上下一次，重物升高多少？

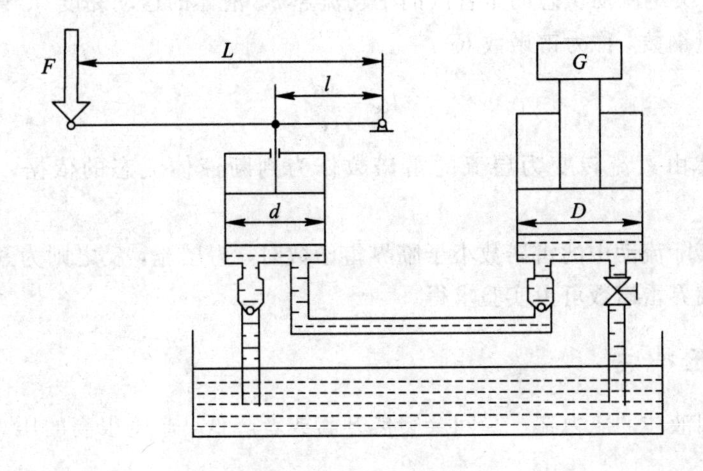

图 1-10　液压千斤顶

10. 如果液体流动是连续的，那么在液体通过任一截面时，以下说法正确的是(　　)。

A. 没有空隙　　　　　　　　　　B. 没有泄漏
C. 流量是相等的　　　　　　　　D. 上述说法都是正确的

1－3　液体流动状态、液压冲击和气穴现象

一、层流、紊流及雷诺数

19 世纪末，英国科学家雷诺通过实验发现液体在流动时存在两种状态，即层流和紊流。

1. 层流

液体流动时呈线型或层状，且平行于管道轴线，各层互不干扰，黏性力起主要作用，如图 1－11(a)所示。

2. 紊流

液体流动时各质点运动杂乱无章，惯性力起主要作用，如图 1－11(b)所示。

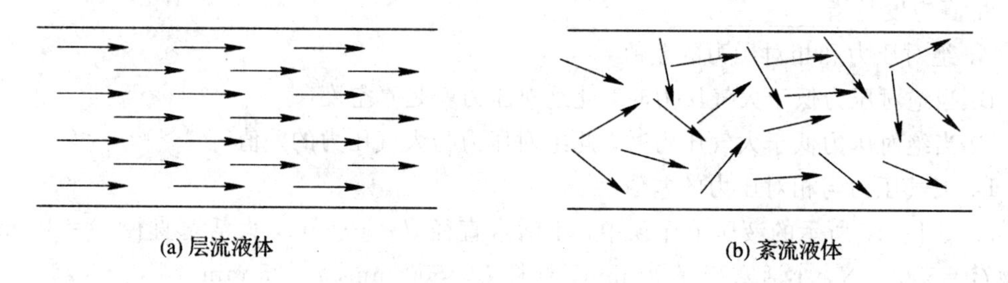

(a) 层流液体　　(b) 紊流液体

图 1－11　层流、紊流液体

3. 雷诺数

实验表明，决定流动状态的是管内的平均流速 v、液体的运动黏度 ν、管径 d 三个数所组成的一个无量纲数，称为雷诺数 Re：

$$Re=\frac{\nu d}{v} \tag{1-9}$$

一般以液体由紊流转变为层流的雷诺数作为判断液体流态的依据，称为临界雷诺数 Re_c。

当液体在实际流动中的雷诺数小于临界雷诺数时，为层流，反之则为紊流。常见的液体流动管道的临界雷诺数可由实验求得。

二、液压冲击

因某些原因液体的压力在一瞬间会突然升高或者降低，产生很高的压力峰值，这种现象称为液压冲击。

1. 液压冲击的类型

液压冲击的类型有管道阀门突然关闭时的液压冲击和运动部件制动时产生的液压冲

击。瞬间压力冲击不仅引起振动和噪声，而且会损坏密封装置、管道、元件，造成设备事故。

2. 减少液压冲击的措施

(1) 延长阀门关闭和运动部件制动换向的时间。

(2) 限制管道流速及运动部件的速度。

(3) 适当增大管径，以减小冲击波的传播速度。

(4) 尽量缩短管道长度，减小压力波的传播时间。

(5) 用橡胶软管或设置蓄能器吸收冲击的能量。

三、空穴现象

1. 空穴现象的机理及危害

液压系统中，某点压力低于液压油液所在温度下的空气分离压时，原先溶于液体中的空气会分离出来，使液体产生大量的气泡，这种现象称为空穴现象(也叫气穴现象)。

当压力进一步减小到低于液体的饱和蒸汽压时，液体将迅速汽化，产生大量蒸汽气泡使空穴现象更加严重。空穴现象多发生在阀口和泵的吸油口。

2. 空穴现象的危害

大量气泡使液流的流动特性变坏，造成流量和压力不稳定，液体流动不连续；气泡进入高压区，高压会使气泡迅速崩溃，使局部产生非常高的温度和冲击压力，引起振动和噪声；当附着在金属表面的气泡破灭时，局部产生的高温和高压会使金属表面疲劳，时间一长会造成金属表面的侵蚀、剥落，甚至出现海绵状的小洞穴，即气蚀。这种气蚀作用会缩短元件的使用寿命，严重时会造成故障。

3. 减少气穴现象的措施

(1) 减小阀孔前后的压力降，一般使压力比 $P_1/P_2<3.5$。

(2) 尽量降低泵的吸油高度，减少吸油管道阻力。

(3) 各元件连接处要密封可靠，防止空气进入。

(4) 增强容易产生气蚀的元件的机械强度。

习 题

1. 液体的流动状态分________和________两种。可用________来区分这两种状态。
2. 什么叫液压冲击？如何减少其影响？
3. 什么叫空穴现象？采取什么措施减少其影响？

模块二　动力元件液压泵

【学习目标】

(1) 熟悉齿轮泵、叶片泵、柱塞泵的工作原理。

(2) 掌握不同液压泵其性能参数、图形符号及其应用等知识。

2-1　液压泵概述

一、液压泵的工作原理

液压泵是液压动力元件，它是将电动机(或其他原动机)输入的机械能转变成油液压力能的能量转换装置。液压泵俗称油泵，其作用主要是向液压系统提供压力油。

图 2-1 所示为容积式液压泵的工作原理。

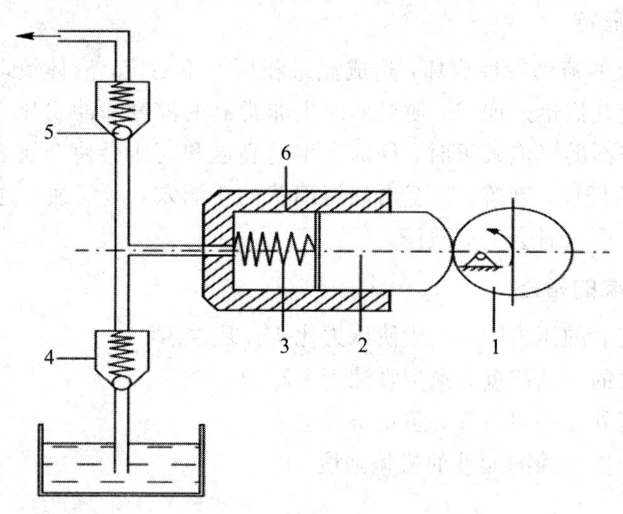

1—偏心轮；2—柱塞；3—弹簧；4、5—单向阀；6—缸体

图 2-1　容积式液压泵的工作原理

工作过程：偏心轮旋转时，柱塞在偏心轮和弹簧的共同作用下，在泵体内做往复直线运动。泵体和柱塞之间构成了密封的工作容积。当柱塞向右移动时，工作容积变大，产生真空，油箱中的油液通过单向阀 4 吸入泵体；当柱塞向左移动时，工作容积变小，在柱塞的作用下吸入的油液通过单向阀 5 挤压到液压系统中。偏心轮不停地旋转，密封容积不停地吸油与压油。

由此可知，液压泵是依靠密封的工作容积不停地变化来进行工作的，因此液压泵也叫容积泵。目前，液压传动系统中的油泵一般均采用容积泵。

液压泵正常工作的条件是：

（1）结构中要有密封的工作容积。

（2）密封的工作容积要呈现周期性变化，吸油量和压油量的多少由密封工作容积变化的大小来决定。

（3）要有配流装置。当容积增大时，油腔要和吸油口相连，当容积减小时，油腔要和压油口相连，这是泵连续正常工作的必备条件。

（4）油箱要和大气相通。

二、液压泵的分类与参数

1. 液压泵的分类

按在单位时间内输出的油液体积能否调节，液压泵分为定量泵和变量泵。

按结构形式，液压泵分为齿轮泵、叶片泵和柱塞泵。

液压泵的分类及应用见表 2－1。

表 2－1　液压泵的分类及应用

	分类		应用
液压泵	齿轮泵	外啮合齿轮泵	只能用于低压场合，定量泵
		内啮合齿轮泵	适用于输送黏度大的介质，用于中、低压场合，可作定量泵
	叶片泵	单作用叶片泵	适用于中、低压场合，既可作变量泵，又可作定量泵
		限压式叶片泵	适用于中、低压场合，可根据负载自动调节流量输出
		双作用叶片泵	适用于中、中高压场合，可作定量泵
	柱塞泵	轴向柱塞泵	既可作定量泵，也可作变量泵，适用于高压甚至超高压场合
		径向柱塞泵	

2. 液压泵的图形符号

液压泵的图形符号见表 2－2。

表 2－2　液压泵的图形符号

名称	符号	名称	符号
单向定量泵		单向变量泵	
双向定量泵		双向变量泵	

液压泵简化也可以表示为 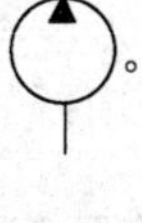　。

3. 液压泵的参数

液压泵的相关参数见表 2－3。

表 2－3　液压泵的相关参数

项目		定义	公式换算
压力	工作压力 P	油泵实际工作时的压力	由外部负载决定
	额定压力 P_n	油泵在额定工作条件下，按实验标准规定连续运转的最高压力	$P>P_n$ 过载 $P<P_n$ 安全
排量	理论排量 V_n	油泵的轴每转一周，由密封容积几何体积变化计算得出	$V=V_{max}-V_{min}(m^3)$
	实际排量 V	油泵在正常工作时，轴每转一转实际排除油液体积	
流量	额定流量 q_t	油泵在额定工作条件下，按实验标准规定在单位时间内排出油液体积	$q_t=V_n\times n$(转速)
	实际流量 q_v	油泵在正常工作时，单位时间实际排出油液体积	$q_v=q_t\times\eta_v$ (η_v 为容积效率)
效率	容积效率 η_v	液压系统中因泄漏、空穴或高压压缩时造成的流量损失	$\eta_v=q_v/q_t$ (η_v 为百分数)
	机械效率 η_m	因摩擦造成的转矩上的损失	$\eta_m=T_t/T$(T 为实际输入转矩，T_t 为理论输入转矩)
	总效率 η	输出功率和输入功率之比	$\eta=\eta_v\times\eta_m$

习　题

1. 液压泵的工作压力取决于什么？泵的工作压力与额定压力有何区别？

2. 什么是液压泵的排量、理论流量和实际流量？它们的关系如何？

3. 液压泵是将原动机输入的________转变为油液的________的装置；液压缸是将油液的压力能转换成驱动负载的________的装置。

4. 常用的液压泵有________、________和________三大类，它们都是________式的。

5. 某液压泵在转速 $n=950$ r/min 时，理论流量 $q_t=160$ L/min。在转速相同、压力 $P=29.5$ MPa 时，测得泵的实际流量 $q=150$ L/min，总效率 $\eta=0.87$。

(1) 求泵的容易效率。

(2) 求泵在上述工况下所需的电动功率。

(3) 求泵在上述工况下的机械效率。

(4) 驱动泵的转矩多大？

6. 液压泵的额定压力是________。

A. 泵进口处的压力　　B. 泵实际工作的压力

C. 泵在连续运转时所允许的最高压力　　D. 泵在短时间内超载所允许的极限压力

7. 液压泵的实际输出流量________理论流量；液压马达的实际输入流量________理论流量。

A. 大于　　　　　　B. 小于　　　　　　C. 等于

8. 液压泵能实现吸油和压油，是由于泵的________变化。

A. 动能　　　B. 压力能　　　C. 密封容积　　　D. 流动方向

9. 液压泵单位时间内排出油液的体积称为泵的流量。泵在额定转速和额定压力下的输出流量称为(　　)；在没有泄漏的情况下，根据泵的几何尺寸计算而得到的流量称为(　　)，它等于排量和转速的乘积。

A. 实际流量　　　　B. 理论流量　　　　C. 额定流量

10. 在实验中或工业生产中，常把零压差下的流量(即负载为零时泵的流量)视为(　　)；有些液压泵在工作时，每一瞬间的流量各不相同，但在每转中按同一规律重复变化，这就是泵的流量脉动。瞬时流量一般指的是瞬时(　　)。

A. 实际流量　　　　B. 理论流量　　　　C. 额定流量

2-2　齿　轮　泵

齿轮液压泵是一种常见的液压泵。它的优点是结构简单，制造方便，体积小，重量轻，价格低廉，自吸能力好，对油液污染不敏感，便于维修，工作可靠；缺点是流量脉动大，噪声大，泄漏严重，排量不可靠，只能用于低压(P<2.5 MPa)场合。外啮合齿轮泵结构简图如图 2-2 所示。

图 2-2　外啮合齿轮泵结构简图

齿轮泵按其啮合形式不同分为外啮合和内啮合两种，其中外啮合齿轮泵应用范围广泛，而内啮合齿轮泵多用于辅助泵。本章节主要介绍外啮合齿轮液压泵。

一、外啮合齿轮液压泵的工作原理

外啮合齿轮泵的工作原理如图 2-3 所示。它采用的是前后端盖、泵体和一对齿轮三片式结构。泵体内相互啮合的主、从动齿轮和两端盖以及泵体一起构成了密封的工作容积。齿轮的啮合点将左、右两个工作腔隔开，形成了吸油腔和压油腔。在传动轴的带动下，齿轮按图示方向旋转时，左腔齿轮啮合脱离，密封工作容积不断增大，形成部分真空，油液在大气压力的作用下从油箱通过油管进入左侧吸油腔，这是齿轮泵的吸油过程。吸油腔的油液被旋转的齿间槽带到右侧的油腔，右侧油腔内齿轮不断进入啮合，使密封的工作容积减小，油液受到挤压进入液压系统，这就是齿轮泵的压油过程。当传动轴带动齿轮不停地回转时，吸、压油过程连续地进行。

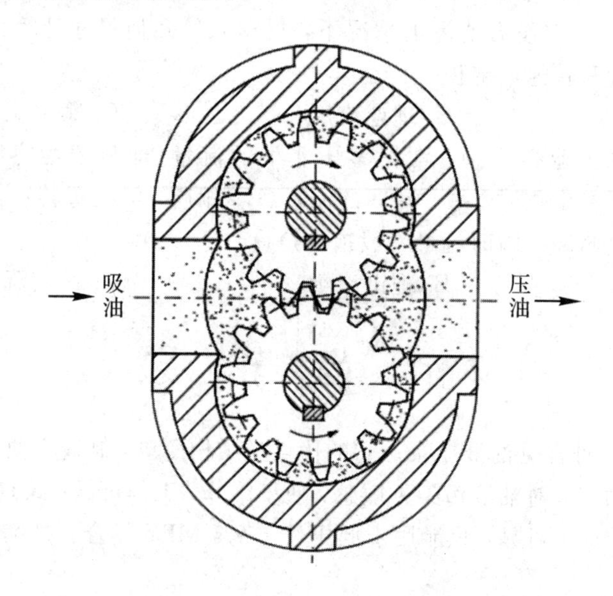

图 2-3　外啮合齿轮泵的工作原理

齿轮泵不需要专门的配流装置，这是齿轮泵与其他类型容积泵的区别。

二、外啮合齿轮泵的流量计算

齿轮啮合时，啮合点位置瞬间变化，其工作容积变化率不等。瞬时流量不均匀，即脉动，计算瞬时流量时必须进行积分计算才精确，比较麻烦，一般用近似计算法。

排量：

$$V=\pi dhb=2\pi zm^2b \tag{2-1}$$

取　$V=\pi dhb=(6.66\sim7)zm^2b$（齿数 z 少时取大值）

式中：V 为每转流量，单位为 $\mathrm{mm^2/r}$；z 为齿轮齿数；m 为齿轮模数，单位为 mm；b 为齿宽，单位为 mm。

故实际输出流量为

$$q=(6.66\sim7)zm^2bn\eta_v \tag{2-2}$$

流量脉动率为

$$\sigma=\frac{q_{\max}-q_{\min}}{q}$$

式中：q 为实际输出流量，单位为 L/min；n 为转速，单位为 r/min；η_v 为容积效率；σ 为流量脉动率，单位为%。

三、齿轮泵的缺陷及改进

1. 困油现象及其消除措施

1）困油现象产生的原因

为保证齿轮连续平稳运转，又能够使吸压油口隔开，齿轮啮合时的重合度必须大于1，所以有时会出现两对轮齿同时啮合的情况，故在齿向啮合线间形成一个封闭容积。困油现象产生过程如图2-4所示。

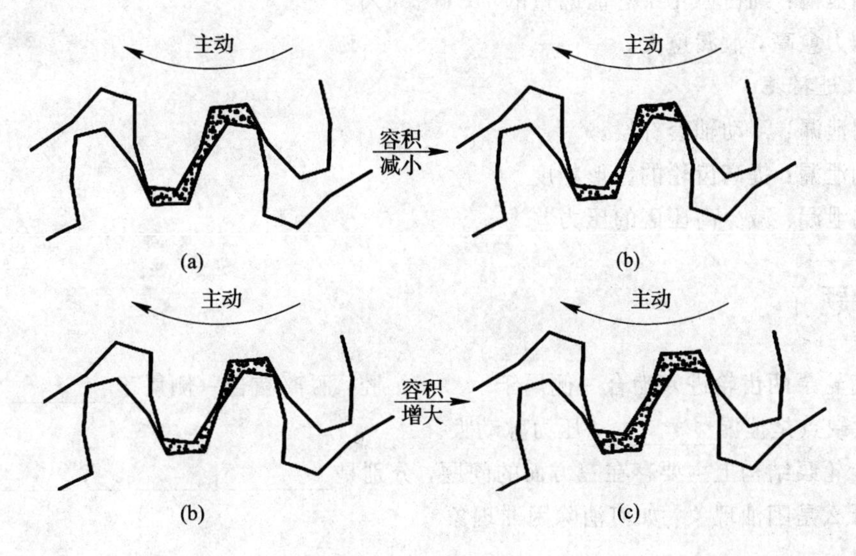

图2-4 困油现象

2）困油现象引起的结果

如图2-4所示，图(a)→图(b)密闭容积缩小，油液压强升高，高压油从一切可能泄漏的缝隙强行挤出，使轴和轴承受很大冲击载荷，泵剧烈振动，同时无功损耗增大，油液发热。图(b)→(c)密闭容积增大，油液压强降低，形成局部真空，产生气穴，引起振动、噪声、气蚀等。

总之，困油现象会使泵工作性能不稳定，产生振动、噪声等，直接影响泵的工作寿命。

3）消除困油现象的方法

在泵盖(或轴承座)上开卸荷槽以消除困油，CB-B型泵将卸荷槽整个向吸油腔侧平移一段距离，效果更好。

2. 径向作用力不平衡

(1) 径向不平衡力的产生：在齿轮泵中，油液作用在齿轮外边缘的压力是不均匀的，从低压腔到高压腔，压力沿齿轮旋转时的方向逐渐递增。工作场合压力越高，径向力不平衡越大。

(2) 径向力不平衡后果：导致泵轴弯曲，使泵体磨损，产生振动和噪声，降低使用寿命。

(3) 改善措施：缩小压油口，以减小压力油作用面积。增大泵体内表面和齿顶间隙开压力平衡槽，会使容积效率减小。

3. 泄漏

在外啮合齿轮液压泵中，高压腔的油液通过缝隙向低压腔的泄漏是无法避免的，严重的泄漏会影响系统的工作效率。

1）泄漏项目

齿侧泄漏：约占齿轮泵总泄漏量的5％。

径向泄漏：约占齿轮泵总泄漏量的20％～25％。

端面泄漏：约占齿轮泵总泄漏量的75％～80％。

泵压力愈高，泄漏愈大。

2）改进措施

轴向泄漏：浮动轴套补偿。

齿侧泄漏：提高齿轮的齿形精度。

径向泄漏：减少高压区的压力差。

习　题

1. 齿轮泵两齿轮进入啮合一侧属于________腔，脱离啮合一侧属于________腔；齿轮泵的最大缺点是泄漏________，压力脉动大。

2. 齿轮泵结构上主要存在三方面的问题，分别是________；________；________。

3. 什么是困油现象？如何消除困油现象？

2－3　叶　片　泵

叶片泵广泛应用在机械工业、冶金设备、船舶中。其优点是：结构紧凑，体积小，运转平稳，噪声小，使用寿命较长；缺点是：自吸性能差，对油液污染敏感，结构较复杂，转速不能太高。

按照工作原理，叶片泵分为单作用式和双作用式两大类。

一、双作用叶片泵

1. 双作用叶片泵的工作原理

如图2－5所示，双作用叶片泵由定子1、转子2、叶片3、配流盘4组成。叶片装在转子槽中。定子内表面近似椭圆，内由两段长半径为R、两段外半径为r的圆弧和四组过渡曲线组成，定子和转子同心。在配流盘上，对应于定子四段过渡曲线的位置开有四个配流窗口。当转子按如图2－5所示做逆时针旋转时，密封工作腔的容积在左下角和右上角逐渐增大，形成真空度，两个窗口与泵的吸油窗口相通，为吸油区；在左上角和右下角处密封工作腔逐渐减小，在定子内表面的作用下，通过两个窗口油液压入液压系统，为压油区。吸油区和压油区之间有一段封油区将吸、压油区隔开。转子不停地旋转，泵就不断地吸油和压油。

泵转子每旋转一周，完成两次吸油、两次压油，故称为双作用叶片泵。由于两个吸油窗口和两个压油窗口成径向对称分布，因此作用在转子上的压力径向平衡，又称为平衡式叶片泵。

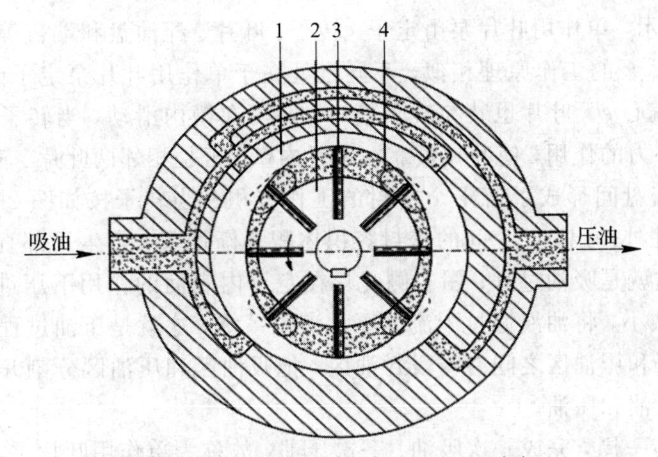

1—定子；2—转子；3—叶片；4—配流盘

图 2-5　双作用叶片泵的工作原理

2. 双作用叶片泵的结构特点

(1) 由于配流盘上窗口成对称分布，作用在转子上的径向力平衡，因此转轴使用寿命长。

(2) 为了保证叶片和定子内表面紧密接触，在配流盘上开环形槽，让叶片根部和环形槽相通，同时通入压力油。

(3) 双作用叶片泵的叶片不能径向安装，而要倾斜一个角度 θ，防止在压油区时叶片磨损加剧而折断，同时叶片顶部需要倒角，形成一定的接触力，因而转子不能反转。

(4) 双作用叶片泵可以承受的最高工作压力已达到 20～30 MPa，在配流盘端面采用浮动材料进行补偿后，在高压情况下具有较高的容积效率。

(5) 由于双作用叶片泵结构复杂，对油液的污染比较敏感，因此要定期做保养。

(6) 双作用叶片泵承受平衡时的径向力，因而叶片呈现双数，一般为 8 片、10 片和 12 片。

3. 双作用叶片泵的排量和流量

从图 2-5 可知，双作用叶片泵的流量近似按椭圆环形体积计算，同时考虑到叶片安装时倾斜一个角度 θ，故双作用叶片泵的理论排量为

$$V=2B\left[\pi(R^2-r^2)-\frac{(R-r)z}{\cos\theta}\right] \tag{2-3}$$

双作用叶片泵的流量 q_v 的精确计算公式为

$$q_v=2\left[\pi(R^2-r^2)-\frac{(R-r)bz}{\cos\theta}\right]Bn\eta_v \tag{2-4}$$

式(2-3)和式(2-4)中：V 为理论排量；q_v 为实际输出流量；θ 为叶片倾斜角度；R 为定子长半径；r 为定子短半径；b 为转子厚度；z 为叶片数；b 为叶片厚度；n 为转子转速；η_v 为双作用叶片泵的容积效率。

对于其他特殊结构的双作用叶片泵，其平均流量计算也可以使用式(2-4)。

二、单作用叶片泵

1. 单作用叶片泵的工作原理

如图 2－6 所示，单作用叶片泵由定子、转子、叶片、配油盘和端盖等组成。它的工作原理和双作用叶片泵的工作原理相似，不同之处在于单作用叶片泵定子内表面是圆柱形，定子和转子存在偏心 e。叶片也装在转子槽中，并可在槽内滑动，当转子在电动机带动下旋转时，借助离心力的作用，使叶片紧靠在定子内壁，于是相邻两叶片、转子外表面、定子内表面和两端配流盘间形成了若干个密封的工作容积。当转子按如图 2－6 所示旋转时，图左侧叶片逐渐往外伸出，叶片间的密封容积体积逐渐增大，产生局部真空，通过配流盘从吸油口吸油，这就是吸油过程；图右侧叶片在定子内表面的作用下压进槽内，使密封工作容积体积逐渐减小，将油液通过配流盘压入液压系统，这就是压油过程。和双作用叶片泵一样，在吸油区和压油区之间有一段封油区，把吸油区和压油区分割开。转子不停地旋转，泵就不断地吸油和压油。

泵转子每旋转一周，完成一次吸油、一次压油，故称为单作用叶片泵。

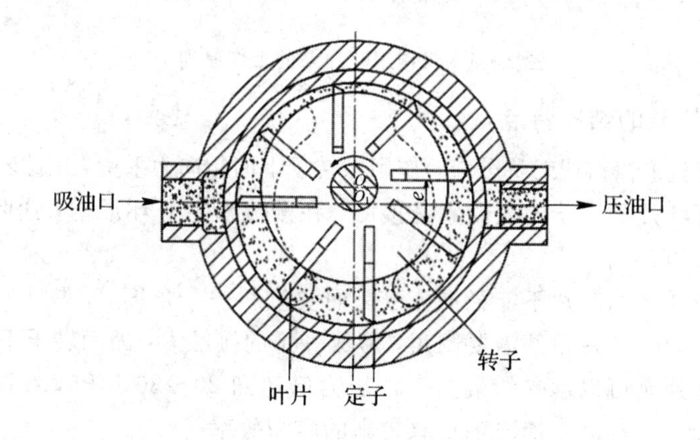

图 2－6　单作用叶片泵工作原理

2. 单作用叶片泵的结构特点

（1）单作用叶片泵的流量具有一定的脉动性。增加泵的叶片数量，使叶片成奇数可以减小油液流动脉动性，故叶片数一片为 13 片或 15 片。

（2）单作用叶片泵可以通过改变定子和转子的偏心距 e 来改变泵的流量，故为变量泵。增大偏心距，则流量 q 增加；反之，减小偏心距 e，则流量 q 减小；当偏心距 $e=0$ 时，泵的流量 q 也为零。

（3）为了使叶片顶部和定子内表面紧密接触，压油区处的叶片底部要通过特殊的通道与压油区相通，吸油区处的叶片底部与吸油区相通。

（4）单作用叶片泵由于密封容积转一圈，吸油和压油各一次，转子承受着不平衡的径向液压力，因而适用于中、中低压泵场合。

（5）为了让转子旋转时叶片能很好地伸出和压进叶片槽内，因此叶片在安装时要和转子旋转方向相反倾斜安装，故转子不能反转。

3. 单作用叶片泵的排量和流量

单作用叶片泵的理论排量为各个工作容积在转子旋转一周排出的油液总和。如图2-7所示，两个叶片之间密封容积的变化近似等于扇形体积V_1和V_2之差，则排量近似为

$$V=\pi\left[\left(\frac{D}{2}+e\right)^2-\left(\frac{D}{2}-e\right)^2\right]B=2\pi DeB \tag{2-5}$$

单作用叶片泵的实际流量为

$$q_v=2\pi DBen\eta_v \tag{2-6}$$

式中：V为理论排量；q_v为实际输出流量；D为定子内圆直径；B为转子厚度；e为偏心距；n为转子转速；η_v为单作用叶片泵的容积效率。

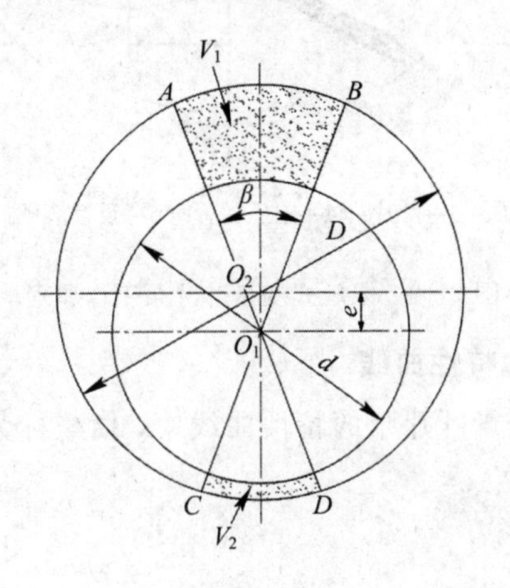

图2-7 单作用叶片泵流量计算简图

三、限压式变量叶片泵

1. 限压式变量叶片泵的工作原理

限压式变量叶片泵的工作原理和单作用叶片泵的工作原理相似，都属于变量泵。从工作原理上划分，限压式变量叶片泵可分内反馈式和外反馈式两种。这里主要讲解限压式外反馈变量叶片泵。

如图2-8所示，限压式变量叶片泵在结构上由转子、定子、叶片、限压弹簧、反馈液压缸、调节螺母等结构组成。其中转子中心固定，定子在滑块滚针支座上可做水平移动。

图2-8中，在限压弹簧4的作用下，定子被推到最左端，使定子和转子之间有偏心距e，且偏心距e_{max}达到最大值，这时的流量q也达到最大值，叶片随着转子旋转，不停地输出大流量的液压油。当系统有负载时，泵的压油区油液产生了一定的压力P，此压力通过管道传给反馈液压缸5，反馈液压缸5中活塞承受一定推力$F(F=PA)$。若推力F小于限压弹簧4给定子向左的力，则定子不动，偏心距e_{max}不变，泵输出的流量维持最大。液压系统负载越大，输出油液的压力P也就越大。若反馈液压缸活塞推力F大于限压弹簧给定子向左的力，则定子向右移动，偏心距减小，流量降低。故泵输出的压力P越高，偏心距e越小，流量q越小。当压力P增加到一定数值时，偏心距$e=0$，泵输出的流量也为零，此时不管液压系统负载如何增加，泵输出的油液压力P也不会再升高，液压泵也无流

量输出，这种泵称为限压式变量叶片泵。

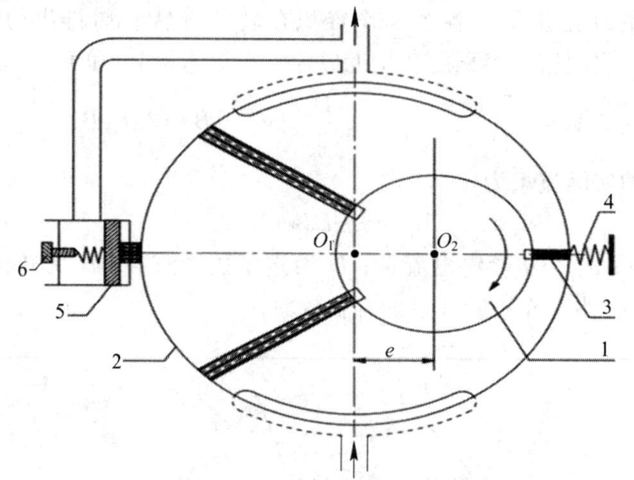

1—转子；2—定子；3—叶片；4—限压弹簧；5—反馈液压缸；6—调节螺钉

图 2-8　限压式变量叶片泵工作原理

2. 限压式变量叶片泵的特性曲线

图 2-9 所示的限压式变量叶片泵的特性曲线中，横坐标为压力 P，纵坐标为输出流量 q。

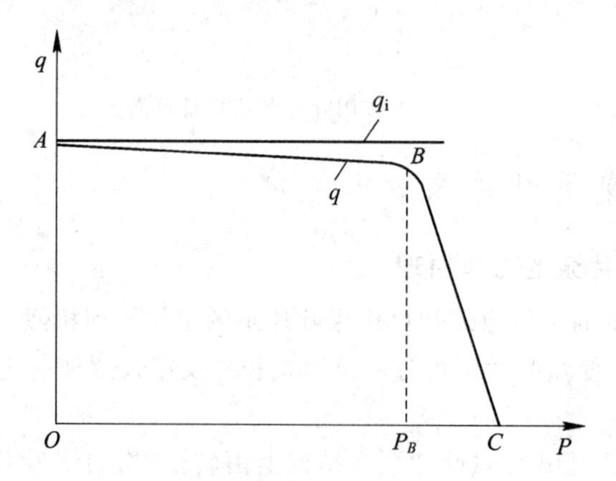

图 2-9　限压式变量叶片泵的特性曲线

调节弹簧 4，可改变 q_{max}，使 AB 段上下平移；调节螺钉 6，可改变 P_B，使 BC 段左右平移；更换弹簧 4，可改变弹簧刚度，使 BC 段斜率变化(k 大，曲线平缓；k 小，曲线较陡)。

快进或快退用 AB 段，工进用 BC 段，定位夹紧用 AB 段，夹紧结束保压用 C 点。

3. 限压式变量叶片泵的结构特点

(1) 由于限压式叶片泵定子的移动是随着反馈油液压力而变化的，故在实际工作中需要提供高压小流量或者低压大流量液压油。

(2) 限压式变量叶片泵可以系统油路简化，减少其他液压元件的数量，降低能量损耗，减少油液发热。

(3) 当负载达到一定数值时，偏心距 $e=0$，因此反馈活塞不能继续推动定子移动，只能用于单向变量。

(4) 限压式变量叶片泵结构复杂，泄漏量严重，且具有严重的径向力不平衡，用于高压场合会影响轴承寿命，故用于中压或中低压场合。

习 题

1. 当限压式变量泵工作压力 $P>P_B$ 拐点时，随着负载压力上升，泵的输出流量(　　)；当恒功率变量泵工作压力 $P>P_B$ 拐点时，随着负载压力上升，泵的输出流量(　　)。

A. 增加　B. 呈线性规律衰减　C. 呈双曲线规律衰减　D. 基本不变

2. 双作用叶片泵从转子________平衡考虑，叶片数应选________；单作用叶片泵的叶片数常选________，以使流量均匀。

A. 轴向力　B. 径向力　C. 偶数　D. 奇数

3. 双作用叶片泵和单作用叶片泵的工作原理的区别在哪里？

4. 画出限压式变量叶片泵的特性曲线图，并解释其意义。

5. 简述单作用叶片泵、双作用叶片泵和限压式叶片泵的工作场合的意义。

2-4 柱 塞 泵

柱塞泵是依靠柱塞在柱塞孔内做往复运动时，使密封容积产生周期性变化来实现泵的吸油和压油的。由于柱塞和缸体内的孔均为圆柱表面，故滑动表面配合精度高，结构紧凑，对油液污染敏感，加工方便，密封性能好，泄漏小，容积效率高，可用于高压甚至超高压场合。

柱塞泵按柱塞排列方向不同，可分为径向柱塞泵和轴向柱塞泵两大类。

一、轴向柱塞泵

1. 轴向柱塞泵的工作原理

按结构特点划分，轴向柱塞泵又分为斜盘式和斜轴式。本节主要介绍斜盘式柱塞泵。

斜盘轴向柱塞泵如图 2-10(a)所示，其由缸体(转动)、柱塞、斜盘、配油盘(固定)及传动轴等组成。配油盘将吸、压油腔分开，如图 2-10(b)所示。

斜盘轴向柱塞泵的柱塞都平行于缸体的中心线，并均匀分布在缸体的圆周上。当传动轴带动缸体按如图 2-10 所示旋转时，柱塞在滑履的作用下沿斜盘自上而下回转的半周内逐渐伸出缸体，使柱塞后面的密封工作容积不断增加，产生真空度，将油液从油箱经配流盘上的 b 吸油窗口吸油，这就是吸油过程；反之，柱塞在滑履的作用下沿斜盘自下而上回转的半周内压入缸体，使密封工作容积逐渐减小，将油液通过配流盘的 a 压油口进入液压系统，这就是压油过程。缸体每转一转，每个密封的工作容积都完成一次吸油和压油过程，故为单作用液压泵。缸体不停地旋转，柱塞泵就不停地吸油和压油。

改变斜盘倾斜角 δ，就可以改变密封工作容积的变化量，故为变量液压泵；改变斜盘倾斜方向，就可以改变吸油区和压油区的位置，故为双向液压泵。

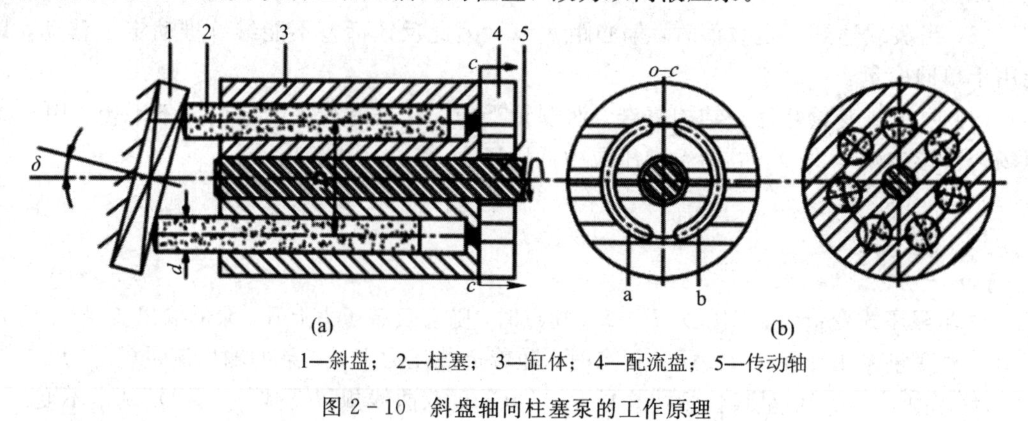

1—斜盘；2—柱塞；3—缸体；4—配流盘；5—传动轴

图 2-10　斜盘轴向柱塞泵的工作原理

2. 斜盘轴向柱塞泵的排量和流量

如图 2-10 所示，若柱塞数为 Z，柱塞直径为 d，柱塞孔的分布圆直径为 D，斜盘倾角为 δ，则柱塞的行程 $h=D\tan\delta$。故缸体转一转，泵的排量 V 为

$$V=\frac{Zh\pi d^2}{4}=\frac{\pi d^2\ ZD(\tan\delta)}{4} \tag{2-7}$$

理论流量为

$$q_{\mathrm{T}}=Vn=Dn(\tan\delta)\cdot\frac{Z\pi d^2}{4} \tag{2-8}$$

实际流量为

$$q=q_{\mathrm{T}}\eta_{\mathrm{v}}=Dn(\tan\delta)\cdot\frac{Z\eta_{\mathrm{v}}\pi d^2}{4} \tag{2-9}$$

式中：n 为泵传动轴转速；η_{v} 为柱塞泵的容积效率。

3. 斜盘轴向柱塞泵的特点

(1) 滑履采用球形头部直接接触斜盘而滑动，起到静压支撑作用。

(2) 缸体和配流盘之间存在一定间隙，但是随着油液压力的升高，柱塞孔内的油液把柱塞孔底部台阶面和配流盘压得更紧，起到端面间隙自动补偿的作用。

(3) 改变斜盘倾斜角度的大小，可以改变密封容积的变化量，从而改变流量，因此斜盘轴向柱塞泵为变量泵。

(4) 改变和倾斜方向，可以改变吸油与压油的方向，因此斜盘轴向柱塞泵为双向泵。

二、径向柱塞泵

1. 径向柱塞泵的工作原理

图 2-11 所示为径向柱塞泵的工作原理。

径向柱塞泵是由柱塞、定子、转子、衬套及配流轴(固定)等结构组成。转子上有沿径向均匀分布的孔，孔里安装柱塞，转子带动柱塞一起旋转。衬套将配流轴分为上下两个油腔，衬套上下各有两个小孔，分别与泵的吸油口与压油口连接，配流轴固定不动。当转子按如图 2-11 所示做顺时针旋转，在离心力的作用下柱塞顶部与内表面紧密接触，由于转子和定子之间存在偏心，当柱塞处于下半周时，向外伸出，柱塞底部的密封工作容积增大，真空度增强，于是通过衬套下方的两个小孔吸油，这就是径向柱塞泵的吸油过程；反之，当柱塞处于上半周时，在定子内表面的作用下，柱塞被压回定子径向孔中，密封容积体积减小，油液压强升高，油液通过衬套上方的两个小孔流向液压系统，这就是径向柱塞泵的压油过程。

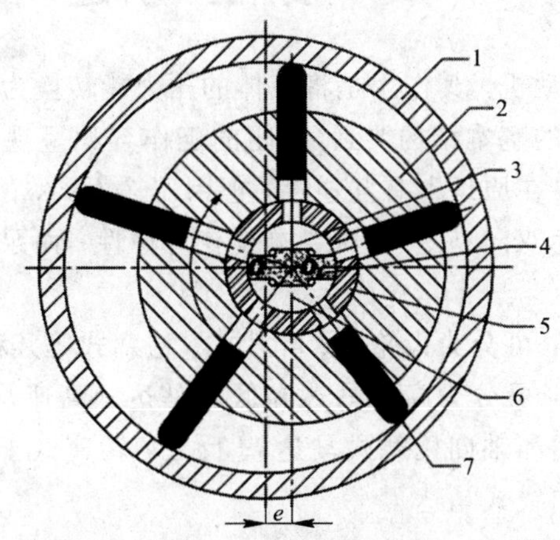

1—定子；2—转子；3—压油腔；4—配流轴；5—衬套；6—吸油腔；7—柱塞

图 2-11　径向柱塞泵的工作原理

2. 径向柱塞泵的特点

(1) 径向柱塞泵流量大。

(2) 径向尺寸小，轴向尺寸大，结构复杂，容易摩擦，自吸能力差，故转速不能过快。

(3) 配流轴受到径向力不平衡的作用，不能用于超高压场合。

(4) 改变偏心距的大小，可以改变密封容积的变化量，从而改变流量，因此径向柱塞泵为变量泵。

(5) 改变偏心距方向，可以改变吸油与压油的方向，因此径向柱塞泵为双向泵。

3. 径向柱塞泵的排量和流量

在径向柱塞泵中，柱塞的行程等于偏心距的两倍，故泵的排量为

$$V=\frac{d^2 eZ\pi}{2} \tag{2-10}$$

泵的流量为

$$q=\frac{d^2 eZ\pi\eta_v n}{2} \tag{2-11}$$

式中：V 为理论排量；q 为实际流量；d 为柱塞直径；e 为偏心距；n 为转子转速；Z 为柱塞数；η_v 为柱塞泵的容积效率。

习　题

1. 对于斜盘式(直轴式)轴向柱塞泵，其流量脉动程度随柱塞数增加而________，________柱塞数的柱塞泵的流量脉动程度远小于具有相邻________柱塞数的柱塞泵的脉动

程度。

A. 上升　　B. 下降　　C. 奇数　　D. 偶数

2. 柱塞泵按结构分为哪几种？它们的结构特点有哪些？

2－5 液压马达

液压马达也叫液压电动机，其作用是将液体的压力能转换为旋转形式的机械能。液压马达与液压泵都具有相同的基本结构要素(密闭的工作容积呈现周期性变化和相应的配流结构)。液压马达与液压泵在原理上有互逆性，但因用途不同，故而结构上有些差别：马达要求正反转(即马达一般为双向马达)，其结构具有对称性；而泵为了保证其自吸性能，结构上采取了某些措施。

液压马达按结构划分，可分为齿轮式、叶片式、柱塞式等几种主要形式。

液压马达按转速划分，可分为高速马达和低速马达。高速马达的转速大于 500 r/min (齿轮式马达、叶片式马达和轴向柱塞式马达)；反之，转速低于 500 r/min 的属于低速马达(径向柱塞式马达和内曲线式马达)。

一、内曲线液压马达

内曲线液压马达是一种典型的低速大扭矩液压马达，使用它可以简化机械传动机构，减小设备的综合成本。低速液压马达通常采用径向柱塞式结构，为了获得低速和大转矩，采用高压和大排量，然而它的体积和转动惯量很大，不能用于反应灵敏和频繁转换的场合。

内曲线液压马达的基本工作原理是：内曲线对处于压油区的柱塞的滑柱(图 2－12 中共有 8 个，压油区 4 个)产生的反作用力对马达轴线产生了力矩(液压油的分配依赖其配流轴)。内曲线液压马达的工作原理如图 2－12 所示。

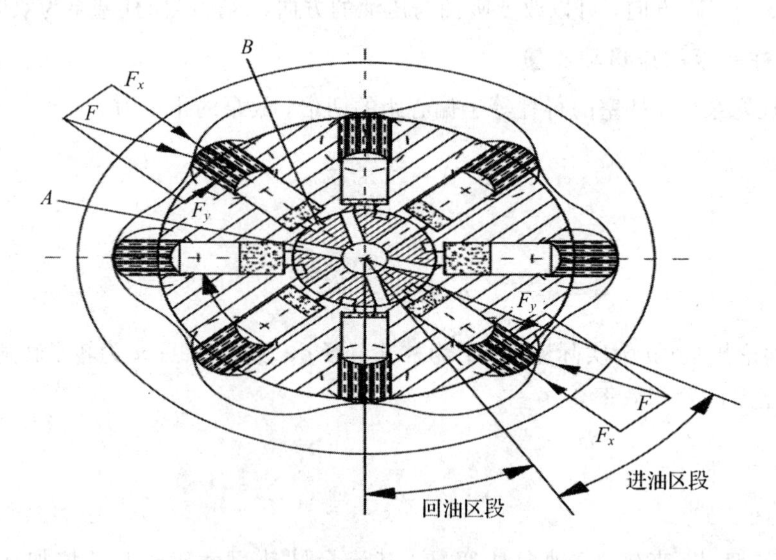

图 2－12　内曲线液压马达的工作原理

二、轴向柱塞式液压马达

图 2-13 所示为轴向柱塞式液压马达的工作原理。在配流盘中压力油输入时，处于高压腔中的柱塞 2 被液压油顶出，顶部被压在斜盘上，设斜盘作用在柱塞头部的反力为 F（F 沿柱塞头部曲面的内法线方向上，且垂直于斜盘），于是 F 分解为两个力：轴向分力 F_y 和作用在柱塞上的液压力平衡 F_x，F_y 使缸体产生转矩。柱塞式液压马达的总转矩是脉动的，其结构与柱塞泵基本相同。但为了适应正反转的要求，配油盘要做成对称结构，进、回油口的通径应相等，以免影响马达正、反转的性能。同时为了减小柱塞头部和斜盘之间的磨损，在斜盘后面装有推力轴承以承受推力，斜盘在柱塞头部摩擦力的作用下，可以绕自身轴线转动。为了让马达能够受力旋转，柱塞不能对称分布，柱塞数量为奇数。

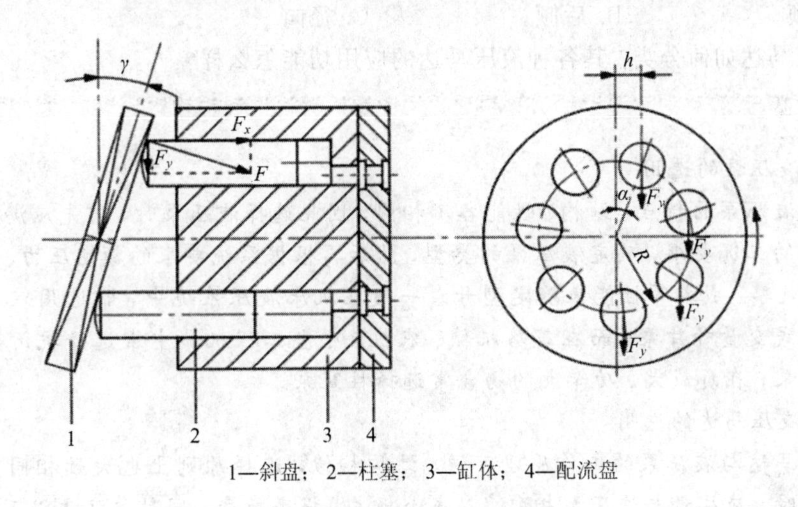

1—斜盘；2—柱塞；3—缸体；4—配流盘

图 2-13　轴向柱塞液压马达的工作原理

三、叶片式液压马达

图 2-13 所示为叶片式液压马达的工作原理。当压力油进入高压区时，在叶片 1 和 8 之间，8 和 7（或 3 和 4，4 和 5）之间充满了液压油。由于叶片 7 伸出的面积大于叶片 1 伸出的面积，所以作用在叶片 7 上的液压力大于作用在叶片 1 的液压力，叶片 8 两面同时受到液压油的作用，受力平衡，对转子不产生转矩，于是这个压力差使叶片带动转子做顺时针旋转。同样作用在叶片 3 和叶片 5 上的液压力，也使叶片带动转子做顺时针旋转。随着转子旋转 90°，压油腔的油带到回油腔流回油箱。

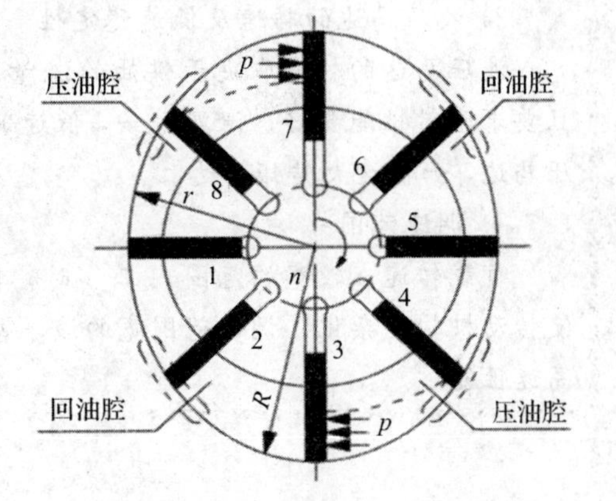

图 2-14　叶片式液压马达的工作原理

叶片式液压马达进、出油口的压力差越大，输出的转矩也越大，其转子的转速取决于输入液压马达的流量。

总之，轴向柱塞式液压马达应用广泛，容积效率较高，调整范围较大，稳定转速较低，但耐冲击振动性较差，油液要求过滤清洁，价格也较高。叶片式液压马达惯性小，动作灵敏，但容积效率不够高，且机械特性软，适用于转速较高、转矩不大而要求启动换向频繁的场合。

习　题

1. 液压马达与液压泵从能量转换观点来看是互逆的，因此所有的液压泵均可以用来做马达使用。(　　)

2. 在叶片马达中，叶片的安置方向应为(　　)

A. 前倾　　　　　　B. 后倾　　　　　　C. 径向

3. 液压马达如何分类？其各种液压马达的应用功能怎么样？

拓展知识

一、液压泵的选用

由于液压泵的特点、结构、性能各不相同，因此选择液压泵时，首先应满足设备对液压系统的工况要求，确定液压泵的类型，然后再根据系统要求的额定压力、流量、转速范围、效率、成本等性能来确定型号。一般在机床液压系统中，常选用双作用叶片泵和限压式变量叶片泵；而在筑路机械、农机、小型工程机械中常选择抗污染能力较强的齿轮泵；在负载大、功率大的场合常选择柱塞泵。

二、液压马达的选用

液压马达与液压泵的工作原理可逆，结构相似，选择原则上也大致相同。在选择液压马达时，应尽量与液压泵相配，以减小损失，提高效率，同时要注意以下几点：

1) 液压马达的启动性能

不同类型的液压马达，其内部受力部件的平衡性不同，摩擦力也不同，故启动时的机械效率也不同，且差别较大。如齿轮式液压马达启动时的机械效率只有0.6左右，而高性能低速大转矩的液压马达启动时的机械效率可达0.9左右。

2) 液压马达的转速及低速稳定性

液压马达的转速取决于供油的流量及马达本身的排量，要提高马达的容积效率，且要求密封性能要好。泄漏太多，低速时，转速便不稳定。选用时要选用高性能的液压马达，如低速大转矩马达。

3) 调速范围

负载转速在较宽的范围内工作时，其调速范围越大越好，否则需加装变速机构，使传动机构复杂化。调速范围宽的液压马达不但有好的低速稳定性，同时还有较好的高速性能。

模块三　执行元件液压缸

【学习目标】

(1) 掌握不同液压缸的工作原理与分类。

(2) 了解液压缸的图形符号、应用、组成结构等知识。

液压缸是液压传动系统中常用的执行元件，是一种能量转换装置，它将油液的压力能转换为机械能，实现执行机构的往复直线运动或摆动，输出力或扭矩。液压缸在各类机械的液压传动中得到了广泛应用。

3－1　液压缸的分类及特点

一、分类

1. 按结构形式分类

按结构形式划分，液压缸分为活塞式、柱塞式和组合式三大类。

2. 按作用方式分类

按作用方式划分，液压缸分为单作用式和双作用式两种。

3. 按安装方式分类

按安装方式划分，液压缸分为法兰式、底座式、球头式、插销式、耳环式等。

液压缸的类型见表 3－1。

表 3－1　液压缸的类型

分类	名　称	符　号	结 构 特 点
活塞式	单作用式		液压缸单边进油，活塞单向运动，返回行程利用自重或负载将活塞推回
	双作用式		液压缸双边进油，活塞双向靠油液推动
	单杆式		液压缸单边有杆
	双杆式		液压缸双边有杆

续表

分类	名　称	符　号	结构特点
柱塞式	单柱塞式	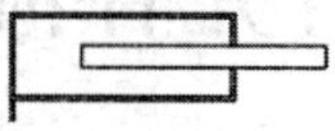	柱塞仅单向运动，返回行程利用自重或负载将活塞推回
	双柱塞式	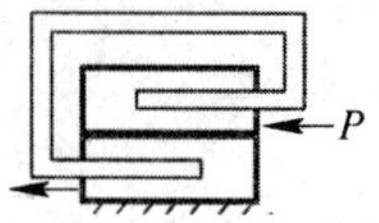	两个单柱塞式液压缸串联，柱塞双向靠油液推动
组合式	增力缸	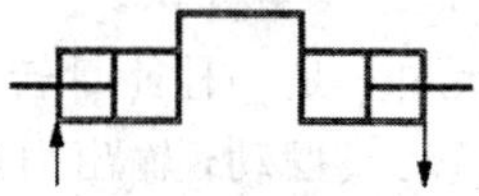	两个单杆活塞式液压缸串联而成。一般应用于单个缸推力不足、径向尺寸受限而轴向尺寸允许增加的场合
	伸缩缸	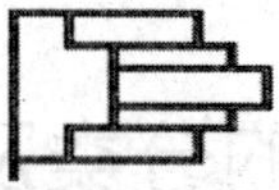	由多个活塞缸套装而成，可以获得较长距离
	齿条传动液压缸		活塞的往复运动推动装在一起的齿条驱动齿轮获得往复回转运动
	摆动式液压缸	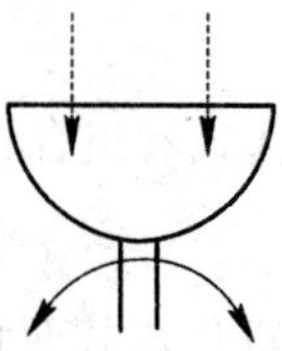	由叶片推动传动轴做往复摆动运动。分单作用和双作用两种，单作用摆动角小于280°，双作用摆动角小于150°

二、活塞式液压缸结构特点

活塞式液压缸分为双杆式和单杆式两种结构形式，安装方式有缸筒固定式和活塞杆固定式两种。

单杆式活塞液压缸的结构特点是：液压缸内部有两个工作腔，一个有活塞杆的腔称为有杆腔(小腔)，另一个则称为无杆腔(大腔)。

双杆式活塞液压缸的结构特点是：液压缸内部两个工作腔都是有杆腔。

1. 双杆式活塞液压缸

双杆式液压缸活塞两端都有活塞杆，且两侧的有效作用面积相等，标记为 A，如图3-1所示。当输入流量和油液压力不变时，活塞往返运动速度和推力相等。液压缸的活塞运动速度 v 和推力 F 表示为

$$v=\frac{q}{A}=\frac{4q}{\pi(D^2-d^2)} \tag{3-1}$$

$$F_1=F_2=AP=P\frac{\pi}{4}(D^2-d^2) \tag{3-2}$$

式中：F_1、F_2 为活塞杆推出时受到的外力；q 为输入液压缸的流量；A 为液压缸油腔的有效工作面积；v 为工作台的运动速度；P 为油腔中的压力；D 为活塞直径；d 为活塞杆直径。

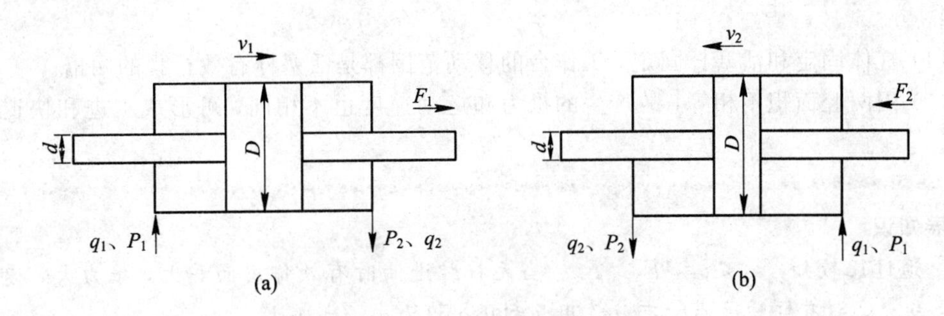

图 3-1　双杆双作用活塞液压缸

特点：双杆式活塞液压缸用于往返运动相同的机床。

(1) 缸体固定，工作台的移动范围是活塞杆有效行程的三倍，占地面积大，适用于小型机床。

(2) 活塞杆固定，工作台的移动范围是活塞杆有效行程的两倍，占地面积小，适用于大中型机床，如平面磨床的液压系统。

2. 单杆式活塞式液压缸

单杆式液压缸活塞一端带有活塞杆，因此活塞两侧的有效作用面积不相等。当向缸的两侧分别供油，且供油压力和流量不变时，活塞在两个方向的速度和推力均不相同。

当向无杆腔进油时，如图 3-2(a)所示，活塞的运动速度和推力分别为

$$v_1=\frac{q}{A_1}=\frac{4q}{\pi D^2} \tag{3-3}$$

$$F_1=PA_1=P\,\frac{\pi D^2}{4} \tag{3-4}$$

当向有杆腔进油时，如图 3-2(b)所示，活塞的运动速度和推力分别为

$$v_2=\frac{q}{A_2}=\frac{4q}{\pi(D^2-d^2)} \tag{3-5}$$

$$F_2=A_2P=\frac{P\pi}{4}(D^2-d^2) \tag{3-6}$$

式中：F_1 为活塞杆推出时受到到向左的外力；F_2 为活塞杆推出时受到到向右的外力；q 为输入液压缸的流量；A_1 为液压缸左油腔的有效工作面积；A_2 为液压缸右油腔的有效工作面积；v_1 为工作台向右运动的速度；v_2 为工作台向左运动的速度；P 为油腔中的压力；D 为活塞直径；d 为活塞杆直径。

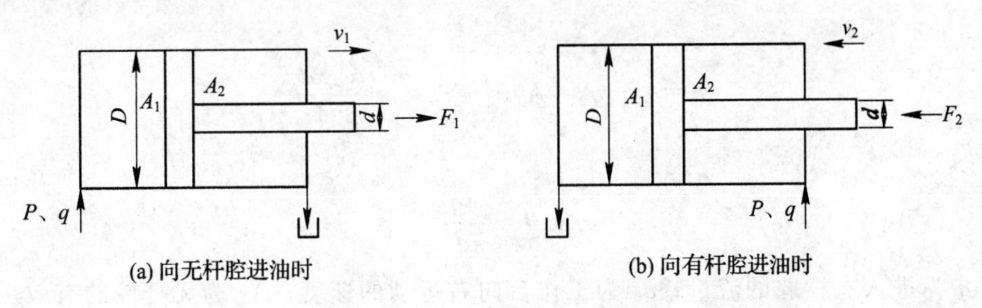

图 3-2　单杆双作用活塞式液压缸

特点：

(1) 缸体固定和活塞杆固定，工作台的移动范围都是活塞杆有效行程的两倍。

(2) 因两腔面积不相等，故产生的推力和运动速度也不相同，可形成工进和快退两种运动。

拓展知识

通过比较知，$v_1<v_2$，$F_1>F_2$。当无杆腔进油时有效作用面积大，推力大，速度慢；反之，当有杆腔进油时有效作用面积小，推力小，速度快。

3. 差动式液压缸

如果将单杆双作用活塞式液压缸两油腔输入压力油，就形成了差动连接，这种形式的液压缸叫差动液压缸，如图 3－3 所示。

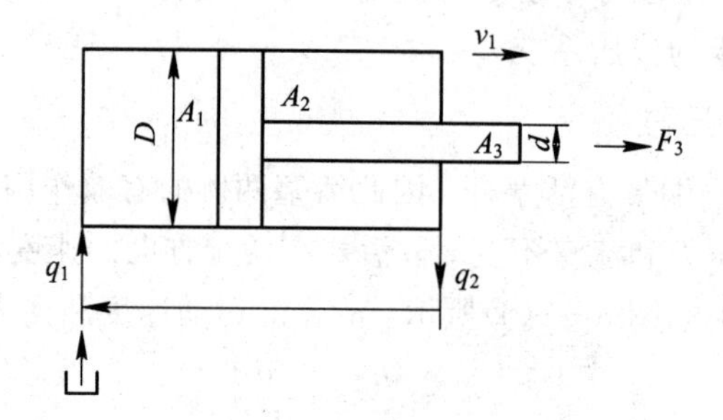

图 3－3　差动液压缸

由于液压缸左右两腔压力相等，但有效面积不相等，故推力为

$$F_3=P(A_1-A_2)=P\left[\frac{\pi}{4}D^2-\frac{\pi}{4}(D^2-d^2)\right]=P\ \frac{\pi}{4}d^2 \tag{3-7}$$

式中：P 为液压缸两腔受到的压力；F_3 为工作台受到向左的外力；A_1 为无杆腔的有效工作面积；A_2 为有杆腔的有效工作面积；D 为活塞直径；d 为活塞杆直径。

在差动连接时，从液压泵输入的流量 q_1 以及有杆腔流出的流量 q_2 一起进入无杆腔，因此进入无杆腔的流量 q 增大。

因此

$$q=q_1+q_2=Av_3$$

得

$$q=q_1-q_2=A_1v_3-A_2v_3=\frac{v_3\pi d^2}{4}$$

推出

$$v_3=\frac{4q}{\pi d^2} \tag{3-8}$$

式中：q 为进入有杆腔的流量；v_3 为工作台向右运动的速度；A_1 为无杆腔的有效工作面积；A_2 为有杆腔的有效工作面积；D 为活塞直径；d 为活塞杆直径。

拓展知识

通过比较知，$v_1<v_2<v_3$，$F_1>F_2>F_3$。在实际应用中，通过控制阀的作用，利用差动连接可以实现运动部件快进、工进、快退的工作循环运动。

三、柱塞式液压缸

柱塞式液压缸由缸筒、柱塞、密封圈和端盖等零件组成。它是一种单作用式液压缸，其工作原理如图 3-4(a)所示。柱塞与工作部件连接，缸筒固定在机体上。当压力油进入缸筒时，推动柱塞带动运动部件移动，但反向退回时必须靠其他外力或自重驱动。为了实现双向运动，柱塞缸常成对使用，如图 3-4(b)所示。柱塞式液压缸结构简单，维修方便，制造容易，用于磨床等大型机床上。

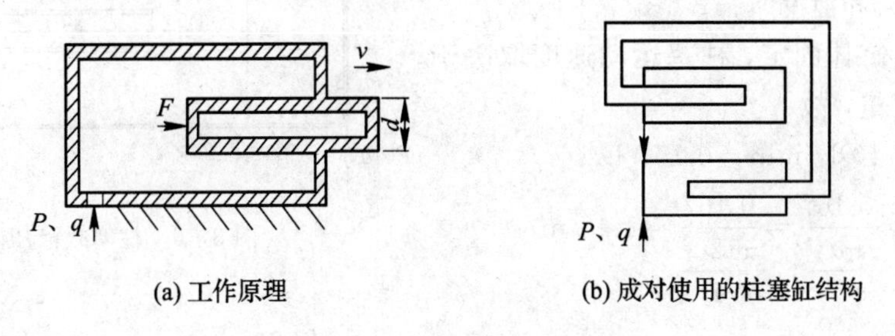

图 3-4　单作用柱塞液压缸

在单作用柱塞液压缸中，当柱塞直径为 d，输入油液的压力为 P，流量为 q 时，柱塞上产生的推力 F 为

$$F=\frac{P\pi d^2}{4} \tag{3-9}$$

柱塞的运动速度 v 为

$$v=\frac{4q}{\pi d^2} \tag{3-10}$$

[**例 3-1**]　如图 3-5 所示，一单活塞杆液压缸，无杆腔的有效工作面积为 A_1，有杆腔的有效工作面积为 A_2，当供油流量 $q=100$ L/min 时，回油流量是多少？若液压缸差动连接，如图 3-5(b)所示，其他条件不变，则进入液压缸无杆腔的流量为多少？

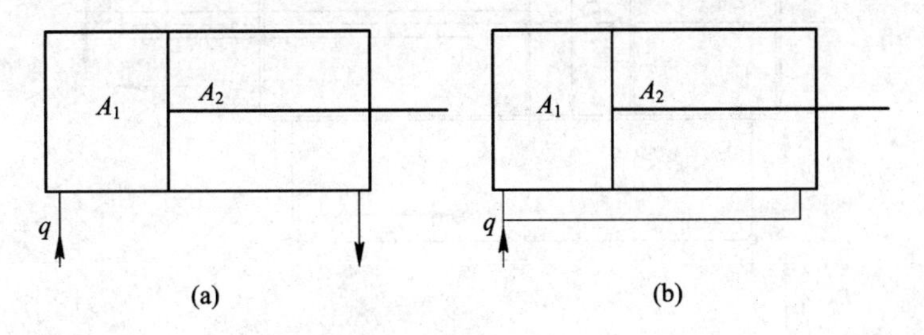

图 3-5　单活塞杆液压缸

解 由于液压缸两腔有效面积不相同，故

$$q_1 = A_1 v_1 = 100\ \text{L/min}$$

$$q_2 = A_2 v_1 = \frac{1}{2} A_1 v_1 = 50\ \text{L/min}$$

$$q = q_1 + q_2 = 100 + A_2 v_2$$

$$v_2 = \frac{q}{A_1} = \frac{q_1 + q_2}{A_1} = \frac{100 + A_2 v_2}{A_1}$$

$$A_2 v_2 = 100\ \text{L/min}$$

$$q = 100 + A_2 v_2 = 200\ \text{L/min}$$

［**例 3-2**］ 如图 3-6 所示，缸体固定，柱塞运动，柱塞直径为 12 cm。若输入液压油的压力为 $P=5$ MPa，输入流量为 $q=10$ L/min，试求缸中柱塞伸出的速度及所驱动的负载大小（不计摩擦损失和泄漏）。

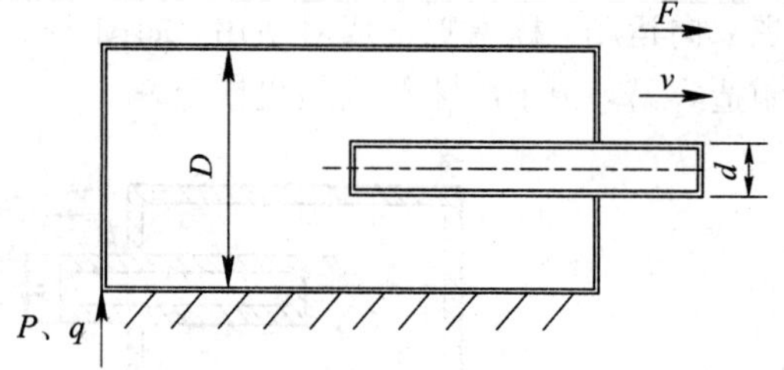

图 3-6 柱塞式液压缸

解 由于缸体固定，柱塞运动速度取决于输入油液的流量，故

$$q = 10\ \text{L/min} = 0.167\ \text{L/s}$$

$$v = \frac{q}{A} = \frac{0.167}{\frac{\pi d^2}{4}} = \frac{0.167}{\frac{\pi 120^2}{4}} = 1.48\ \text{m/s}$$

$$F = P_1 A = 5 \times 10^6 \times \frac{\pi d^2}{4} = 5 \times 10^6 \times \frac{\pi \times 120^2}{4} = 5.652 \times 10^{10}\ \text{N}$$

习 题

1. 如图 3-7 所示，已知单杆液压缸的内径 $D=50$ mm，活塞杆直径 $d=35$ mm，泵的供油压力 $P=2.5$ MPa，供油流量 $q=10$ L/min。

（1）试求液压缸差动连接时的运动速度和推力。

（2）若考虑管路损失，则实测 $P_1 \approx P$，而 $P_2 \approx 2.6$ MPa，求此时液压缸的推力。

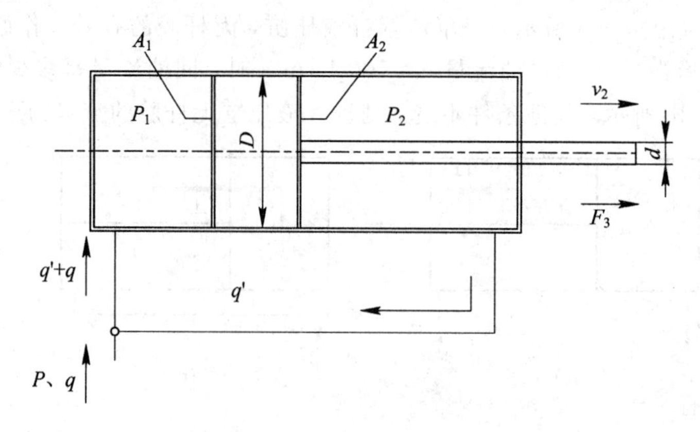

图 3-7 单活塞杆液压缸

2. 液压缸的种类繁多，（　　）可作双作用液压缸，而（　　）只能作单作用液压缸。（延伸知识点）

A. 柱塞缸　　　B. 活塞缸　　　C. 摆动缸

3. 判断液压缸差动连接时，液压缸的推力比非差动连接时的推力大。

4. 判断单杆活塞式液压缸差动连接时，无杆腔压力必大于有杆腔压力。

3－2　液压缸的组成和典型结构

一、液压缸的组成

液压缸一般由前后端盖、缸筒、活塞、活塞杆等主要部分组成。为防止油液向外泄漏或由高压腔向低压腔泄露，在缸筒与端盖、活塞与活塞杆、活塞与缸筒、活塞杆与前端盖之间均设置有密封装置，在前端盖外侧还装有防尘装置；为防止活塞快速移动时撞击缸盖，液压缸端部还设置有缓冲装置，有时还需设置排气装置。因此，一个完整的液压缸由缸体组件、活塞组件、密封装置、缓冲装置和排气装置五部分组成，如图 3－8 所示。

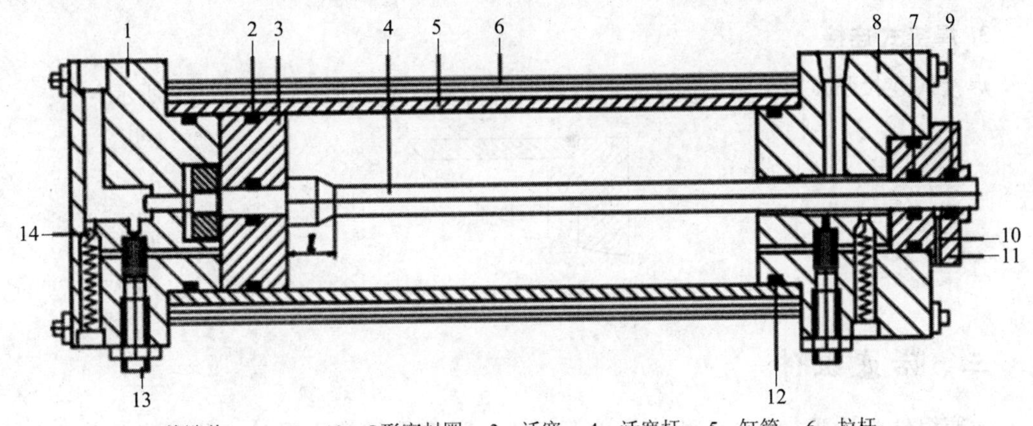

1—前端盖；2、7、12—O形密封圈；3—活塞；4—活塞杆；5—缸筒；6—拉杆；8—后端盖；9—防尘圈；10—泄油口；11—导向套；13—节流阀；14—单向阀

图 3－8　液压缸结构

二、缸体组件

缸体组件与活塞组件构成密封的容腔，承受油压，因此刚体组件要有足够的强度，较高的表面精度和可靠的密封性。

缸体组件包括缸筒、缸盖和导向套等。

缸筒与缸盖常见的连接形式如下：

1. 螺纹式连接

螺纹式连接有外螺纹连接和内螺纹连接两种，其特点是体积小，重量轻，结构紧凑，但缸筒端部结构较复杂。这种连接形式一般用于要求外形尺寸小、重量轻的场合，如图 3－9 所示。

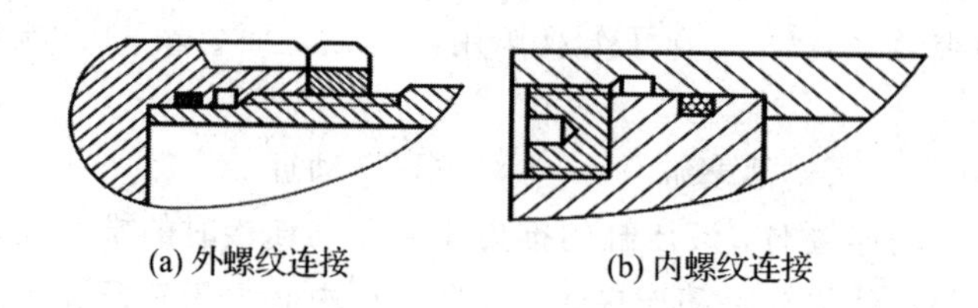

(a) 外螺纹连接　　(b) 内螺纹连接

图 3－9　螺纹式连接

2. 拉杆式连接

拉杆式连接结构简单，工艺性好，通用性强，但缸盖的体积和重量较大，拉杆受力后会拉伸变长，影响密封效果，只适用于长度不大的中、低压液压缸。拉杆式连接如图 3－10 所示。

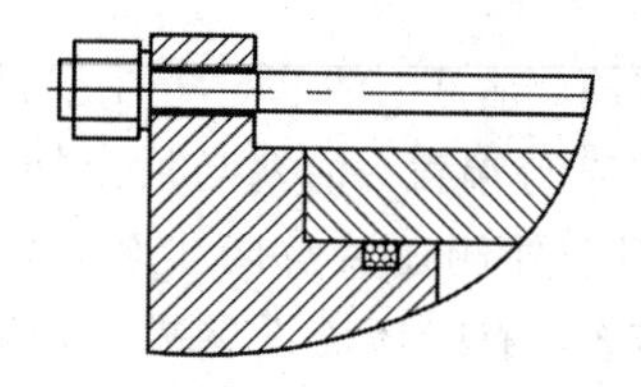

图 3－10　拉杆式连接

3. 焊接式连接

焊接式连接强度高，制造简单，但焊接时易引起缸筒变形，如图 3－11 所示。

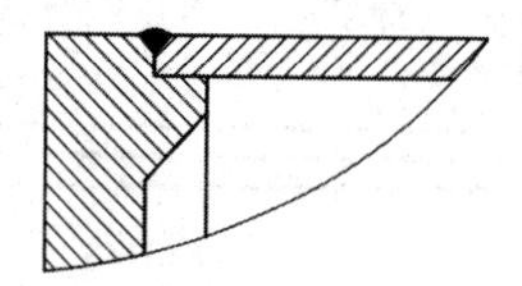

图 3－11　焊接式连接

三、活塞组件

活塞组件由活塞、活塞杆和连接件等组成。活塞在缸筒内受油压作用做往复直线运动，因此它必须具备足够的强度和良好的耐磨性，活塞一般由铸铁制造。活塞杆是连接活塞和工作部件的装置，具备足够的强度和刚度。活塞杆可以做成实心或者空心的，都由钢材制造，外圆表面具备良好的耐磨和防锈能力。

常用的活塞与活塞杆的连接形式有螺纹式连接和半环式连接，如图 3－12 所示。此外还有整体式、焊接式和锥销式等结构。

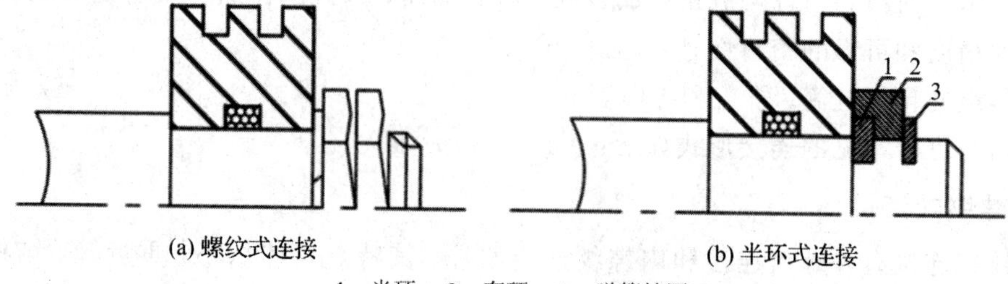

(a) 螺纹式连接　　(b) 半环式连接

1—半环；2—套环；3—弹簧挡圈

图 3－12　螺纹式连接和半环式连接

活塞组件的连接形式的特点如下：

（1）螺纹式连接：结构简单，拆装方便，但需备螺母放松装置。

（2）半环式连接：结构复杂，拆装不便，但连接强度高，工作可靠，适用于高压和振动较大的场合。

（3）整体式和焊接式连接：结构简单，轴向尺寸紧凑，但损坏后需要整体更换，多用于尺寸较小、行程较短的场合。

（4）锥销式连接：加工容易，装配简单，但承载能力小，且需要有必要的防脱落装置，适用于轻载的场合。

四、缓冲装置

当液压缸所驱动的工作部件质量较大、速度较高时，一般应在液压缸中设置缓冲装置，必要时还需在液压系统中设置缓冲回路，以避免在行程终端使活塞与缸盖发生撞击，造成液压冲击和噪声。

缓冲装置的工作原理是：当活塞行程到终端而接近缸盖时，增大液压缸的回油阻力，使回油腔中产生足够大的缓冲压力，使活塞减速，从而防止活塞撞击缸盖。

常见缓冲装置的类型如图 3－13 所示。

（1）圆柱形环隙式缓冲装置如图 3－13(a)所示。

（2）圆锥形环隙式缓冲装置如图 3－13(b)所示。

（3）可变节流槽式缓冲装置如图 3－13(c)所示。

（4）可调节流孔式缓冲装置如图 3－13(d)所示。

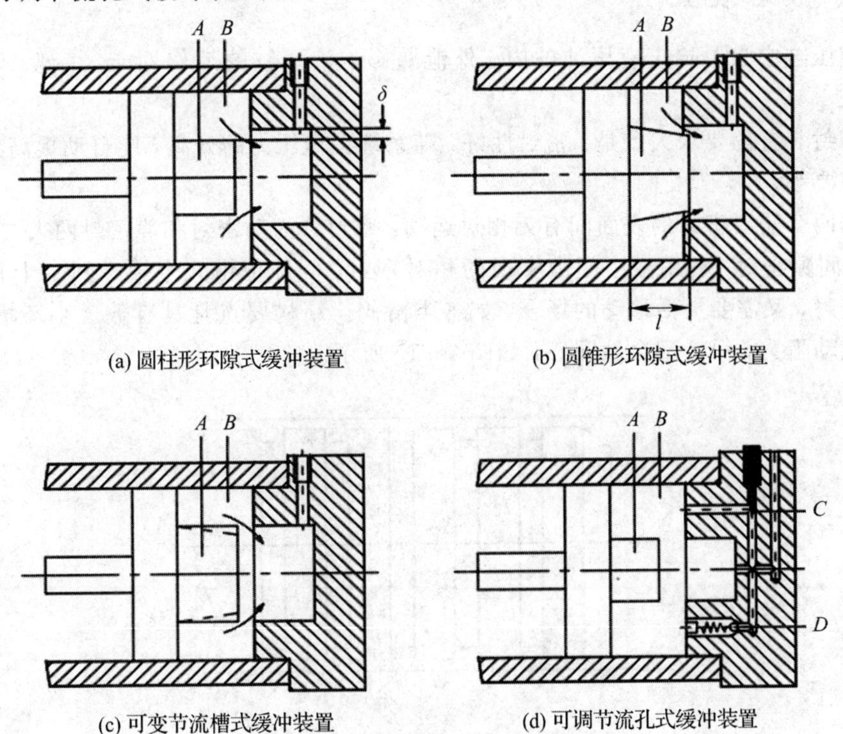

(a) 圆柱形环隙式缓冲装置　(b) 圆锥形环隙式缓冲装置

(c) 可变节流槽式缓冲装置　(d) 可调节流孔式缓冲装置

图 3－13　缓冲装置

五、排气装置

液压传动系统往往会混入空气，使系统工作不稳定，产生振动、爬行或前冲等现象，严重时会使系统不能正常工作。因此，在设计液压缸时必须考虑空气的排除。

对于要求不高的液压缸，往往不设计专门的排气装置，而是将油口布置在缸筒两端的最高处，这样也能使空气随油液排往油箱，再从油箱溢出。

对于速度稳定性要求较高的液压缸和大型液压缸，常在液压缸的最高处设置专门的排气装置，如排气塞、排气阀等。当松开排气塞或排气阀的锁紧螺钉后，让液压缸低压往复运动几次，带有气泡的油液就会排出，如图 3-14 所示。

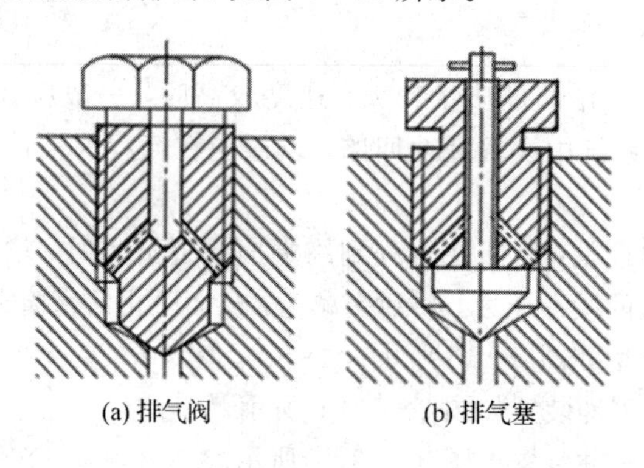

图 3-14　排气装置

六、密封装置

在液压缸中为了防止液压油的内、外泄漏影响液压缸的工作性能，一般都装有密封装置。

对密封装置的要求大致是：密封性好，随系统工作压力的升高，能自动提高其密封性，摩擦阻力要小。

根据两个需要密封的表面间有无相对运动，密封分为动密封和静密封两大类。

(1) 间隙密封：利用微小间隙实现的相对密封，间隙值由几个微米到二十几个微米，用于既密封，又需要灵活移动的场合，如各类滑阀。结构要点是具有数道小环槽，其作用是增加流动阻力，保持配合件同心，如图 3-15 所示。

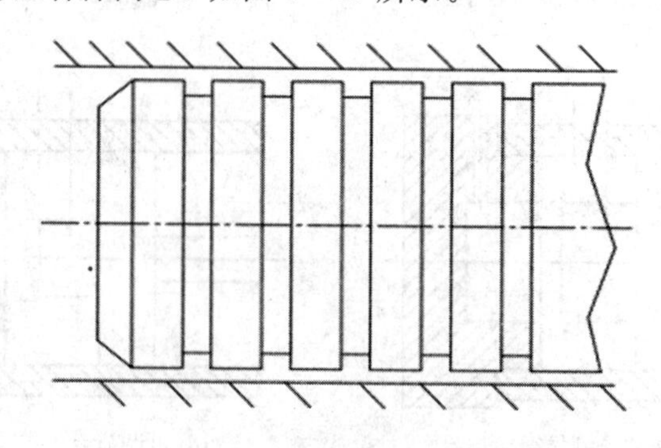

图 3-15　间隙密封示意图

（2）接触密封：靠密封件在装配时的预压力和工作时的油压力作用下发生的弹性变形来进行密封。

1. O 形密封圈

O 形密封圈是一种横截面为圆形的密封元件，如图 3－16(a)所示，它具有良好的密封性能，各端面都能起到良好的密封作用。其特点是结构简单，安装尺寸小，使用方便，摩擦力较小，价格低，故应用十分广泛。

当液压油的压强超过 10 MPa 时，O 形密封圈容易被油液压力挤入缝隙而损坏，故 O 形密封圈需安装挡圈，如图 3－16(b)所示。

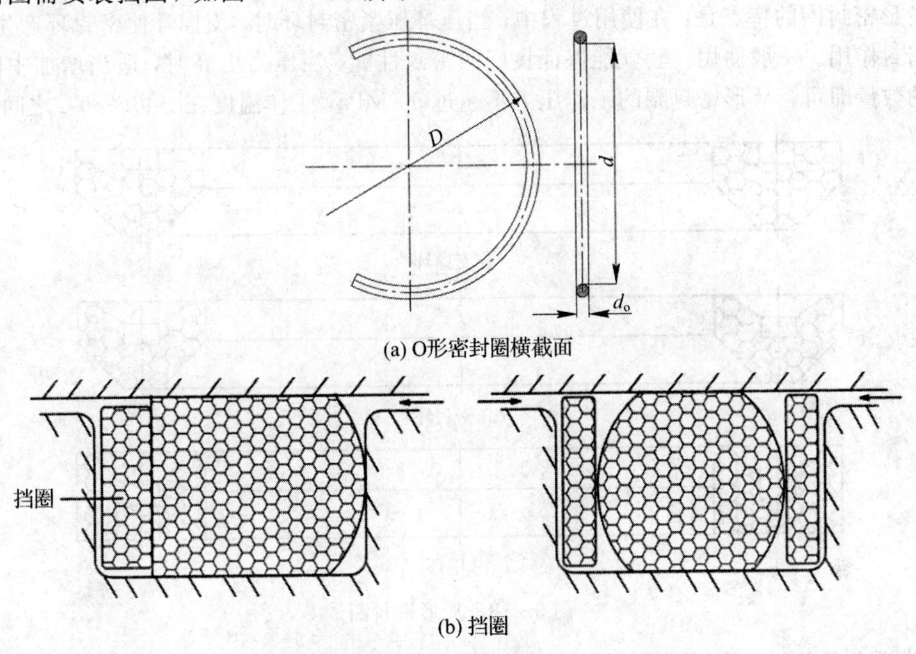

(a) O形密封圈横截面

(b) 挡圈

图 3－16　O 形密封圈

2. 唇形密封圈

根据截面形状，唇形密封圈分为 Y 形、YX 形、U 形等。Y 形密封圈的截面如图 3－17(a)所示。

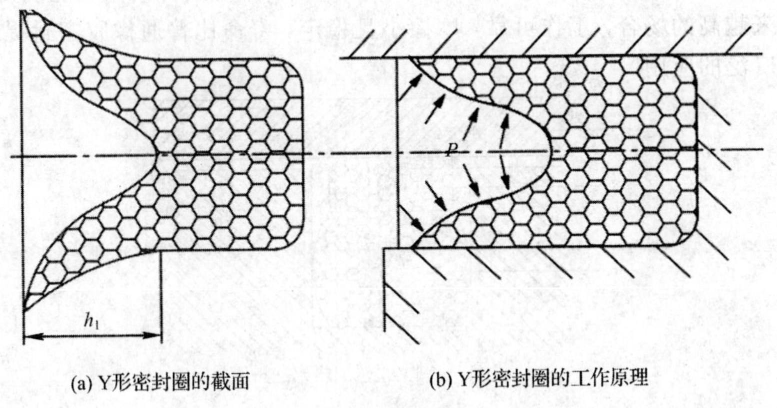

(a) Y形密封圈的截面　(b) Y形密封圈的工作原理

图 3－17　Y 形密封圈

如图 3－17(b)所示，唇形密封圈是依靠密封圈的唇口受油液压力作用后变形，使唇边紧贴密封面而起到作用的。油液压力越高，密封性能越好，且磨损后有自动补偿的能力。Y 形密封圈的特点是摩擦力小，使用寿命长，密封可靠，其工作压力可达 20 MPa，工作温度在－30～100℃之间，所以它适用于运动速度较高的场合，如滑动速度不超过 0.5 m/s 的液压系统中。

3. V 形密封圈

V 形密封圈由支撑环(见图 3－18(a))、密封环(见图 3－18(b))、压环(见图 3－18(c))组成，安装时开口面向高压侧，适用于相对运动速度不高的场合(耐高压，但摩阻较大)。

V 形密封圈的特点是：在使用过程中，当压环压紧密封环时，支撑环使密封环产生变形，起到密封作用。一般使用一套就能保证良好的密封性能，当压力更高时，适当增加中间的密封环的数量即可。V 形密封圈的工作压力不超过 50 MPa，工作温度在－40～80℃之间。

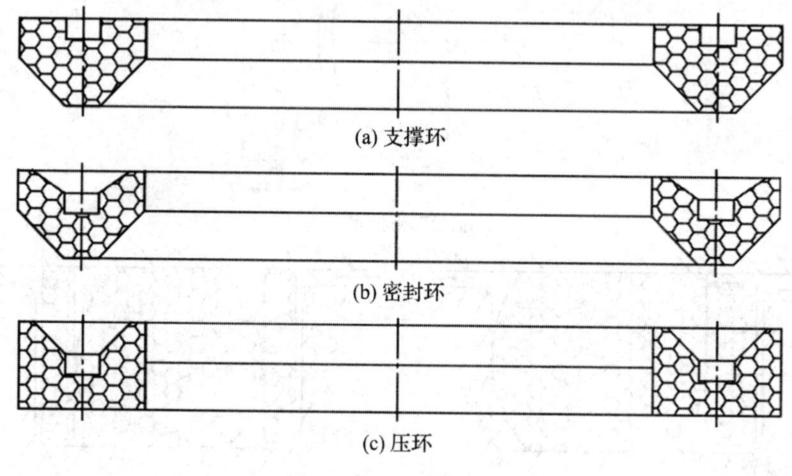

(a) 支撑环

(b) 密封环

(c) 压环

图 3－18　V 形密封圈

思考

在压强要求更高的液压系统中，对密封性能要求越来越高。单一的密封装置不能满足要求时，该如何处理？

组合密封装置(见图 3－19)一般由两个或两个以上密封元件组成，能满足液压系统对密封性能越来越高的场合，工作可靠，摩擦小且稳定，寿命比普通橡胶密封提高了几十倍，目前得到了广泛的应用。

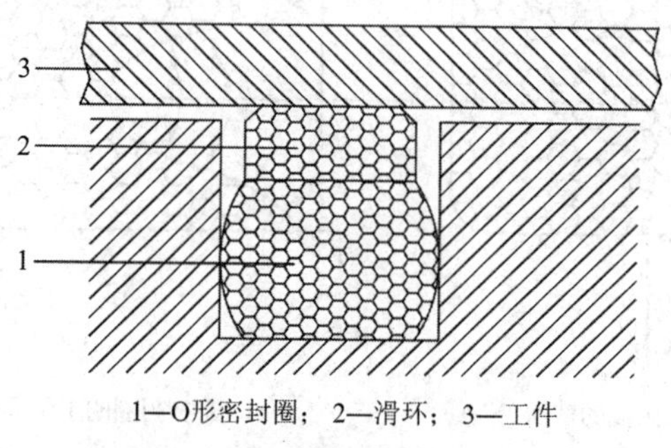

1—O形密封圈；2—滑环；3—工件

图 3－19　组合式密封装置

七、液压缸常见故障及排除方法

液压缸常见故障及排除方法见表 3－2。

表 3－2　液压缸常见故障及排除方法

故障现象	产 生 原 因	排 除 方 法
外泄漏	(1) 活塞杆表面损伤或密封件损坏造成活塞杆处密封不严； (2) 密封件方向装反； (3) 缸盖处密封不良，缸盖螺钉未拧紧	(1) 检查并修复活塞杆，更换密封件； (2) 更正密封件方向； (3) 检查并修理密封件，拧紧螺钉
冲击	(1) 缓冲间隙过大； (2) 缓冲装置中的单向阀失灵	(1) 减小缓冲间隙； (2) 修理单向阀
推力不足或工作速度下降	(1) 缸体和活塞的配合间隙过大或密封件损坏造成内泄漏； (2) 缸体和活塞的配合间隙过小，密封过紧，运动阻力大； (3) 缸盖与活塞杆密封压得太紧或活塞杆弯曲，使摩擦阻力增加； (4) 油温太高，黏度降低，泄漏增加，使缸速降低； (5) 液压油中杂质过多，使活塞或活塞杆卡死	(1) 修理或更换不合精度要求的零件，重新装配、调整或更换密封件； (2) 增加密封间隙，调整密封件的压紧程度； (3) 调整密封件的压紧程度，校直活塞杆； (4) 检查温升原因，采取散热措施，改进密封结构； (5) 清洗液压系统，更换液压油
爬行	(1) 液压缸内有空气混入； (2) 运动密封件装配过紧； (3) 活塞杆与活塞不同轴，活塞杆不直； (4) 导向套与缸筒不同轴； (5) 液压缸安装不良，其中心线与导轨不平行； (6) 缸筒内壁锈蚀、拉毛； (7) 活塞杆两端螺母拧得过紧，使其同轴度降低；(8) 活塞杆刚性差	(1) 设置排气装置或开动系统强迫排气； (2) 调整密封圈，使之松紧适当； (3) 校正、修正或更换； (4) 修正调整； (5) 重新安装； (6) 去除锈蚀、毛刺或重新镗缸； (7) 略松螺母，使活塞杆处于自然状态； (8) 加大活塞杆直径

习　题

1. 典型液压缸由________、________、________、________和________五部分组成。
2. 液压缸密封装置由________和________两大类组成。

3. 在高压大流量的液压缸中，活塞与活塞杆的连接须采用________连接。

A. 锥销　　B. 螺纹　　C. 半环式　　D. 焊接

4. 为什么要在液压缸中安装缓冲装置？

5. 活塞与活塞杆常见的连接方式有哪些？

6. 液压缸的常见故障有哪些？如何消除？

模块四　液压传动控制调节元件与基本回路

4-1 概　　述

【学习目标】

(1) 掌握液压控制阀的作用与分类。

(2) 掌握液压基本回路的概念及类型。

一、液压控制阀

液压控制阀(简称液压阀)是液压系统中的控制元件，是直接影响液压系统工作过程和工作特性的重要元件。液压阀用来控制液压系统中流体的压力、流量及流动方向，以满足液压缸、液压马达等执行元件不同的动作要求，从而使系统按照指定要求协调地工作。

1. 控制阀的分类

液压阀的分类方法很多，同一种阀在不同的场合会有不同的名称。

1) 按阀的用途分类

(1) 方向控制阀：如单向阀、换向阀。

(2) 压力控制阀：如溢流阀、减压阀、顺序阀。

(3) 流量控制阀：如节流阀、调速阀。

这三类阀还可根据需要组合成组合阀，如单向阀与顺序阀组合为单向顺序阀，单向阀与节流阀组合为单向节流阀等。组合阀不仅使系统结构紧凑，油路简化，且提高了工作效率。

2) 按结构形式分类

按阀的结构形式可分为滑阀、锥阀、球阀、转阀等。

3) 按阀的安装连接分类

(1) 螺纹式(管式)阀：阀的连接口用螺纹管接头与管道及其他元件连接，适用于简单系统。

(2) 板式阀：阀的各连接口布置在同一安装面上，并用螺钉固定在与阀有对应连接口的连接板上，再用管接头和管道与其他元件连接。

(3) 集成块式阀：先在集成块上打孔，再把几个阀用螺钉固定在一个集成块的不同侧面上，各阀的孔道组成回路。这样拆卸某个阀时不用拆卸与其相连的其他元件，这种安装连接方式应用较广。

(4) 叠加式阀：阀的上下面为连接接合面，各连接口分别在这两个面上，并且同规格阀的连接口连接尺寸相同，每个阀除其自身功能外，还起通道作用，阀相互叠装构成回路，不用管道连接，因此结构紧凑，沿程损失很小。

(5) 法兰式阀：阀和螺纹式连接相似，只是用法兰代替螺纹管接头，通常用于通径32 mm以上的大流量系统，强度高，连接可靠。

(6) 插装式阀：阀没有单独的阀体，由阀芯、阀套等组成的单元体插装在插装块的预制孔中，用连接螺纹或盖板固定，并通过插装块内通道把各插装式阀连通组成回路。插装块起到阀体和管路的作用，它是适应系统集成化而发展起来的一种新型安装连接方式。

2. 液压控制阀应具备的性能

(1) 动作灵敏，冲击和振动小，压力损失少，密封性能好。

(2) 结构紧凑，安装、调整、维护方便，通用性能好。

二、液压基本回路

液压基本回路，就是由特定的液压元件构成且能完成特定功能的典型油路结构。它是液压传动系统的基本组成单元。通常来讲，任何设备的液压传动系统，都是由多个基本回路组成。

液压基本回路一般按功能进行分类，可分为方向控制回路、压力控制回路、速度控制回路和多缸运动回路。

方向控制回路：用来控制执行元件运动方向，如换向回路、锁紧回路。

压力控制回路：用来控制系统或某支路压力，如调压回路、减压回路、增压回路、卸荷回路、平衡回路等。

速度控制回路：用来控制执行元件运动速度，如调速回路、增(快)速回路、速度换接回路、容积调速回路等。

多缸运动回路：用来控制多缸运动，如顺序动作回路、同步回路等。

习　题

1. 液压控制阀是用来控制液压系统中油液的________、________、________；控制阀可分为________、________、________三大类。

2. 什么是液压系统的基本回路？

3. 液压基本回路按功能分为哪些？

4-2　方向控制阀与方向控制回路

【学习目标】

(1) 掌握换向阀的种类、结构及工作原理。

(2) 掌握滑阀的中位机能。

(3) 熟悉换向阀的操纵方法及应用范围。

(4) 掌握单向阀的种类、结构及工作原理。

(5) 掌握换向回路、锁紧回路的组成、工作过程及应用。

如图4-1所示，汽车升降平台工作台的上升、下降运动由液压缸驱动。对工作台的工作要求如下：

(1) 工作台平稳地上升、下降。

(2) 能够在任意位置停止，且防止发生松动。

图 4－1　汽车升降平台

思考

与工作台相连接的液压缸的运动是由什么样的液压控制回路实现的？改变液压缸活塞的运动方向，控制液压缸活塞的运动速度，让液压缸在任意位置停止以防止其窜动，这些控制功能主要依靠哪些液压元器件来实现？

方向控制阀的作用主要是控制系统中流体的流动方向，其工作原理是利用阀芯和阀体之间相对位置的改变来实现油口的接通或断开，以满足系统换向或停止的不同要求。

方向控制阀可分为换向阀和单向阀两大类，方向控制回路有换向回路和锁紧回路。

一、换向阀

换向阀是借助于阀芯与阀体之间的相对位置变化，使阀体相连的各油口之间实现接通或断开来改变液体流动方向的阀。换向阀实物图如图 4－2 所示。

图 4－2　换向阀实物图

1. 换向阀的分类

按其结构划分，换向阀分为座阀式换向阀、滑阀式换向阀和转阀式换向阀。

座阀式换向阀(锥阀式、球阀式等)：泄漏少。

滑阀式换向阀：由于在阀芯和阀体之间有配合间隙，泄漏是不可避免的，但滑阀有许多优点，如结构简单、压力均衡、操纵力小和控制功能强等。

转阀式换向阀：与滑阀式类似，仅是阀芯和阀体之间的动作是移动还是转动的区别。

2. 滑阀式换向阀

1）换向阀的结构和工作原理

图 4－3(a)为滑阀式换向阀的结构图。滑阀式换向阀的主体结构主要是阀芯和阀体。阀芯是一个具有多段环形槽的圆柱体，阀体是有多级沉割槽的圆柱孔。图 4－3(b)为滑阀式换向阀工作原理图。可以看出，这种阀是通过滑阀阀芯在阀体内的轴向位置变化，使与阀体相连的各油口接通或断开来实现改变流体流动方向的阀。(b)图左图，油口 P 与 B 相通，油口 A 与 T 相通；(b)图右图，油口 P 与 A 相通，油口 B 与 T 相通。

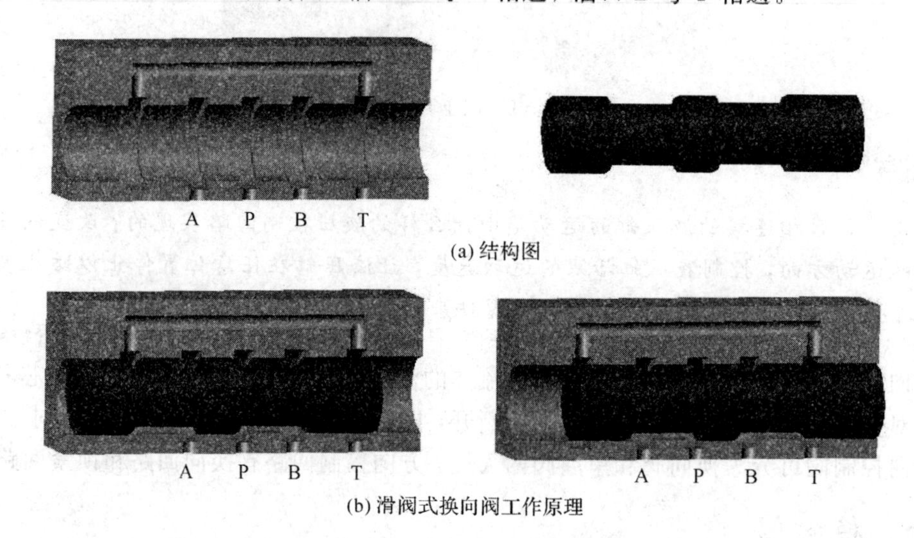

(a) 结构图

(b) 滑阀式换向阀工作原理

图 4－3　滑阀式换向阀结构及工作原理示意图

2）滑阀式换向阀图形符号的表达

一个换向阀的完整图形符号应具有表明工作位置数、油口数及在各个工作位置上的油口的连通关系、控制方法等的符号。换向阀的位与通如图 4－4 所示。

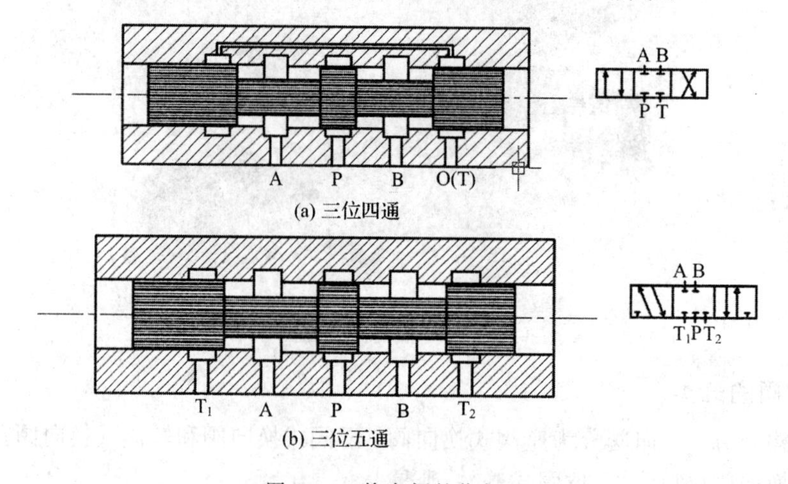

(a) 三位四通

(b) 三位五通

图 4－4　换向阀的位与通

位：阀芯的工作位置，用方框表示。有几个工作位置就有几个方框，二框即二位，三框即三位。如图 4－4 所示，阀芯在阀体内的轴向位置变化有三种工作位置，用三框来表示。

通：换向阀上的油口数。有几个油口与系统相连通，就叫几通。图形符号中箭头、“┬”、“┴”符号与方框的交点数即油口的通路数。

箭头、“┬”、“┴”：在一个方框内，箭头表示两油口连通关系，并不表示油液的流动方向。“┬”或“┴”表示此油口不通流。

A 和 B 表示连接其他工作油路的油口，P 表示压力油的进口，T(或 O)表示与油箱连通的回油口。

换向阀的结构原理与图形符号见表 4－1。

表 4－1 换向阀的结构原理与图形符号

名称	结构原理	图形符号
二位二通	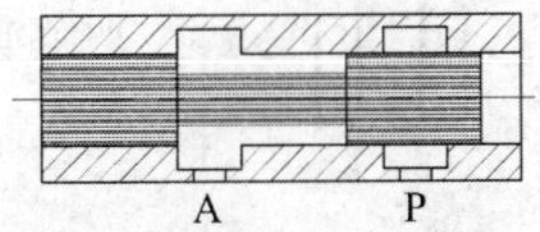 A P	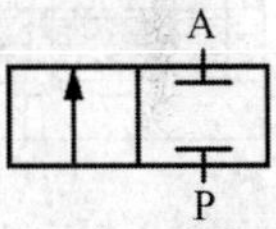 A P
二位三通	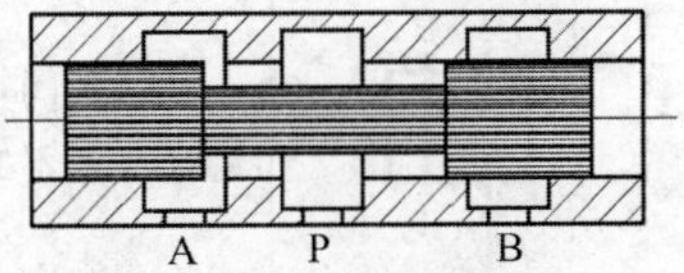 A P B	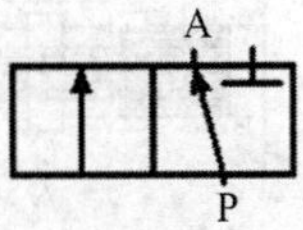 A P
二位四通	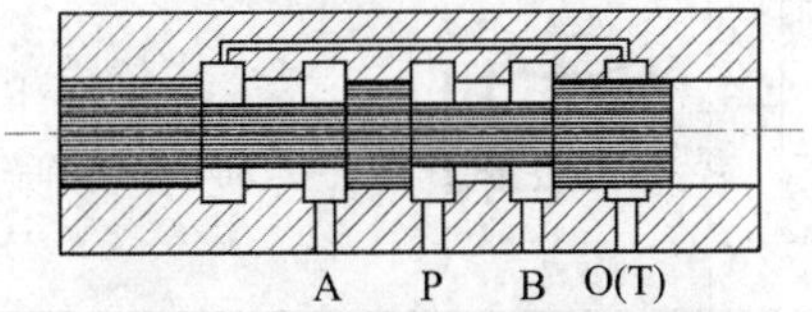 A P B O(T)	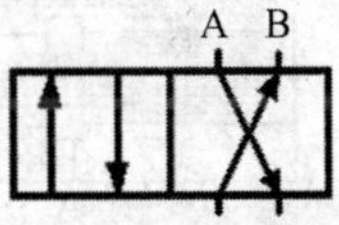 A B P T
三位四通	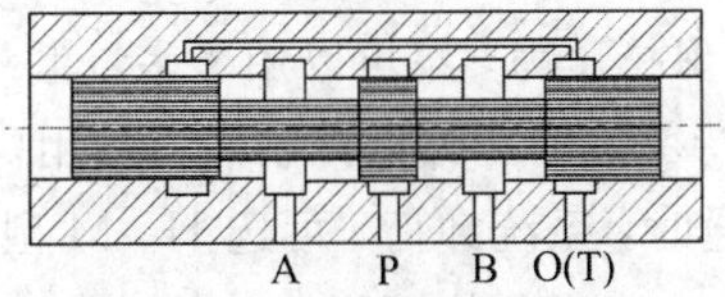 A P B O(T)	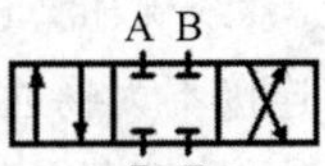 A B P T
三位五通	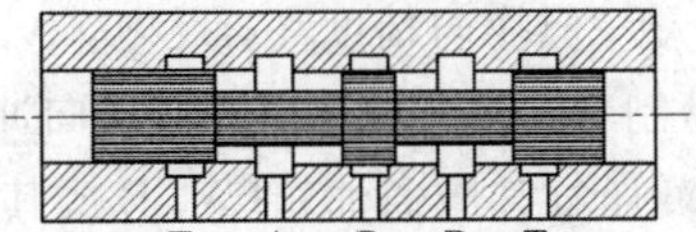 T_1 A P B T_2	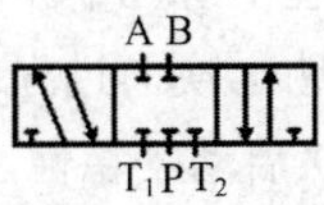 A B T_1 P T_2

3）滑阀的中位机能

三位滑阀在中位时各油口的连接状态称为滑阀的中位机能。不同的滑阀中位机能可满足系统的不同要求。不同中位机能的阀，其阀体通用，仅阀芯台肩结构、尺寸及内部通孔情况有区别。常用的中位机能有“O”型、“M”型、“H”型、“Y”型、“P”型。表 4－2 列举了三位换向阀常用的中位机能、代号、图形符号及其特点。阀在非中位有时也兼有某种机能，如 OP、MP 等型式，这里不详细介绍。

表 4－2　滑阀的中位机能

型号	结构原理简图	中位符号	中位油口状况和特点
O	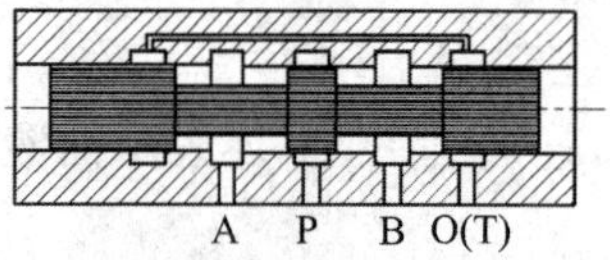 A P B O(T)	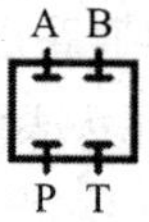 A B P T	四个油口全封，执行元件闭锁，泵不卸荷件浮动，泵不卸荷
M	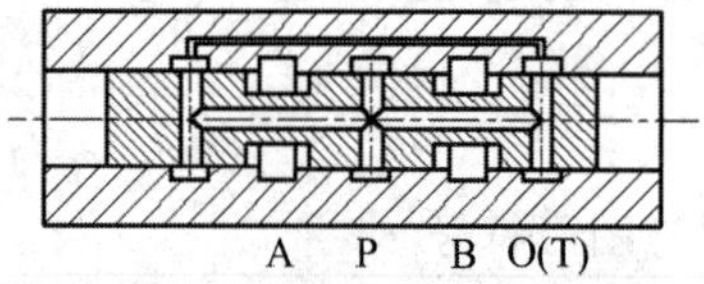 A P B O(T)	 A B P T	P、T 口相通，A、B 封闭，执行元件闭锁，泵卸荷
H	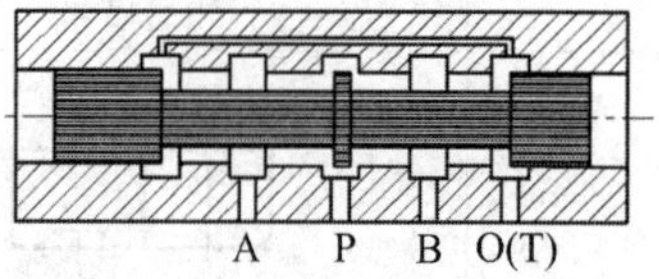 A P B O(T)	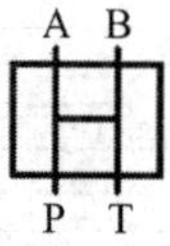 A B P T	四个油口全通，执行元件浮动，泵卸荷
Y	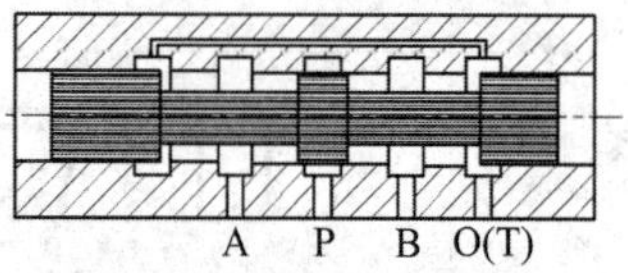 A P B O(T)	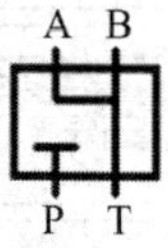 A B P T	P 口封闭，A、B、T 口相通，执行元浮动，泵不卸荷
P	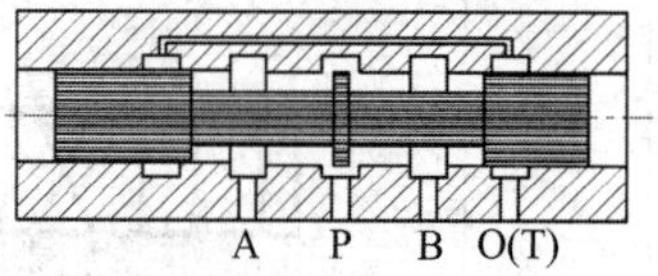 A P B O(T)	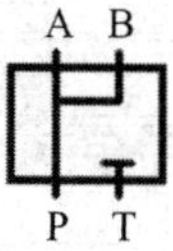 A B P T	T 口封闭，P、A、B 口相通，单杆缸差动，泵不卸荷

在分析和选择阀的中位机能时，通常考虑以下几点：

(1) 系统保压。P 口关闭，系统保持压力，泵可以用于多缸系统，如 O、Y 型。当 P 口与 O 口连接不太畅通时，系统能保持一定的压力供控制部分使用，如 X 型。

(2) 系统卸荷。P 口与 O 口连通时，系统卸荷，可选 H、M 型。

(3) 执行机构换向精度与平稳性。当通往执行机构的 A、B 口都堵塞时(如 M、O 型)，换向过程中易产生冲击，使换向不平稳，但换向精度高；反之，A、B 两口都与 O 口相通时(如 Y 型)，换向过程中工作部件不易制动，换向精度低，但换向冲击小、平稳。

(4) 启动平稳性。阀在中位时，液压缸某腔通油箱(A、B 或其与 O 口相通)，则启动时该腔内无油液起缓冲作用，启动不太平稳(如 Y 型等)。

(5) 执行机构"浮动"和任意位置停止。阀在中位时，对非差动缸使 A、B 两口互通或 A、B 两口通 P 口(如 P 型)，或 A、B 口都与 O 口相通。这样卧式缸呈"浮动"状态，可利用其他机构调整其位置。当阀在中位时，A、B、P 三口之一堵死，或 A、B 口都与 O 口相通，则执行机构可在任意位置上停止。

4) 换向阀应具备的主要性能

工作可靠，压力损失，内泄量小，使用寿命长，通用性好。

5）操纵方式

根据换向阀阀芯移动方式的不同，换向阀分为手动换向阀、机动换向阀、电磁换向阀、液动换向阀、电液换向阀等。

(1) 手动换向阀。用手操纵杠杆推动滑阀阀芯相对阀体移动改变工作位置，从而改变通道的通断，这类阀统称为手动换向阀。按换向定位方式的不同，手动换向阀有钢球定位式和弹簧复位式两种。当操纵手柄的外力取消后，前者因钢球卡在定位构槽中，可保持阀芯处于换向位置；后者则在弹簧力作用下使阀芯自动回复到初始位置。手动换向阀的结构简单，动作可靠，有的还可人为地控制阀口的大小，从而控制执行元件的速度。但由于需要人力操纵，故只适用于间歇动作且要求人工控制的小流量场合。使用中须注意的是：定位装置或弹簧腔的泄漏油需单独用油管接入油箱，否则漏油积累会产生阻力，以至于不能换向，甚至造成事故。

图 4-5 所示为液压系统常用的弹簧自动复位式三位四通手动换向阀的结构图及图形符号。

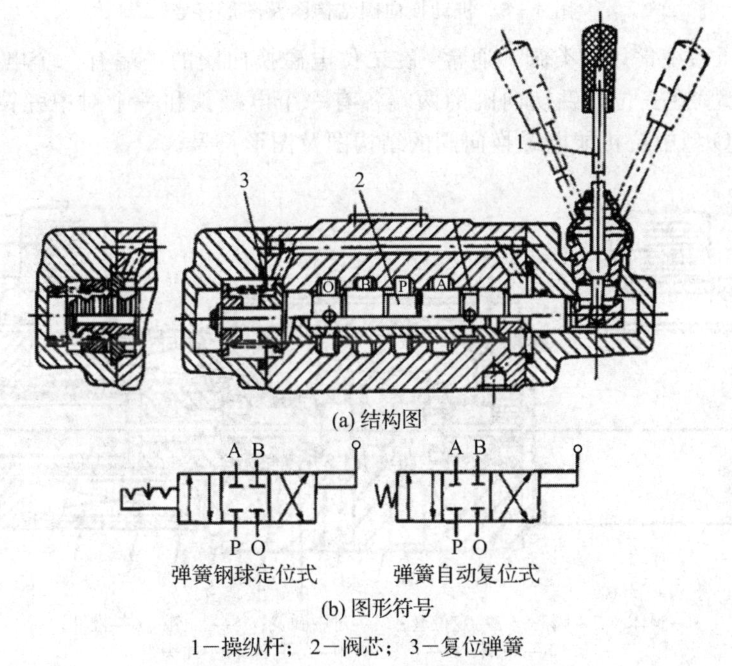

1—操纵杆；2—阀芯；3—复位弹簧

图 4-5　手动换向阀的结构图及图形符号

(2) 机动换向阀。机动换向阀又称行程阀。图 4-6 所示为二位二通机动换向阀的结构图及图形符号。这种阀必须安装在执行元件附近，在执行元件驱动工作部件的行程中，装在工作部件一侧的挡块或凸块移动到预定位置时就压下阀芯 2，使阀换位。

机动换向阀通常是弹簧复位式的二位阀。它的结构简单，动作可靠，换向位置精度高，改变挡块的迎角或凸轮外形，可使阀芯获得合适的换向速度，减小换向冲击。但这种阀不能安装在液压能源上，因而连接管路较长，使整个液压装置不紧凑。

(3) 电磁换向阀。电磁换向阀是利用电磁铁吸力推动阀芯来改变阀的工作位置。由于它可借助于按钮开关、行程开关、压力继电器等发出的信号进行控制，易于实现自动化，

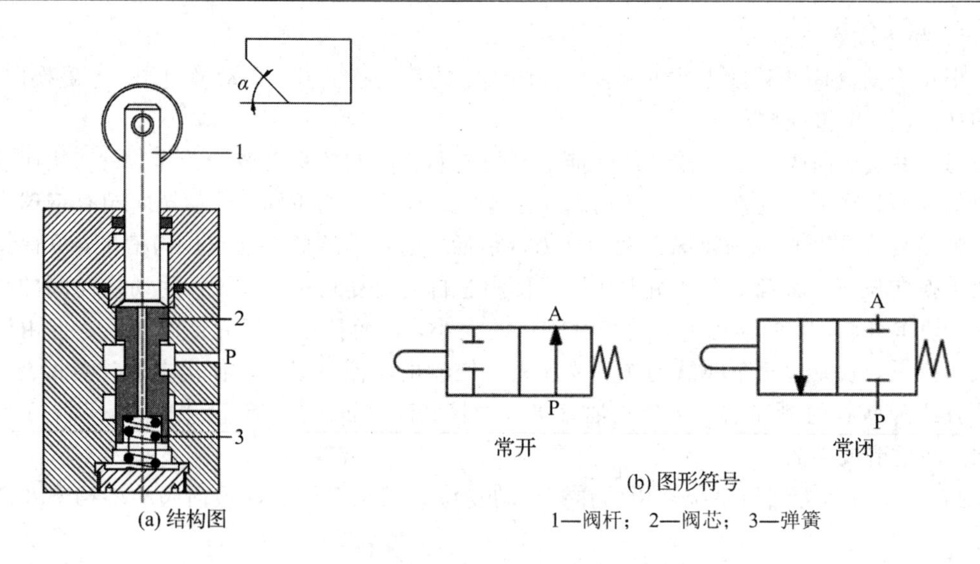

(a) 结构图

(b) 图形符号

1—阀杆；2—阀芯；3—弹簧

图 4-6　机动换向阀结构图及图形符号

所以液压与气压系统常用这类阀。通常，在二位电磁换向阀的一端有一个电磁铁，另一端有一个复位弹簧；在三位电磁换向阀的两端各有一个电磁铁和一个对中弹簧。图 4-7 所示为三位四通 O 型中位机能电磁换向阀的结构图及图形符号。

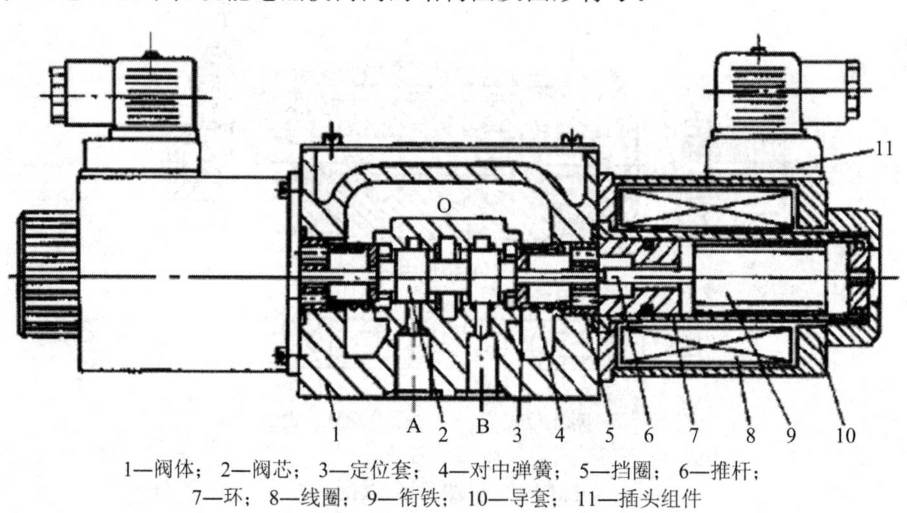

1—阀体；2—阀芯；3—定位套；4—对中弹簧；5—挡圈；6—推杆；
7—环；8—线圈；9—衔铁；10—导套；11—插头组件

(a) 结构图

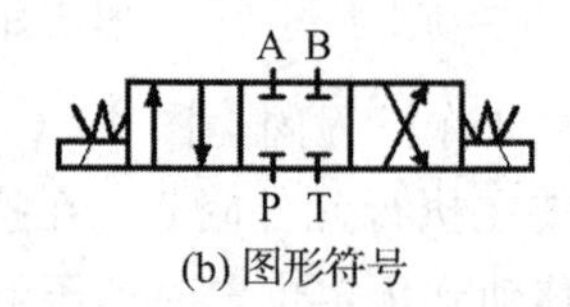

(b) 图形符号

图 4-7　三位四通 O 型中位机能电磁换向阀的结构图及图形符号

在图 4-7 中，当两边电磁铁都不通电时，阀芯在两边的对中弹簧作用下处于中位，A、B、P 口和 T 口互不相通；当右边电磁铁通电时，推杆将阀芯推向左端，P 口与 A 口相通，B 口与 T 口相通；当左边电磁铁通电时，推杆将阀芯推向右端，P 口与 B 口相通，A 口与 T 口相通。

二位电磁阀一般由单电磁铁控制，但无复位弹簧而设有定位机构的双电磁铁二位阀由于电磁铁断电后仍能保留通电时的状态，从而减少了电磁铁的通电时间，延长了电磁铁的寿命，节约了能源。此外，当电源因故中断时，电磁阀的工作状态仍能保留下来，可以避免系统失灵或出现事故，这种“记忆”功能对于一些连续作业的自动化机械和自动线来说，往往是十分需要的。

由于电磁铁的吸力有限，因此电磁换向阀只适用于流量不太大的场合（$q \leqslant 63$ L/min）；当流量较大时，应该采用液动或电液控制。

(4) 液动换向阀。液动换向阀是利用控制油路的压力油来改变阀芯位置的换向阀。图 4-8 所示为三位四通液动换向阀的结构图及图形符号。

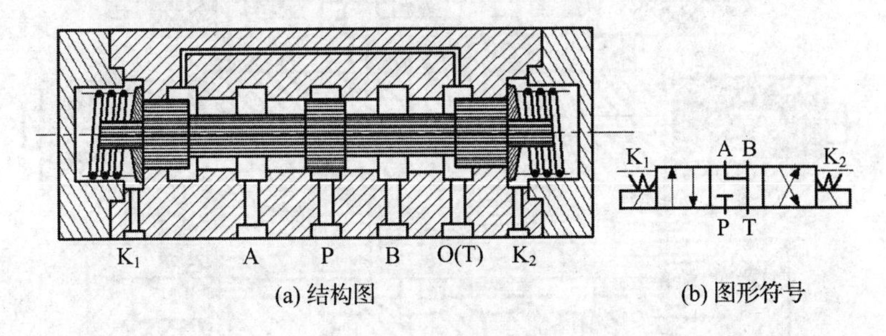

图 4-8　三位四通 Y 型中位机能液动换向阀的结构图及图形符号

在图 4-8 中，阀芯两端分别通控制口 K_1 和 K_2，当控制口 K_1 接通控制压力油时，推动阀芯右移，P 口与 A 口相通，B 口与 T 口相通；当控制口 K_2 接通控制压力油时，则推动阀芯左移，P 口与 B 口相通，A 口与 T 口相通；当两控制口都不通压力油时，阀芯在对中弹簧的作用下处于中位，P 口被堵，A 口、B 口均与 T 口相通。

液动换向阀对阀芯的操纵推力很大，因此适用于高压、大流量（$q \leqslant 160$ L/min）、阀芯移动行程长的场合。这种阀通过一些简单的装置可使阀芯的移动速度得到调节。

(5) 电液换向阀。电磁换向阀布置灵活，易于实现自动化，但电磁吸力有限，在液压传动系统处于高压和大流量的情况下难于切换。因此，当阀的通径大于 10 mm 时，常用液动阀。但液动阀较少单独使用，因其阀芯换位首先要用另一个小换向阀来改变控制油的流向。小换向阀可以是手动阀、机动阀或电磁阀。标准元件通常采用灵活方便的电磁阀，并将大小两阀组合在一起，即电液换向阀。在电液换向阀中，用较小的电磁铁就可控制较大的阀。电磁换向阀为先导阀，液动换向阀为主阀。先导阀用来改变控制流体的方向，使主阀阀芯移动，主阀换向。由于操纵主阀的液压推力可以很大，所以主阀芯的尺寸可以做得很大，允许大流量通过。

图 4-9 所示为三位四通电液换向阀的结构图及图形符号。在电液换向阀中，当先导电磁阀的左边电磁铁通电时，先导电磁阀中油口 P' 与 A' 相通，液压油经左边单向阀流动到主阀的左侧控制腔，压力油推动主阀芯右移，主阀 P 口与 A 口相通，B 口与 T 口相通；当先导电磁阀的右边电磁铁通电时，先导电磁阀中油口 P' 与 B' 相通，液压油经右边单向阀流动到主阀的右侧控制腔，压力油推动主阀芯左移，主阀 P 口与 B 口相通，A 口与 T 口相通从而实现换向。当先导电磁阀的两边电磁铁都不通电时，A'、B' 两油口都接回油箱，先导电磁阀阀芯在两边弹簧的作用下处于中位，主阀阀芯也处于中位。

在图 4－9 所示的电液换向阀中，主阀芯的移动速度可由单向节流阀来调节，这样系统中的执行元件能够得到平稳无冲击的换向。单向节流阀是换向时间调节器，也称为阻尼调节器。调节节流阀开口大小，即可调节主阀换向时间，从而消除执行元件的换向冲击。所以，这种操纵形式的换向性能是比较好的，它适用于高压、大流量（$q \leqslant 1200$ L/min）的场合。

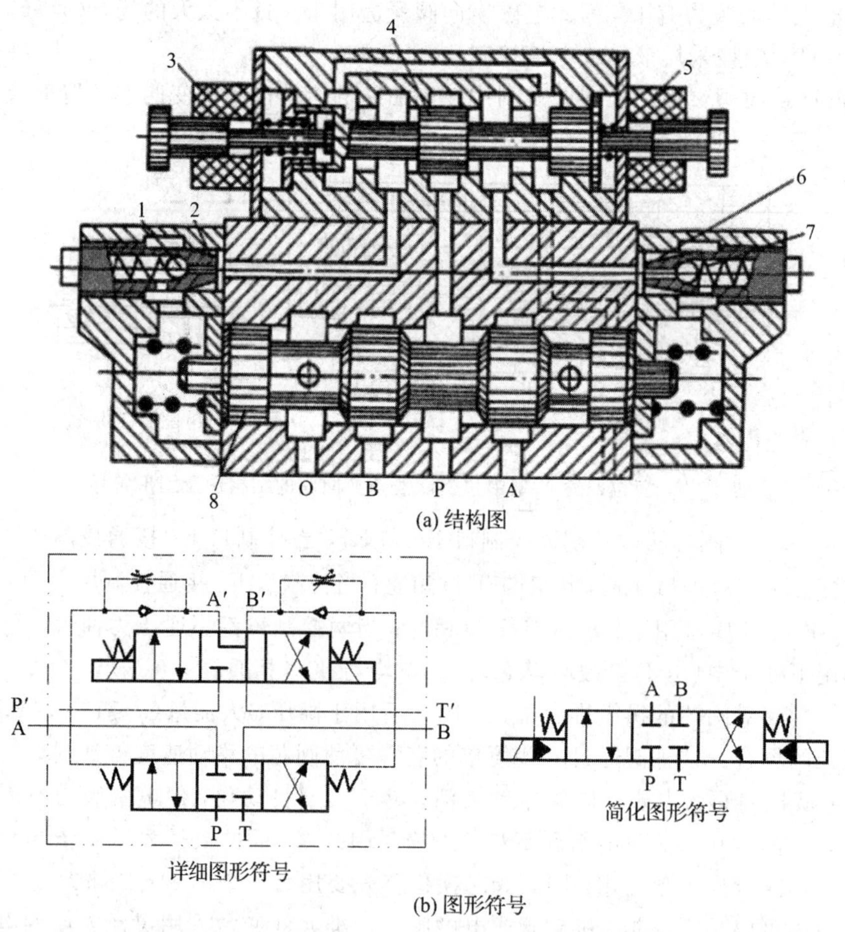

(a) 结构图

(b) 图形符号

1、7—单向阀；2、6—节流阀；3、5—电磁铁；4—先导阀阀芯；8—主阀阀芯

图 4－9　三位四通电液换向阀的结构图及图形符号

二、单向阀

1. 普通单向阀

普通单向阀简称为单向阀，其只允许流体介质正向流动，不允许反向流动，因此又称为逆止阀或止回阀。图 4－10 所示是单向阀的结构图和图形符号。它主要由阀芯、阀体和弹簧等组成。流体从 P_2 流入时，克服弹簧力推动阀芯，使通道接通，流体从 P_2 流出：当流体从反向流入时，流体的压力和弹簧力将阀芯压紧在阀座上，流体不能通过。

在图 4－10 所示的单向阀中，通流的阻力应尽可能小，而反向应有良好的密封性。此

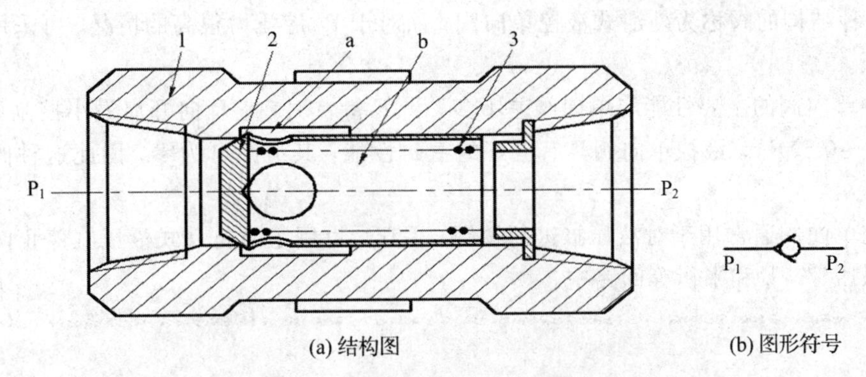

(a) 结构图　　(b) 图形符号

1—阀体；2—阀芯；3—弹簧；a—径向孔；b—轴向孔

图 4-10　单向阀的结构图及图形符号

外，单向阀的动作应灵敏，工作时不应有撞击和噪声。

单向阀中的弹簧仅用于使阀芯在阀座上就位，因此弹簧的刚度一般都选得较小，使阀的开启压力小，一般仅有 0.03～0.1 MPa。若当作背压阀用时，可换上刚度较大的弹簧，其压力可达 0.2～0.6 MPa。

单向阀可装在泵的出口处，防止系统中的流体冲击而影响泵的工作，还可用来分隔油路，防止管路间的压力相互干扰，也常用来与其他的阀组合成各种组合阀等。

2. 液控单向阀

液控单向阀是一种液控口通入控制压力油后即允许流体双向流动的单向阀。如图 4-11 所示，它由单向阀和液控装置两部分组成。当控制口 K 处不通入压力油(简称控制油)时，它的工作机能和普通单向阀一样，流体只能从进油口 P_1(正向)流向出油口 P_2，反向截止。当控制口 K 处通入压力油时，活塞右移，推动顶杆顶开阀芯离开阀座，使进油口 P_1 和出油 P_2 接通，这时流体从进油口 P_1 流向出油口 P_2(正向)，也可从出油口 P_2 流向进油口 P_1(反向导通)。

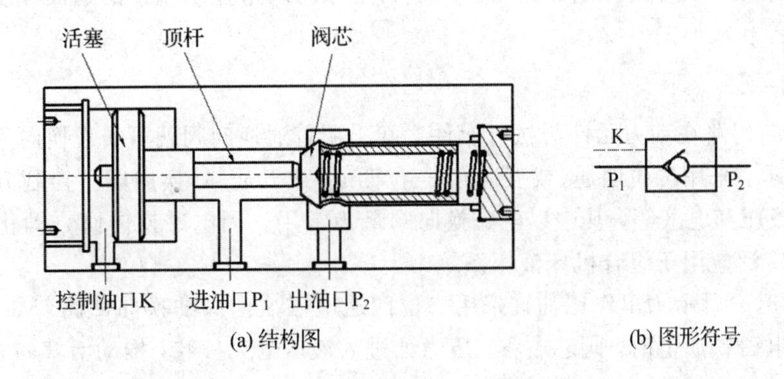

(a) 结构图　　(b) 图形符号

图 4-11　液控单向阀的结构图及图形符号

如图 4-11 所示，流体反向流动时，P_2 口压力相当于系统工作压力，通常很高；而 P_1 口的压力也可能很高，这样控制油需要很大压力才能顶开阀芯，因而影响了被控单向阀的工作可靠性。因此，如果 P_1 口压力较高造成控制活塞背压较大时，可减小 P_1 腔控制活塞的受压面积，常常采用外泄口回油来降低背压，以降低开启阀芯的阻力，达到反向导通的目的，这种结构的阀称为外泄式液控单向阀；而对于 P_2 腔压力很高的情况，可采用先导阀预先卸压。

液控单向阀的主要性能与单向阀差不多，当 $P_1=0$ 时，它反向开启最小控制压力，一般为 $(0.4\sim0.5)P_2$。液控单向阀具有良好的密封性能，其泄漏可为零，因此这种阀也称为液压锁。

液控单向阀通常用于对液压缸进行锁闭、保压，也用于防止立式液压缸停止时的自动下滑的保压、锁紧和平衡等回路中。

思考

转阀的工作原理如图 4-12 所示。说说转阀换向原理。

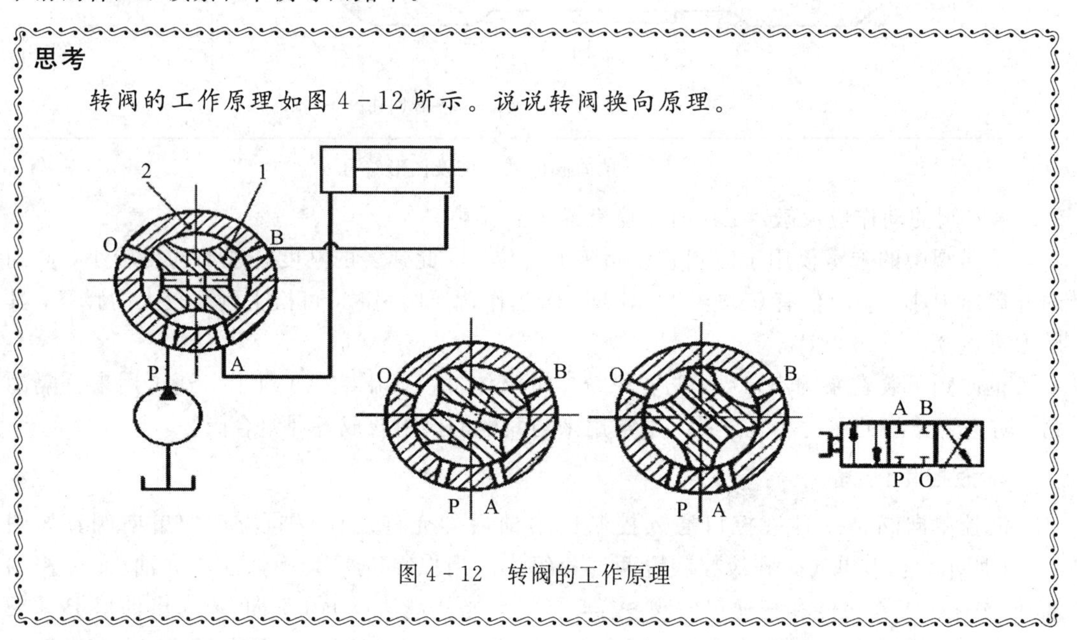

图 4-12　转阀的工作原理

三、方向控制回路

在液压系统中，方向控制回路的作用是利用方向阀来控制流体的通断或变向，使执行元件启动、停止或换向。

1. 换向回路

一般换向回路在动力元件与执行元件之间采用普通换问阀就可实现换向。根据执行元件换向的要求，采用二位四通(或五通)、三位四通(或五通)等换向阀。控制方式可以是人力、机械、液压和电液等，其中以电磁换向阀最为常用。因电磁换向阀自动化程度要求较高，所以被广泛应用于组合机床液压系统中。

图 4-13(a)所示为单作用油缸采用二位四通电磁换向阀的换向回路。如图 4-13(b)右图所示，电磁铁通电时，阀芯右移，压力油进入液压缸无杆腔，推动活塞向右移动，活塞杆实现工作进给；如图 4-13(b)左图所示，电磁铁断电时，弹簧力使阀芯左移复位，压力油进入液压缸有杆腔，推动活塞向左移动，活塞杆快速退回。

2. 锁紧回路

锁紧回路(又称闭锁回路)是使执行元件在任意位置停止，并防止其停止后窜动的基本回路。这种回路可以利用三位换向阀的中位机能实现，也可采用液控单向阀和三位换向阀

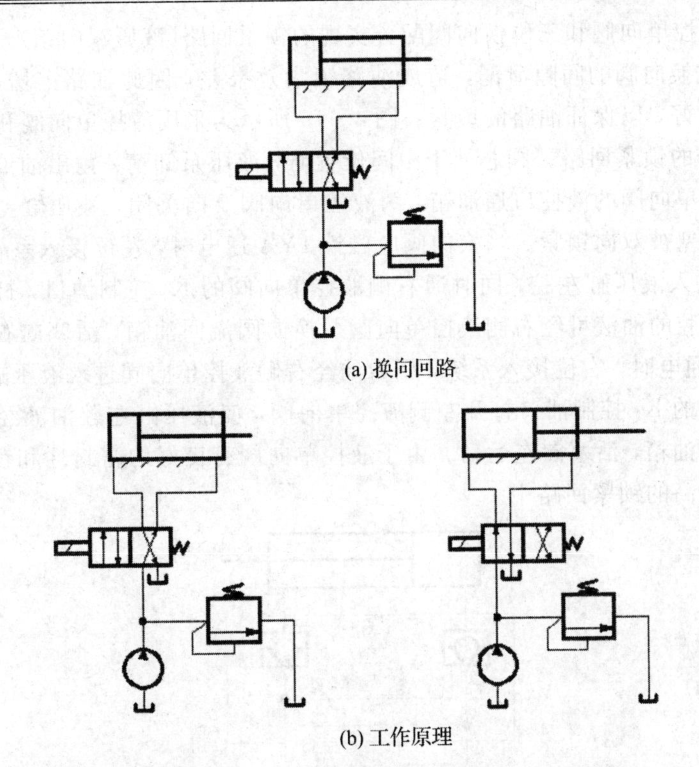

(a) 换向回路

(b) 工作原理

图 4－13　采用二位四通电磁换向阀的换向回路及其工作原理

配合实现。

（1）利用三位换向阀的中位机能实现锁紧回路。

图 4－14 所示为采用三位四通“O”型和“M”型中位机能换向阀的锁紧回路。当两端的电磁铁都不通电时，换向阀的阀芯处于中间位置，弹簧使阀芯处于中位，液压缸的两个工作油口被封闭，此时液压缸两腔都充满油液。因理想状态下，油液被认为是不可压缩的，所以从理论上讲，此时液压缸所承受的向左或向右的外力均不能使活塞移动，活塞被双向锁紧。由此，就可以使活塞锁紧在任意行程位置上。这种锁紧回路结构简单。由于滑阀式换向阀内部存在泄漏大，所以采用滑阀式换向阀的锁紧回路的闭锁效果较差，只能用于锁紧精度要求不高的短时锁紧回路中。

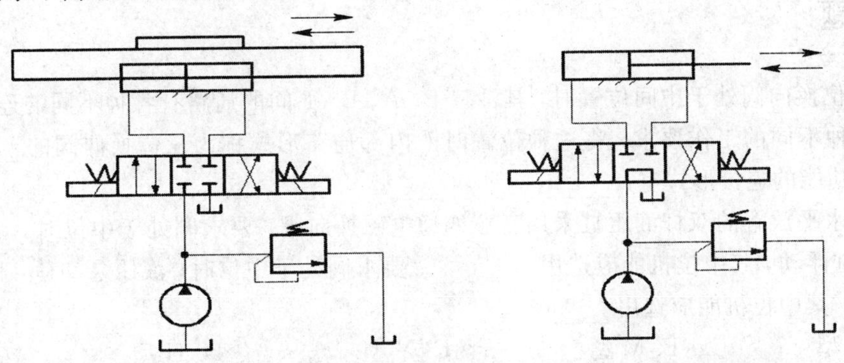

(a) “O” 型中位机能换向阀的锁紧回路　　(b) “M” 型中位机能换向阀的锁紧回路

图 4－14　采用三位四通中位机能换向阀的锁紧回路

(2) 采用液控单向阀和三位换向阀配合实现的锁紧回路(液压双向锁)。

由于滑阀式换向阀的间隙泄漏，造成油路锁紧效果差，因此油路上增加液控单向阀，利用锥阀密闭性好，以保证油路的锁紧。图 4-15 所示为采用液控单向阀和三位中位为 H 型的换向阀配合的锁紧回路。阀芯处于中间位置时，液压泵卸荷，输出油液经换向阀回油箱，同时两液控单向阀的液控口通油箱，两液控单向阀反向关闭，液压缸左右两腔的油液均不能流动，活塞被双向锁紧。当换向阀电磁铁 1YA 通电时，左位接入系统，压力油经左侧液控单向阀进入液压缸左腔，同时通右侧液控单向阀的 K_2 控制油口，打开右侧液控单向阀，液压缸右腔的油液可经右侧液控单向阀及换向阀流回油箱，活塞向右运动。当换向阀电磁铁 2YA 通电时，右位接入系统，压力油经右侧液控单向阀进入液压缸右腔，同时通左侧液控单向阀的 K_1 控制油口打开左侧液控单向阀，使液压缸左腔油液经左侧液控单向阀和换向阀流回油箱，活塞向左运动。由于液控单向阀有良好的密封性和锁紧效果，常用于锁紧精度要求高的锁紧回路中。

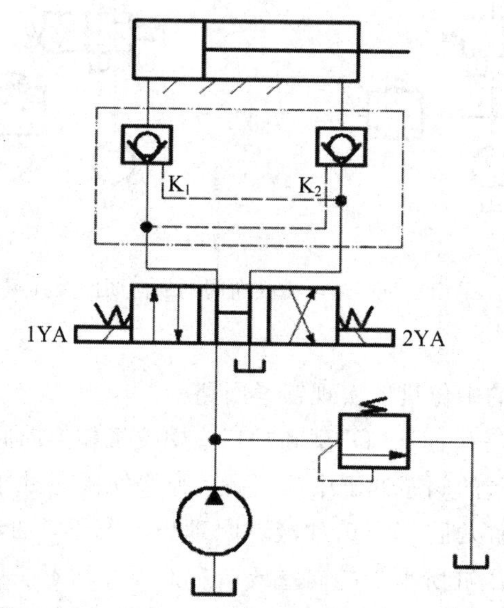

图 4-15　采用液控单向阀和三位换向阀配合的锁紧回路

习　题

1. 三位换向阀处于中间位置时，其油口 P、A、B、T 间的通路有各种不同的连接形式，以适应各种不同的工作要求，将这种位置时的内部通路形式称为三位换向阀的________；具有锁紧功能的连接形式有________、________型。

2. 一水平放置的双杆液压缸采用三位四通电磁换向阀，要求阀处于中位时，液压泵卸荷，液压缸浮动，其中位机能应选用________；要求阀处于中位时，液压泵卸荷，且液压缸闭锁不动，其中位机能应选用________。

A. O 型　　B. M 型　　C. Y 型　　D. H 型

3. 有卸荷功能的中位机能是________。

A. H、K、M 型　　B. O、P、Y 型　　C. M、O、D 型　　D. P、A、X 型

4. 三位四通电液换向阀的液动滑阀为弹簧对中型，其先导电磁换向阀中位必须是________机能，而液动滑阀为液压对中型，其先导电磁换向阀中位必须是________机能。

A. H 型　　B. M 型　　C. Y 型　　D. P 型

5. 为使三位四通阀在中位工作时能使液压缸闭锁，应采用________。

A. "O"型阀　　B. "P"型阀　　C. "Y"型阀

6. 为保证锁紧迅速、准确，采用了双向液压锁的汽车起重机支腿油路的换向阀应选用H 型或________中位机能；要求采用液控单向阀的压力机保压回路，在保压工况液压泵卸载，其换向阀应选用________中位机能。

A. H 型　　B. M 型　　C. Y 型　　D. D 型

7. 单向阀可以用来作背压阀。(　　)

8. 同一规格的电磁换向阀机能不同，可靠换向的最大压力和最大流量不同。(　　)

9. 因电磁吸力有限，对液动力较大的大流量换向阀则应选用液动换向阀或电液换向阀。(　　)

10. 什么叫中位机能？

4-3　压力控制阀与压力控制回路

压力控制阀是用来控制系统压力的阀，简称为压力阀。常用的压力阀有溢流阀、减压阀、顺序阀和压力继电器等。它们的共同特点是利用流体作用在阀芯上的压力与阀内的弹簧力相平衡的原理来工作的。

压力控制回路是利用压力控制阀来控制系统或系统某一部分的压力。压力控制回路主要有调压回路、减压回路、增压回路、保压回路、卸荷回路、平衡回路和释压回路等。

4-3-1　溢流阀与调压回路

【学习目标】

(1) 掌握溢流阀的种类、结构、图形符号及工作原理。

(2) 掌握溢流阀的用途。

(3) 掌握调压回路的类型、特点及应用。

一、溢流阀

溢流阀有多种用途，但其基本功用主要有两种：一是用于调压，当系统压力超过或等于激流阀的调定压力时，系统的液体或气体通过阀口溢出一部分，保证系统压力恒定；二是在系统中作安全阀用，在系统正常工作时，溢流阀处于关闭状态，只有在系统压力大于或等于其调定压力时才开启溢流，对系统起过载保护作用。对溢流阀的要求是：调压范围大，调压偏差小，压力振动小，通流性好，动作灵敏，噪声小。溢流阀按其结构原理分为直动式和先导式两种。

1. 直动式溢流阀

直动式溢流阀是利用系统中的压力油直接作用在阀芯上与阀体内的弹簧力相平衡，从而控制阀口启闭。

图 4－16 所示为用于液压系统中的低压直动式溢流阀的结构图及图形符号。其阀芯的下端有轴向孔，压力油经阀芯下端的径向孔、轴向阻尼孔进入阀芯的底部，形成一个向上的油压作用力。当进口压力较低时，作用在阀芯上油压力不能克服阀芯弹簧力，阀芯在弹簧力的作用下被压在图示的最低位置。进油口 P 和回油口 O 之间阀内通道被阀芯封闭，阀不溢流。当阀的进口压力升高，使阀芯下端的压作用力足以克服弹簧力时，阀芯向上移动，使 P 口与 O 口相通。溢流阀溢流，从而使系统压力维持在溢流阀的调定压力。可通过调节螺母来调节弹簧对阀芯的作用力，即调节溢流阀的入口压力。

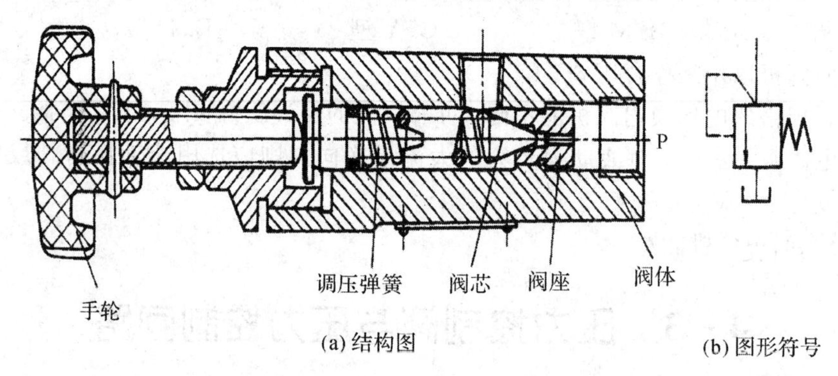

图 4－16　直动式溢流阀的结构图及图形符号

直动式溢流阀的特点是结构简单，反应灵敏，但在工作时易产生振动和噪声，压力波动大，一般用于小流量、压力较低的场合，宜用作安全阀。因控制较高压力或较大流量时.需要装刚度较大的硬弹簧，不但手动调节困难，而且阀口开度(弹簧压缩量)略有变化，便引起较大的压力波动，因而不易稳定。所以，系统压力较高时需要采用先导式溢流阀。

2. 先导式溢流阀

先导式溢流阀有多种结构，如图 4－17 所示，是一种常见的结构，由先导调压阀和溢流主阀两部分组成。其中先导调压阀类似于直动式溢流阀，多为锥阀结构，它的作用是控制主阀的溢流压力，溢流主阀的作用是溢流。

工作原理：先导式溢流阀是利用主阀两端的压力差和弹簧力的平衡原理来进行压力控制的。压力油自阀体中部的进油口 P 进入，并通过主阀芯上的阻尼孔进入主阀芯上腔，作用于先导阀的锥阀上，当进油压力 P_1 小于先导阀调压弹簧的调定值时，先导阀关闭，作用于主阀芯上的压力差和主阀弹簧力均使主阀口压紧，不溢流。当系统压力升高至足以克服先导阀的弹簧的作用力时，先导阀锥阀打开，由于阻尼孔处的压力损失使主阀芯上下腔中的油液产生一个压力差，当它在主阀芯上下面上作用力的差足以克服主阀弹簧力时，主阀芯开启，此时进油口 P 与出油口 O 直接相通，调节溢流口的大小进行溢流，最后达到调节并稳定进油口压力(即液压传动系统压力)的目的。由于主阀芯的开启主要取决于阀芯上下面端的压力差，主阀弹簧只用来克服阀芯运动时的摩擦力和主阀芯重力，故其阀弹簧力小，所以先导式溢流阀在送流量发生大幅度变化时，被控腔压力只有很小的变化。调节先导阀手轮便能调整溢流压力。更换不同刚度的调压弹簧，便能得到不同的调压范围。

先导式溢流阀广泛地应用于高压、大流量场合。由于先导式溢流阀是两级阀，其反应不如直动式溢流阀灵敏，宜用于系统溢流稳压。

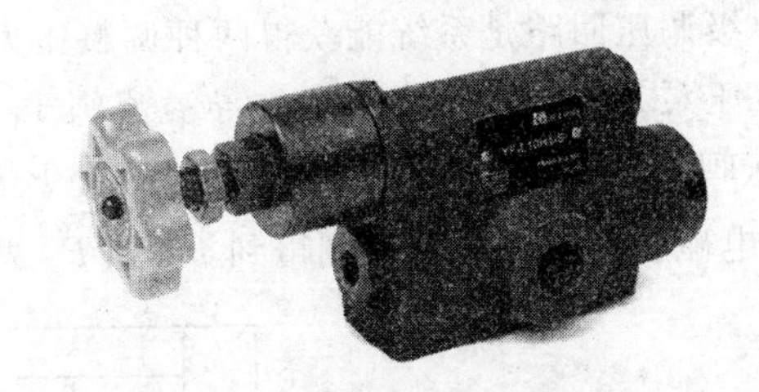

(a) 先导式溢流阀实物图

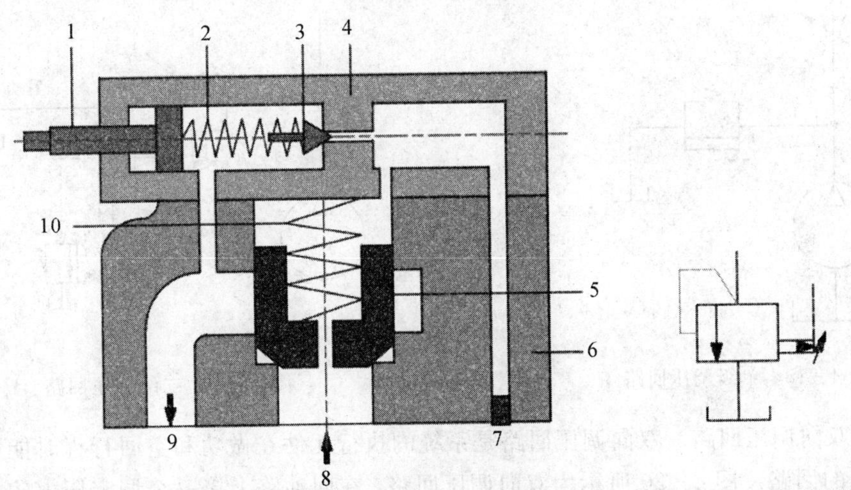

1—调节螺钉；2—调压弹簧；3—先导阀阀芯；4—先导阀阀体；5—主阀阀芯；6—主阀阀体；
7—遥控口；8—进油口；9—回油扣；10—主阀弹簧

(b) 先导式溢流阀结构图　　　　(c) 图形符号

图 4－17　先导式溢流阀的实物图、结构图及图形符号

二、溢流阀的应用与调压回路

1. 调压稳压

溢流阀与定量泵并联，形成调压回路。油泵输出的压力油只有一部分进入执行元件，多余的油经溢流阀流回油箱。溢流阀是常开的，使系统压力稳定在调定值附近，以保持系统压力恒定。

调压回路是用来调整系统的压力，使系统压力在液压设备工作时与负荷相适应。调压回路能控制整个系统或局部的压力，使系统整体或某一部分的压力保持恒定或不超过某个数值。当系统中需要两种以上不同压力时，可采用多级调压回路。可以通过比例溢流阀的输入电流实现回路的无级调压，还可实现系统的远距离控制。

(1) 单级液压调压回路。单级液压调压回路是系统只能获得一种调整压力的回路。

如图 4－18 所示，系统由定量液压泵供油，采用节流阀来调节进入液压缸的流量，使活塞获得需要的运动速度。在液压泵出口处并联一个溢流阀来调整系统的压力，当定量泵输出的流量大于液压缸的所需流量时，多余部分的油液则从溢流阀流回油箱。此时，液压泵的输出压力便稳定在溢流阀的调定压力上。溢流阀的调定压力必须大于液压缸的最大工作压力和油路上各种压力损失的总和。

(2) 二级调压回路。单级调压回路是系统能获得两种调整压力的回路。图 4-19 所示为二级液压调压回路，在液压泵 1 出口处并联一个先导溢流阀 1，其远程控制口串接二位二通电磁换向阀和远程凋压阀 2。当先导缢流阀 1 的调定压力 P_1 大于远程凋压阀 2 的调定压力 P_2 时，系统可通过电磁换向阀的两位分别得到 P_1 和 P_2 两种调定压力。

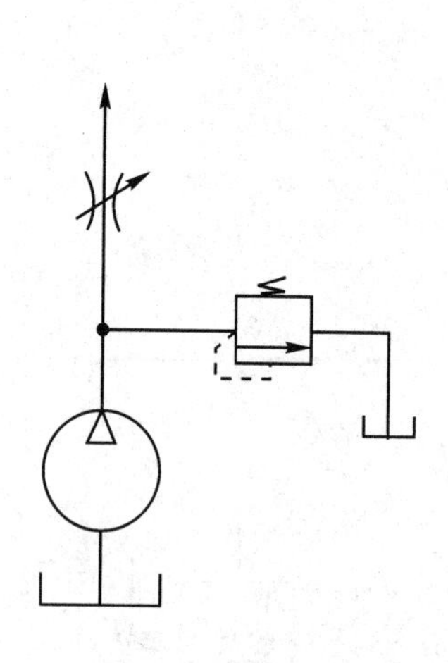
图 4-18　单级调压回路

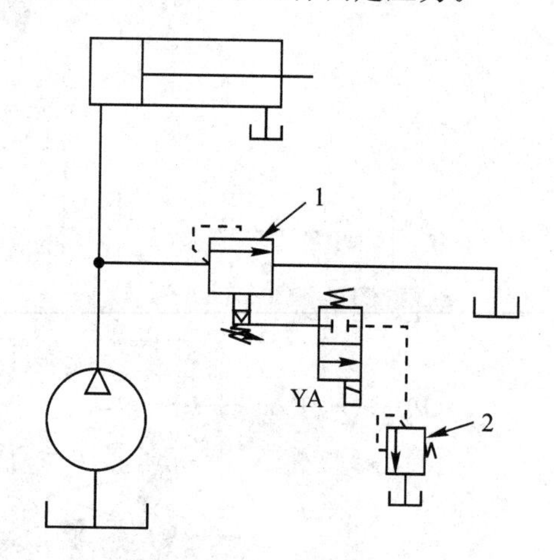

图 4-19　二级调压回路

(3) 双向调压回路。双向调压回路是系统的执行元件在做功和空回行程时能获得两种调整压力的回路。图 4-20 所示为双向调压回路，在回油路上接一个调定压力较小的溢流阀。当活塞杆推出时所需的推力大，此时系统的压力由调整压力较大的溢流阀 1 调定；当活塞杆缩回时所需的推力小，此时系统的压力由调整压力较小的溢流阀 2 调定，这样可降低系统功率。

(4) 多级调压回路。多级调压回路是能实现两级及以上不同压力的调压回路。

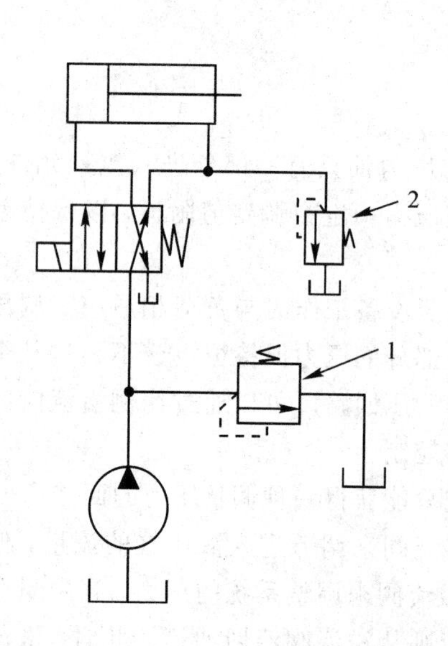

图 4-20　双向调压回路

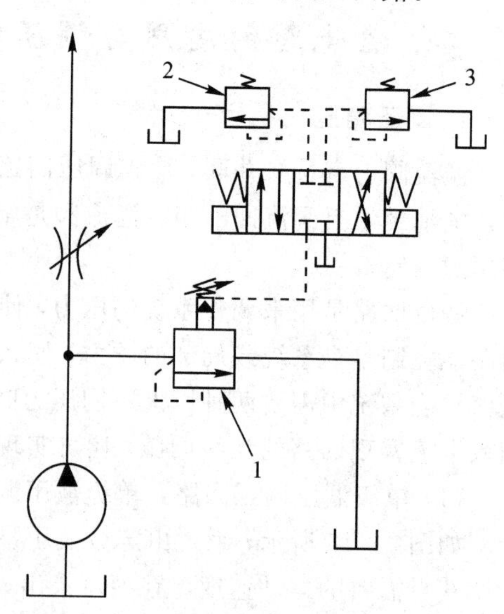

图 4-21　多级调压回路

图 4-21 所示为多级调压回路，在溢流阀的远程控制口处通过接入多位换向阀的不同

油口，并联多个溯压阀，即可构成多级调压回路。电磁换向阀和溢流阀有机地组合，可以组成多级调压回路。图 4－21 所示为用 3 个溢流阀控制的三级调压回路。其中，溢流阀 2、3 控制的压力低于溢流阀 1 控制的压力。在图所示位置，系统压力由溢流阀 1 控制；当换向阀的电磁铁 YAI 通电时，阀芯右移，左位接入系统，由于溢流阀 2 的压力低于溢流阀 1 的压力，所以此时系统压力由溢流阀 2 控制；当电磁铁 YA2 通电时，阀芯左移，右位接入系统，由于溢流阀 3 的压力低于溢流阀 1 的压力，所以此时系统压力由溢流阀 3 控制。

2. 远程调压

如图 4－22 所示，先导式溢流阀 1 与直动式调压阀 2 配合使用，可实现系统的远程调压。值得注意的是，阀 1 的调定压力要大于阀 2 的调定压力。为了获得较好的远程控制效果，还需注意两阀之间的油管不宜太长(最好在 3m 之内)，要尽量减小管内的压力损失，并防止管道振动。

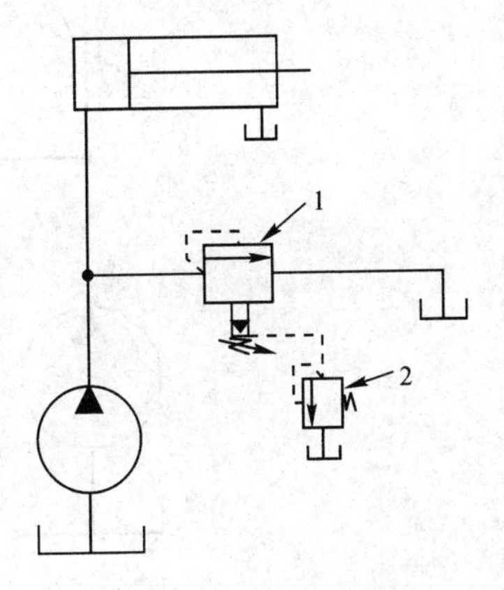

图 4－22　远程调压

3. 安全保护

如图 4－23 所示，溢流阀与变量泵并联，或在旁油路节流调速回路中，溢流阀在系统中用作安全阀，以限制系统的最高压力。当压力超过调定值时，溢流阀打开溢流，保证系统安全工作。在正常工作时，溢流阀是常闭的，故其调整值应比系统的最高工作压力高 10%～20%，以免溢流阀打开溢流时，影响系统正常工作。

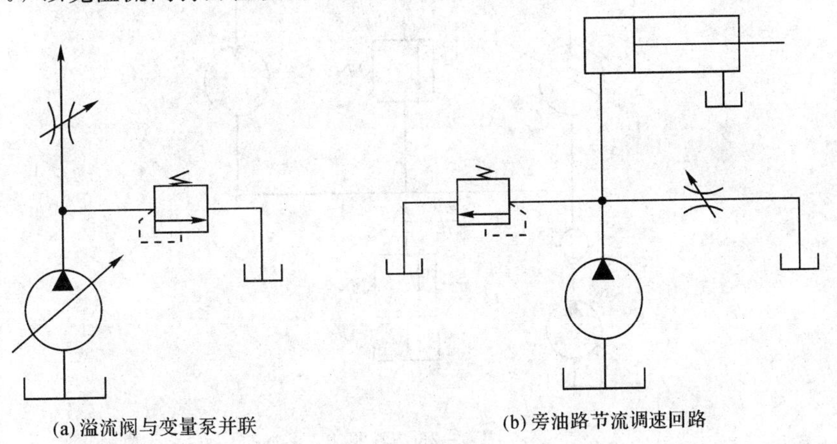

(a) 溢流阀与变量泵并联　　(b) 旁油路节流调速回路

图 4－23　安全阀

4. 用作背压阀

将溢流阀安装在系统的回油路上，可对回油产生阻力，即造成执行元件的背压。回油路存在一定的背压，可以提高执行元件的运动稳定性，如图 4-24 所示。

5. 系统卸荷

在阀体上有一个远程控制口 K，当将此口通过二位二通阀接通油箱时，主阀上端的压力接近于零，主阀芯在很小的压力下便可移到上端，阀口开得最大，这时系统的油液在很低的压力下通过阀口流回油箱，实现卸荷作用，如图 4-25 所示。

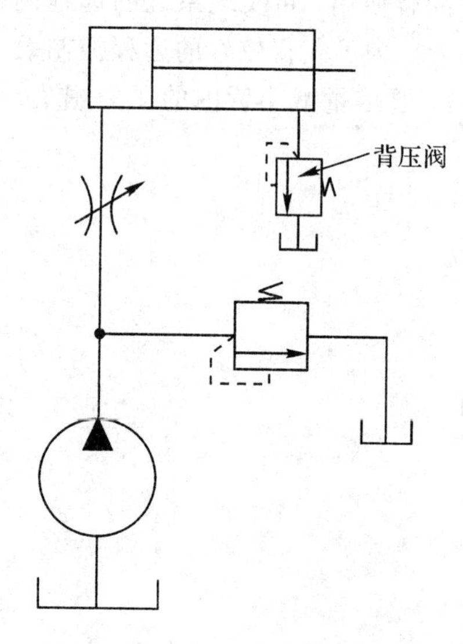

图 4-24 背压阀

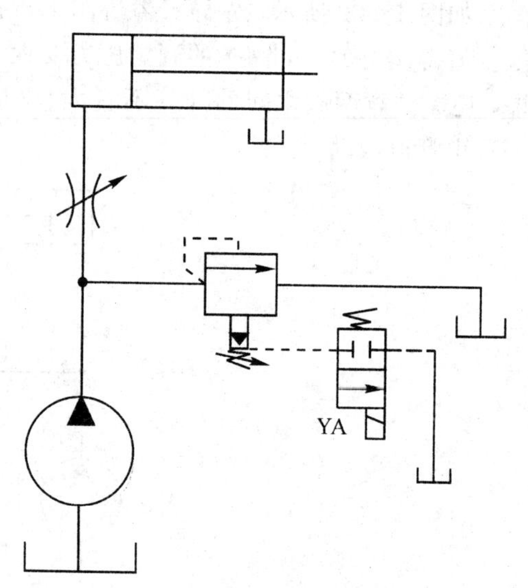

图 4-25 卸荷

习 题

1. 在图 4-26 所示的回路中，阀 1 和阀 2 的作用是（ ）。

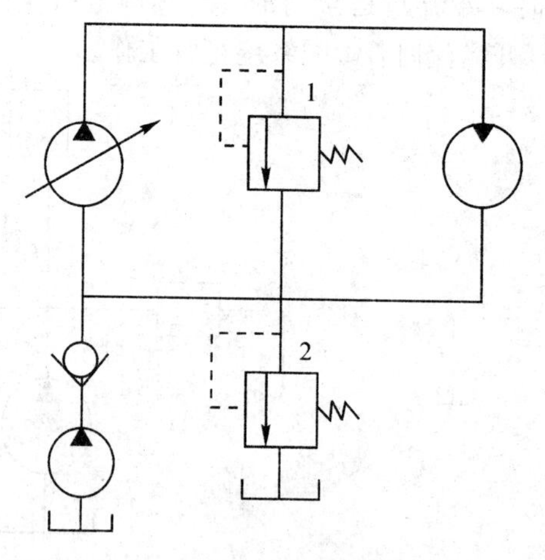

图 4-26 习题 1

A. 阀 1 起溢流作用，阀 2 起安全作用　　　B. 阀 1 起安全作用，阀 2 起溢流作用
C. 均起溢流作用　　　D. 均起安全作用

2. 液压系统的最大工作压力为 10 MPa，安全阀的调定压力应为(　　)。

A. 等于 10 MPa　　B. 小于 10 MPa　　C. 大于 10MPa　　D. 其他

3. 有两个调整压力分别为 5 MPa 和 10 MPa 的溢流阀串联在液压泵的出口，泵的出口压力为(　　)；并联在液压泵的出口，泵的出口压力又为(　　)。

A. 5 MPa　　B. 10 MPa　　C. 15 MPa　　D. 20 MPa

4. 在变量泵的出口处与系统并联一个溢流阀，其作用是(　　)。

A. 溢流　　B. 稳压　　C. 安全　　D. 调压

5. 液压系统的最大工作压力为 10 MPa，安全阀的调定压力应为(　　)。

A. 等于 10 MPa　　B. 小于 10 MPa　　C. 大于 10 MPa

6. 溢流阀在执行工作的时候，阀口是(　　)的，液压泵的工作压力决定于溢流阀的调整压力且基本保持恒定。

A. 常开　　B. 常闭

7. 在工作过程中溢流阀是常开的，液压泵的工作压力决定于溢流阀的调整压力。(　　)

8. 先导式溢流阀的调压弹簧是主阀芯上的弹簧。(　　)

9. 溢流阀的作用如何？

10. 直动式溢流阀是怎样进行工作的？

11. 直动式溢流阀若进出油口反接了，会出现什么情况？

12. 调压回路有哪些类型？试画出一三级调压回路并说明调压原理。

13. 试确定图 4-27 所示的回路在下列情况下的系统调定压力。(1) 全部电磁铁断电；(2) 电磁铁 2YA 通电；(3) 电磁铁 2YA 断电，1YA 通电。

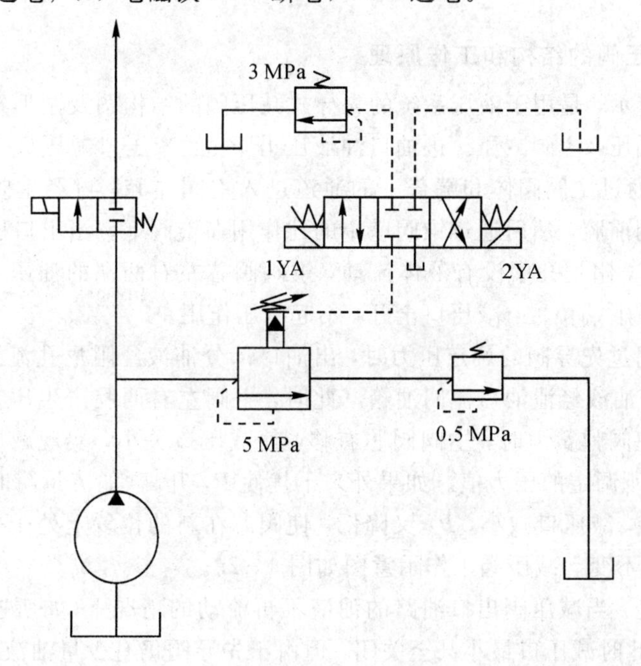

图 4-27　习题 2

4－3－2 减压阀与减压回路

【学习目标】

(1) 掌握减压阀的种类、结构、图形符号及工作原理。

(2) 掌握减压阀的用途。

(3) 掌握减压回路的特点及应用。

一、减压阀

减压阀是利用流体流过阀口缝隙产生压降的原理，使出口获得低于进口的稳定压力的压力控制阀。

用途：降低液压泵的出口压力，稳定压力，与单向阀并联实现单向减压。它主要用于降低系统某一支路的油液压力，使同一系统能有两个或多个不同压力的回路。例如，当系统中的夹紧支路或润滑支路需要稳定的低压时，只需在该支路上串联一个减压阀即可。

1. 类型

(1) 按调节要求的不同划分，减压阀可分为定压减压阀、定差减压阀和定比减压阀。

定压减压阀：减压阀工作时，不同工况下其出口压力基本维持恒定。

定差减压阀：减压阀工作时，进出油口压力之差基本不变。

定比减压阀：减压阀工作时，进出油口压力的比值基本不变。

三类减压阀中，定压减压阀应用最广，一般情况下，如不特别说明，就指定压减压阀。

(2) 按工作原理划分，减压阀可分为直动式减压阀和先导式减压阀。直动式减压阀在液压系统中较少单独使用，直动式结构的定差减压阀往往仅用作调压阀的组成部分。先导式减压阀应用广泛。

2. 先导式减压阀的结构和工作原理

如图 4－28 所示，是用于液压系统的先导式减压阀的结构图及图形符号。该阀由先导阀中的调压螺杆调压，主阀减压。进油口油液压力 P_1 经减压口减压后变为 P_2(即出口压力)，出口压力油通过主阀阀体和端盖上的通道进入主阀左腔，再经主阀上的阻尼孔进入主阀右腔和先导阀前腔，然后通过锥阀座中的孔作用在锥阀上。当出口压力低于调定压力时，先导阀口关闭，阻尼孔中没有液体流动，主阀阀芯左右两端的油压力相等，主阀在弹簧力作用下处于最下端位置，减压口全开，不起减压作用。

当出口压力超过先导阀的调定压力时，出油口部分油液经阻尼孔流到先导阀，将先导阀阀芯推开，部分油液经泄油口流回油箱。此时，主阀左右两腔产生压差，当此压差所产生的作用力大于主阀弹簧力时，主阀阀芯右移，使减压口关小，实现减压，直至出口压力 P_2 稳定在先导阀所调定的压力值。如果外来干扰使 P_1 升高(如流量瞬时增大)，则 P_2 也升高，使主阀右移，减压口减小，P_2 又降低，使阀芯在新的位置上处于受力平衡，而出口压力 P_2 基本维持不变。减压阀工作示意图如图 4－29。

值得注意的是：当减压阀出口油路的油液不再流动的情况下(如所连的夹紧支路油缸运动到终点后)，此时减压口最小甚至关闭，但由于先导阀仍有少量油液经泄油口流出，阀就仍然处于工作状态，出口压力也就保持调定数值不变。

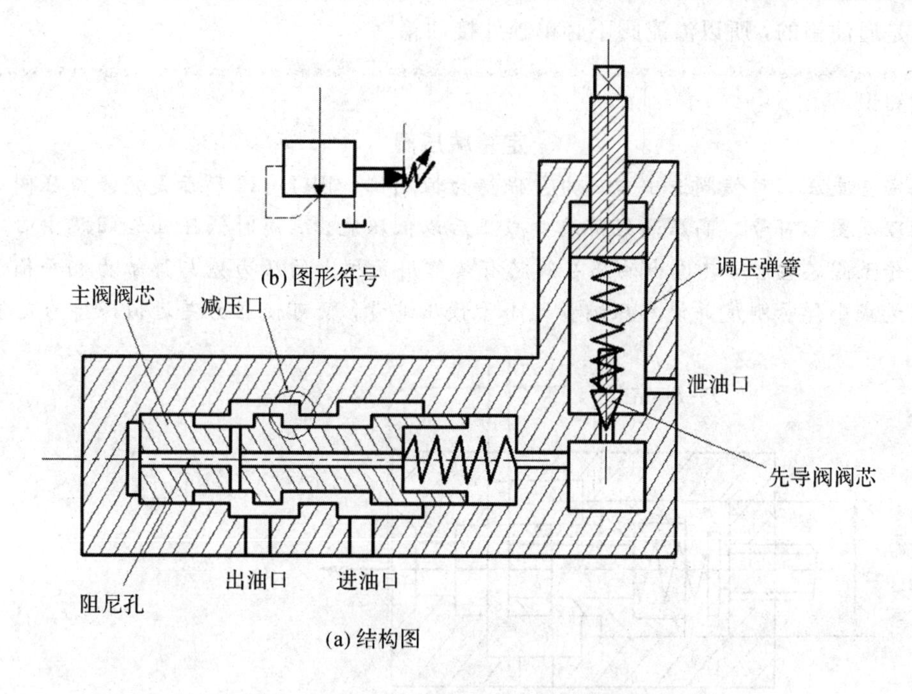

图 4-28　先导式减压阀的结构图及图形符号

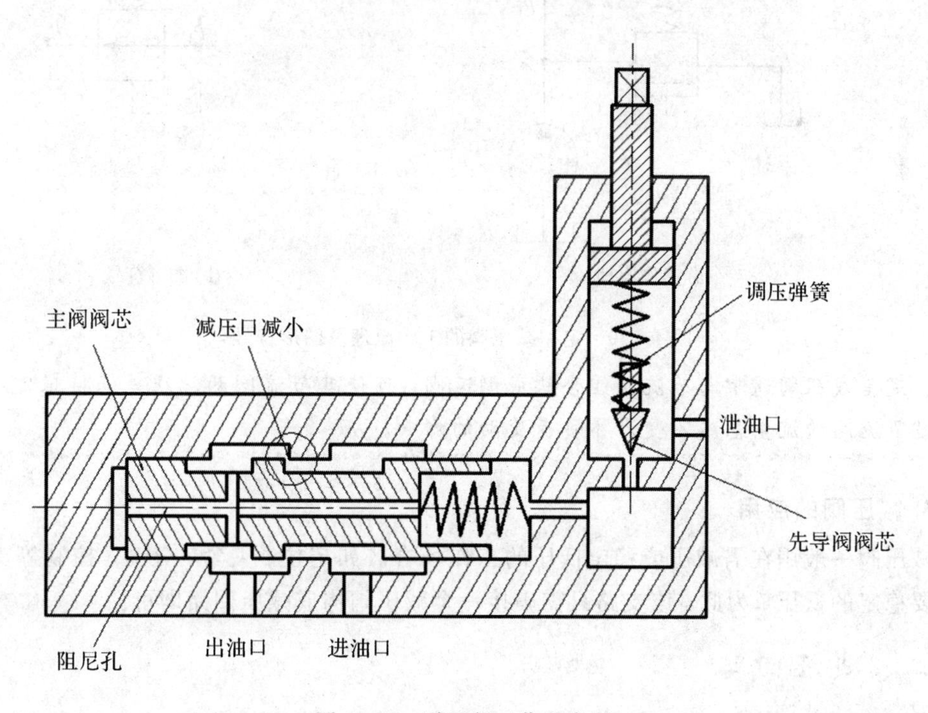

图 4-29　减压阀工作示意图

由上可以看出，与溢流阀相比较，减压阀的不同之处如下：

(1) 减压阀保持出口压力基本不变，而溢流阀保持进口处压力基本不变。

(2) 在不工作时，减压阀进、出油口互通，而溢流阀进、出油口不通。

(3) 为保证减压阀出口压力，减压阀泄油口需通过泄油口单独外接油箱；而溢流阀的出油口是通油箱的，所以溢流阀不必单独外接油箱。

拓展知识

定差减压阀

定差减压阀可使阀进出口压力差保持为恒定位。图 4-30 所示是定差减压阀的工作原理及图形符号。高压油经节流口减压后以低压流出，同时低压油经阀芯中心孔将压力传至阀芯左腔，其进出油压在阀芯有效作用面积上的压力差与弹簧力相平衡。只要尽量减小弹簧刚度并使其压缩量远小于预压缩量，便可使压力差近似保持为定值。

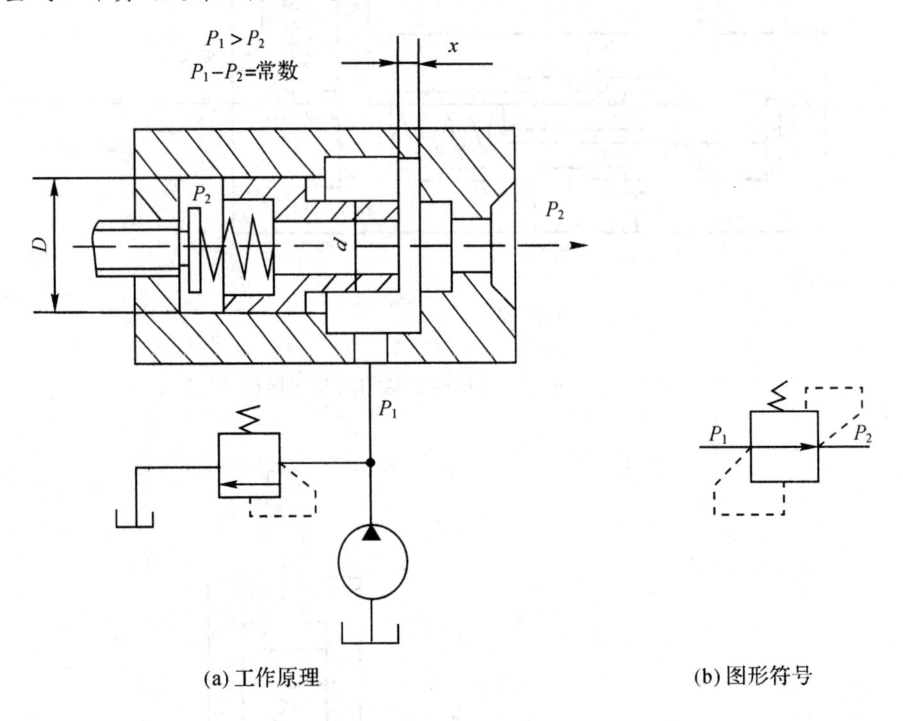

(a) 工作原理　　(b) 图形符号

图 4-30　定差减压阀的工作原理及图形符号

定差减压阀通常与节流阀组合构成调速阀，可使其节流阀两端压差保持恒定，使通过节流阀的流量基本不受外界负荷变动的影响。

3. 减压阀的应用

减压阀一般用在需减压或稳定低压的工作场合。如定位、夹紧、分度、控制等支路往往需要稳定的低压，为此，该支路只需串接一个减压阀构成减压回路即可。

二、减压回路

减压回路是使系统中某一部分具有较低的稳定压力。

图 4-31 所示为减压回路，图中油缸 1 的工作压力比油缸 2 的工作压力高，为使油缸 2 正常工作，在回路中并联了一个减压阀，使油缸 2 得到一个稳定的比溢流阀调定压力低的压力。通常，在减压阀后要设单向阀，以防止系统压力降低时(如另一缸空载快进)流体倒流，并可短时保压。为使减压回路工作可靠，减压阀的最低调整压力不应低于 0.5 MPa，

最高调整压力至少比系统压力低 0.5 MPa，否则减压阀不能正常工作。当减压回路中的执行元件需要调速时，调速元件应放在减压阀后面，以免减压阀的泄漏影响调速。如果减压阀与溢流阀类似图 4－19 和图 4－21 所示的安装方法，那么可得到两级或多级的减压回路。

若减压阀出口压力比系统压力低很多，则系统功率损失和温升会增加，可用高低压双泵供油。

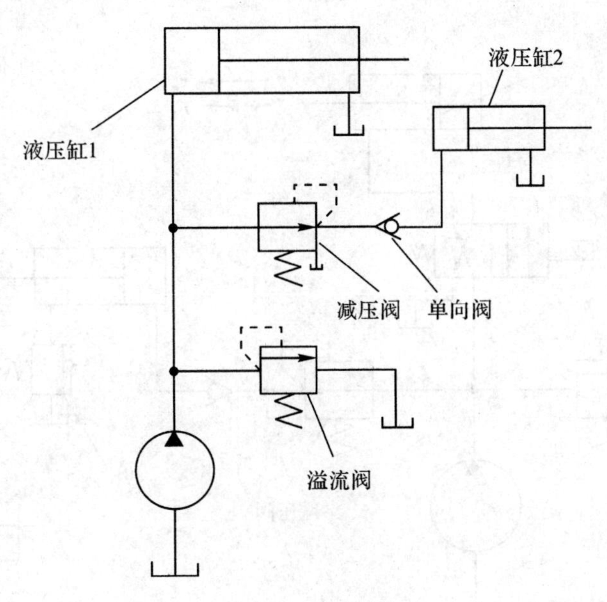

图 4－31　减压回路

［**例 4－1**］　如图 4－32 所示，夹紧缸分别由两个减压阀的串联油路图与并联油路图供油，两个减压阀的调定压力 $P_{j1}>P_{j2}$。试问这两种油路中，夹紧缸中的油压决定于哪一个调定压力？为什么？

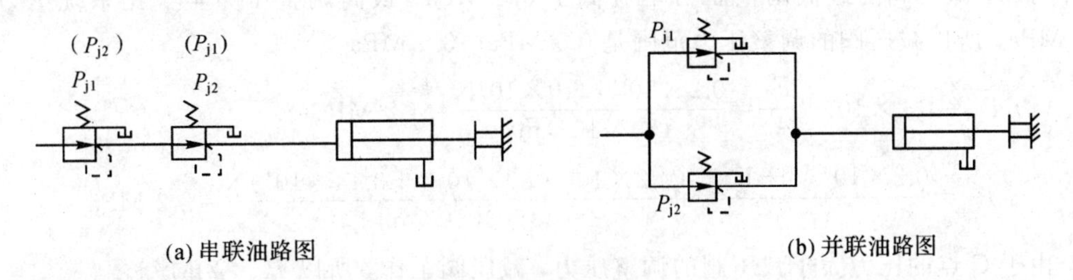

图 4－32　例题 1

解　(1) 串联：决定于调节压力小的压力阀(P_{j2})。

若左阀调节压力 P_{j1} 小，则右阀不起作用。

若右阀调节压力 P_{j2} 小，则左阀起作用，使供油压力减至 P_{j1}，右阀由 P_{j1} 减至 P_{j2}。

(2) 并联：决定于调节压力 P_j 大的减压阀(P_{j1})。

供油压力经两阀进入液压缸，缸中压力增至 P_{j2} 时，下阀动作开口关小，但上阀开口未关小，缸中压力继续增高；当缸中压力增至 P_{j1} 时，上阀开口关小，使缸中保持 P_{j1} 压力，这时下阀开口再关小一些。

［**例 4－2**］ 如图 4－33 所示，$A_1=150\ \text{cm}^2$，$A_2=80\ \text{cm}^2$，$F_1=6.0\times10^4\ \text{N}$，$F_2=3.14\times10^4\ \text{N}$，背压阀的背压为 0.2 MPa，换向阀的压力损失为 0.2 MPa，溢流阀的调整压力为5 MPa，不计其他损失，试求：

（1）减压阀的压力调整范围。

（2）若减压阀的调整压力为 2 MPa，则 A、B、C 三点的压力。

（3）若减压阀的调整压力为 2.5 MPa，其他条件相同，则 B 点的压力。

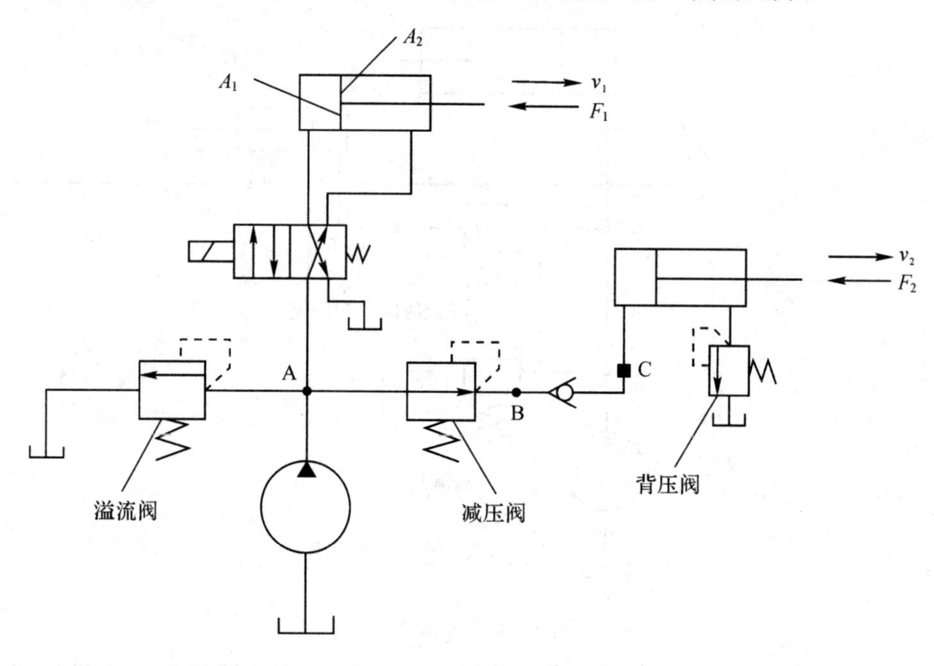

图 4－33 例题 2

解 （1）由于溢流阀的调整压力 4 MPa 为系统的最高压力(低压系统)，为使减压回路工作可靠，减压阀的最低调整压力不应低于 0.5 MPa，最高调整压力至少比系统压力低 0.5 MPa，所以减压阀的调整压力范围是 0.5 MPa～3.5 MPa。

（2）$P_A=0.2\times10^6+\dfrac{F_1}{A_1}=\dfrac{0.2\times10^6+6.0\times10^4\text{N}}{150\times10^{-4}\text{m}^2}=4.2\ \text{MPa}$

$$P_C=\frac{0.2\times10^6A_2+F_2}{A_1}=\frac{(0.2\times10^6\times80\times10^{-4}+3.14\times10^4)\text{N}}{150\times10^{-4}\text{m}^2}=2.2\ \text{MPa}$$

由于 C 点的压力大于减压阀的调整压力，减压阀工作，所以 $P_B=2\ \text{MPa}$。

（3）由于 C 点的压力低于减压阀的调整压力，减压阀阀口全开不工作，所以 $P_B=2.2\ \text{MPa}$。

习 题

1. 两个不同调整压力的减压阀并联后的出口压力取决于(　　)。

A. 调整压力低的减压阀的调整压力　　B. 调整压力高的减压阀的调整压力

C. 靠油泵近的减压阀的调整压力　　D. 离油泵远的减压阀的调整压力

2. 在减压回路中，减压阀调定压力为 P_j，溢流阀调定压力为 P_y，主油路暂不工作，二次回路的负载压力为 P_L。若 $P_y > P_j > P_l$，减压阀阀口状态为(　　)；若 $P_y > P_l > P_j$，减压阀阀口状态为(　　)。

A. 阀口处于小开口的减压工作状态

B. 阀口处于完全关闭状态，不允许油流通过阀口

C. 阀口处于基本关闭状态，但仍允许少量的油流通过阀口流至先导阀

D. 阀口处于全开启状态，减压阀不起减压作用

3. 减压阀主要用于降低系统某一支路的油液压力，它能使阀的出口压力基本不变。(　　)

4. 串联了定值减压阀的支路，始终能获得低于系统压力调定值的稳定的工作压力。(　　)

5. 与溢流阀相比较，减压阀的不同之处有哪些？

6. 减压回路有何功用？

7. 减压阀的工作原理及用途是什么？

8. 如图 4-34 所示，$A_1 = 100\ \text{cm}^2$，$A_2 = 50\ \text{cm}^2$，$F_1 = 28 \times 10^3\ \text{N}$，$F_2 = 8.4 \times 10^3\ \text{N}$，背压阀的背压为 0.2 MPa，节流阀的压差为 0.2 MPa，不计其他损失，试求出 A、B、C 三点的压力。

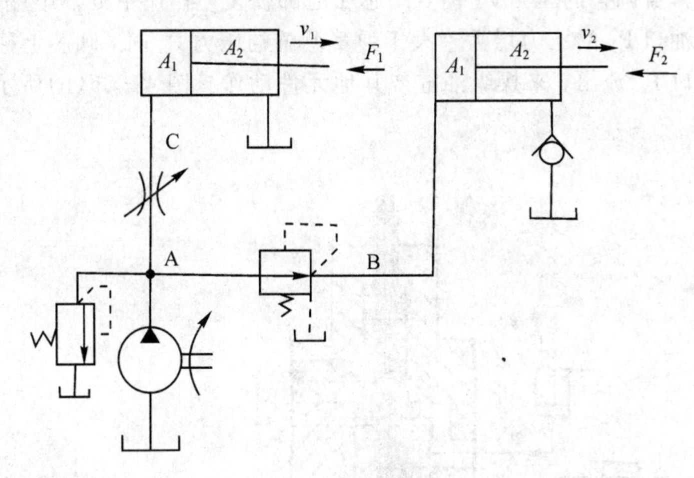

图 4-34　习题 3

4-3-3　顺序阀与平衡回路

【学习目标】

(1) 掌握顺序阀的种类、结构、图形符号及工作原理。

(2) 掌握顺序阀的用途。

(3) 掌握平衡回路的类型、特点及应用。

(4) 熟悉压力继电器的工作原理及应用。

(5) 了解其他常见的压力控制回路。

顺序阀在液压系统中犹如自动开关，是利用油液压力作为控制信号，控制油路通断。

它以进口油液压力(内控式)或外来压力(外控式)为信号，当信号压力达到它的调定值时，阀口开启，使所在通道自动接通。用于实现多个执行装置的顺序动作。通过改变控制方式、泄漏方式和二次通道的接法，顺序阀还可以构成其他功能的阀，如用作背压阀，用作双泵供油系统中低压泵的卸荷阀，也可与单向阀组合成单向顺序阀，还可用于有平横配重立式的液压装置，作平衡阀用。

一、顺序阀的结构和工作原理

顺序阀的结构原理与溢流阀基本相同，唯一不同的是顺序阀的出口不是接通油箱，而是接到系统中继续用油之处，其压力数值由出口负载决定。因此，顺序阀的内泄漏不能用通道直接引导到顺序阀的出口，而是由专门的泄漏口经阀外管道通到油箱。

顺序阀与溢流阀相似，根据结构的不同有直动式和先导式两种，一般使用的顺序阀多为直动式。根据控制压力的来源不同，顺序阀有直(内)控式(简称顺序阀)和液(外)控式两种。

1. 直动式顺序阀

直动式顺序阀的结构和工作原理与直动式溢流阀相似。如图 4－35(a)所示，P_1 为进油口，P_2 为出油口，油口的压力油通过阀芯中间的小孔作用在阀芯的底部。当进油口 P_1 的压力较低小于弹簧调整的压力 P_S 时，阀芯在上部弹簧力作用下处于下端位置，油口 P_1、P_2 被隔开；当进油口 P_1 的压力增大到大于弹簧调整的压力 P_S 时，阀芯上移，进油口 P_1 的压力油就从出油口 P_2 流出，来操纵油缸或其他元件动作。图 4－35(b)所示为直动式顺序阀图形符号。

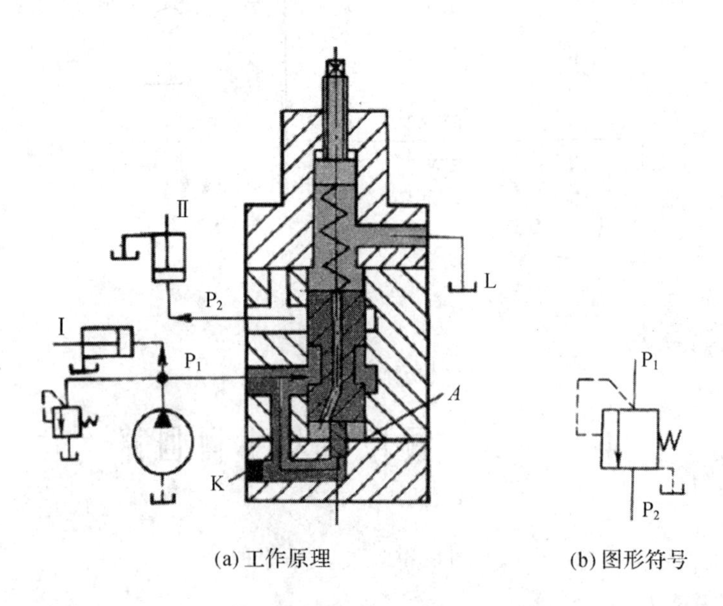

(a) 工作原理　　(b) 图形符号

图 4－35　直动式顺序阀的工作原理及图形符号

2. 液控顺序阀

图 4－36(a)所示为液控顺序阀的工作原理。液控顺序阀与直控顺序阀的主要区别在于液控顺序阀阀芯上有一个控制油口 K。当与控制油口 K 接通的外来控制油且压力超出

阀芯上端弹簧的调定压力时，阀芯上移，油口 P_1 和 P_2 相通，液控顺序阀的泄油口 L 接回油箱。如将液控顺序阀当卸荷阀使用时，可将出油口 P_2 接通回油箱。这时将阀盖转一个角度，使它上面的小泄漏孔(图中来相出)从内部与阀体上的出油口 P_2 接通，可以省掉一根回油管路。外控内泄顺序阀只用于出口接油箱的场合，常用以使泵卸荷，故又称卸荷阀。当液控顺序阀作为卸荷阀使用时的图形符号如图 4－36(b)所示。

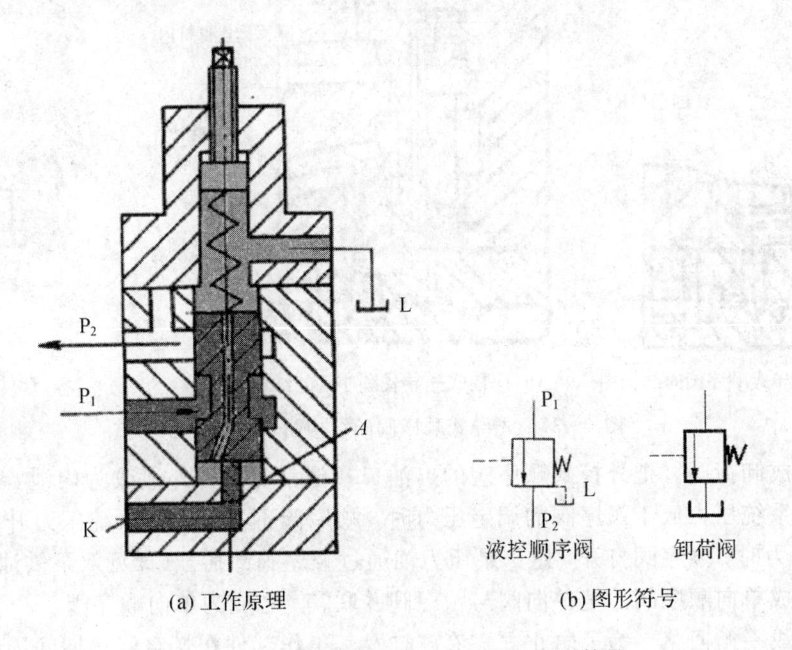

图 4－36　液控顺序阀的工作原理及图形符号

顺序阀与溢流阀的不同之处：顺序阀的出油口通向系统的另一压力油路，而溢流阀的出油口通向油箱，此外，由于顺序阀的进、出油口均为压力油，所以它的泄油口 L 必须单独外接油箱。溢流阀是由进口压力油压控制阀口开度，即内控式；而顺序阀通过弹簧腔泄油引出方式不同即改变上盖或底盖的装配位置可得到内控外泄、内控内泄、外控外泄和外控内泄四种结构类型。

3. 先导式顺序阀

先导式顺序阀与先导式溢流阀的结构大体相似，其工作原理也基本相同。图 4－37(b)所示为先导式顺序阀的结构图，其中 P_1 为进油口，P_2 为出油口，其泄油口须接回油箱。图 4－37(b)所示为内控式先导式顺序阀的结构图，将其旋转 90 度并打开远程控口，就成为外控式先导式顺序阀，如图 4－37(a)所示。内控式先导顺序阀当进口压力小于先导阀的调定压力时，阀口关闭，进出油口不通；当进口压力大于等于先导阀的调定压力时，阀口开启，进油口 P_1 压力油从油口 P_2 流出，去驱动阀后的执行元件或其他元件动作。先导式顺序阀同样也有内控外泄、外控外泄和外控内泄等几种不同的控制方式。

4. 顺序阀的应用

(1) 组成顺序动作回路。为了使多缸液压系统中的各个液压缸严格地按规定的顺序动作，可设置由顺序阀组成的顺序动作回路。这种回路只适用于系统中液压缸数目不多、负载变化不大的场合。(详见顺序动作回路)

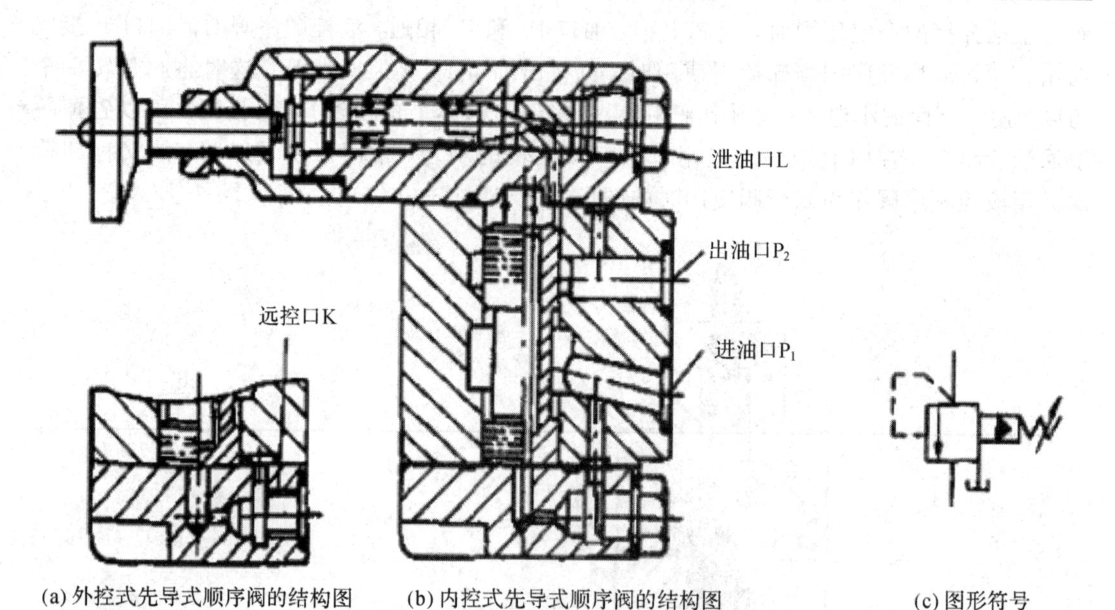

(a) 外控式先导式顺序阀的结构图　(b) 内控式先导式顺序阀的结构图　(c) 图形符号

图 4－37　先导式顺序阀的结构图及图形符号

（2）构成卸荷阀。把外控式顺序阀的出油口接通油箱，将外泄改为内泄，即可构成卸荷阀，即当系统压力低于顺序阀的调定压力时，顺序阀不打开；当系统压力升高超过顺序阀的调定压力时，顺序阀打开，定量泵压力油通过顺序阀卸荷。（详见双泵供油回路）

（3）构成单向顺序阀。把单向阀与顺序阀并联，使之成为单向顺序阀。

（4）组成平衡回路。为了防止立式液压缸及其工作部件在悬空停止期间因自重而自行下滑，可设置由顺序阀组成的平衡回路。

表 4－3　溢流阀、减压阀和顺序阀的区别

类　别	溢流阀	减压阀	顺序阀
图形符号	P T	P_1 L P_2	P_1 L P_2
阀口常态	阀口常闭（箭头错开）	阀口常开（箭头联通）	阀口常闭（箭头错开）
控制油	来自进油口	来自出油口	来自进油口
工作时状态	进油口压力基本稳定	出油口压力基本稳定	只起通断作用
出油口	接油箱	接低压系统	接系统
泄油方式	内泄	外泄	外泄
作用	溢流稳压、安全保护	减压稳压	压力控制开关

二、压力继电器

1. 压力继电器的结构和工作原理

压力继电器是一种将压力信号变换为电信号的转换元件。它的作用是当进油口压力达到调定值时，便发出电信号，控制电气元件(如电动机、电磁铁、电磁离合器等)动作，使电路接通，实现泵的加载或卸载、执行元件顺序动作、系统安全保护等。任何压力继电器都由压力—位移转换装置和微动开关两部分组成。图 4－38 所示为柱塞式压力继电器结构原理及图形符号，主要零件包括柱塞、调节螺钉、电气微动开关。压力油作用在柱塞下端，当液压力大于或等于弹簧力时，柱塞向上移压迫微动开关触头，接通或断开电气线路；反之，微动开触头复位。改变弹簧的压缩量，就可以调节压力继电器的动作压力。

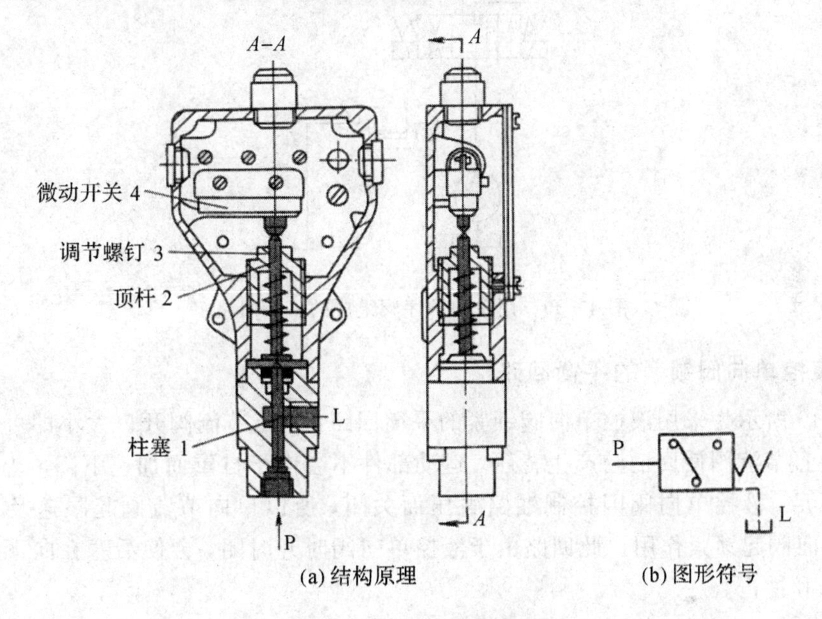

(a) 结构原理　　(b) 图形符号

图 4－38　柱塞式压力继电器结构原理及图形符号

2. 压力继电器应用

压力继电器的应用如下：

(1) 用于安全保护。

(2) 用于控制执行装置的动作顺序。

(3) 实现泵的加载或卸载。

三、平衡回路

为了防止垂直油缸及其工作部件因自重自行下落或下行运动中因自重造成的失重失速，常设平衡回路。通常用平衡阀(单向顺序阀)和液控单向阀来实现平衡控制。

1. 用单向顺序阀组成的平衡回路

图 4－39 所示为用单向顺序阀组成的平衡回路。平衡回路的功能在于使执行元件的回油路上保持一定的背压值。调整序阀的开启压力，以平衡重力负载，使活塞不会因自重而自行下落，只有当液压泵向油缸上腔供油对活塞施加压力，使油缸下腔产生的油压高于顺序阀设定的压力时，油缸才能下行。所以，此处的顺序阀又被称为平衡阀。在这种平衡回路中，顺序阀活塞不可能长时间停在任意位置，故这种回路适用于工作负载固定且活塞闭锁要求不高的场合。

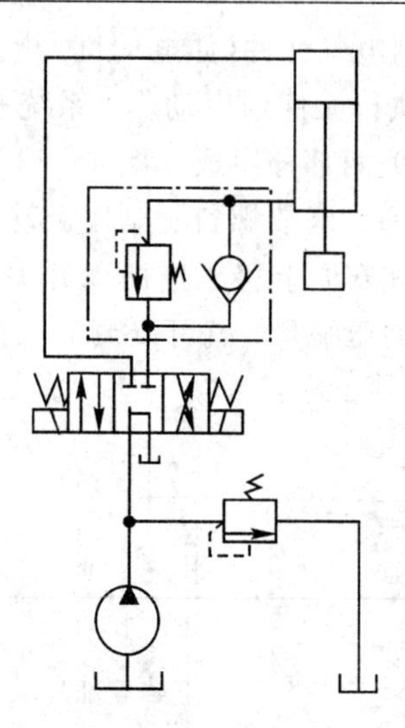

图 4－39　用单向顺序阀组成的平衡回路

2. 用液控单向阀锁紧的平衡回路

图 4－40 所示为采用液控单向阀锁紧的平衡回路，调节节流阀开口大小即可调节活塞运动速度。且节流阀使回油腔产生背压，运动部件不会由于自重而加速下降，造成液压缸上腔供油不足，液控单向阀因控制油路失压而关闭，所以单向节流阀起限速及平衡的作用，液控单向阀起锁紧作用。此回路由于液控单向阀时开时闭，会使活塞在向下运动过程中产生振动和冲击。

3. 用液控平衡阀组成的平衡回路

工程机械液压系统中常见到图 4－41 所示的采用液控平衡阀的平衡回路。液控平衡阀

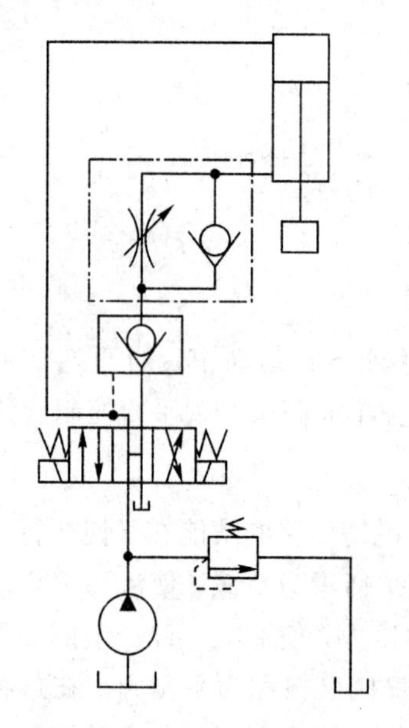

图 4－40　采用液控单向阀的平衡回路

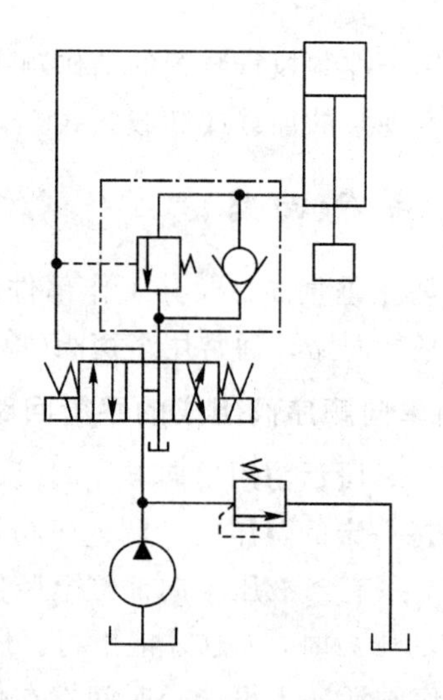

图 4－41　采用液控平衡阀的平衡回路

由于阀口的开度是由系统压力油来控制的，所以在不同载荷作用下，能保证活塞下降速度不受荷载变化的影响。这种液控平衡阀又称为限速锁。

拓展知识

其他常见压力控制回路

一、卸荷回路

液压系统采用卸荷回路的目的是在电动机不停机的情况下使液压泵在功率损耗接近于零的情况下运转，减少了功率消耗，降低了系统的发热量，这样就可避免电动机频繁启动。电动机的频繁启动会降低液压系统的使用寿命，因此工作元件在短时间内不工作时，一般不宜关闭电动机使油泵停止工作。液压系统的输出功率等于其输出压力与流量的乘积($P=pq$)，只要其中一项等于零或接近于零，功率损耗即近似为零。所以，液压系统的卸荷方式有流量卸荷和压力卸荷两种。流量卸荷主要适用于变量泵，泵的流量很小，仅能补充泄漏。流量卸荷简单易行，但液压泵仍在较高压力下运转，磨损仍较严重。目前使用较广的是压力卸荷，即让液压泵在接近于零压的条件下运转。常见的卸荷回路有以下几种：

1. 先导式溢流阀卸荷回路

如图 4-42(a)所示，先导式溢流阀的远程控口直接与二位二通电磁阀相连，便构成了先导式溢流阀卸荷回路。

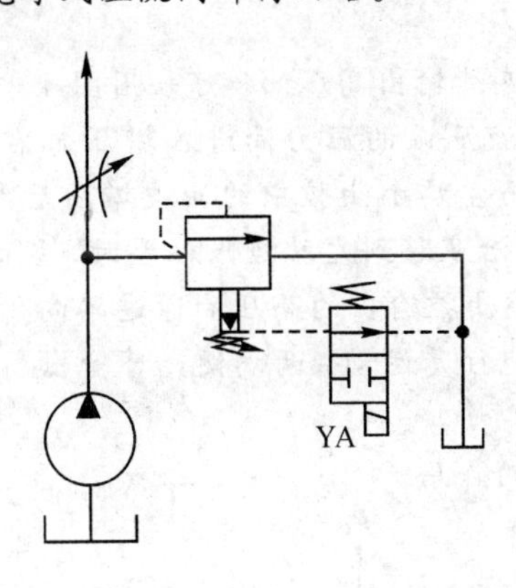

(a) 采用先导式溢流阀卸荷回路

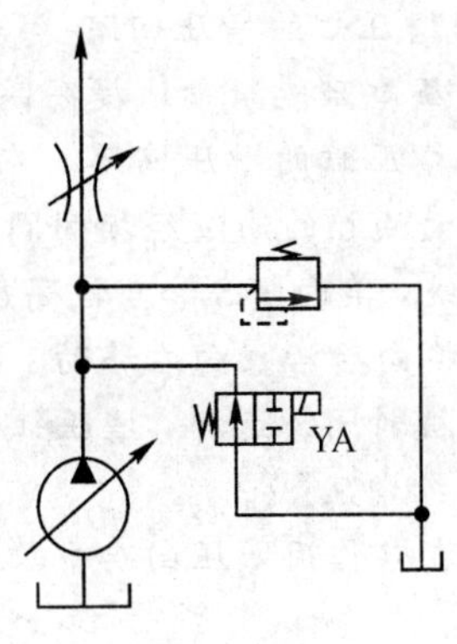

(b) 采用二位二通换向阀的旁路卸荷回路

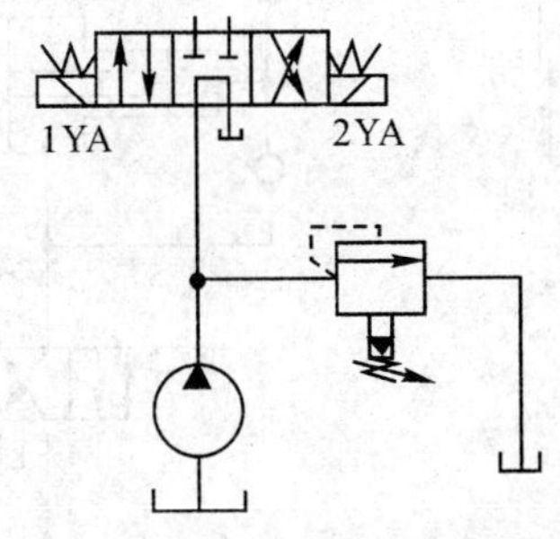

(c) 采用M型中位机能电磁换向阀的卸荷回路

图 4-42　卸荷回路

2. 换向阀卸荷回路

图 4-42(b)所示为采用二位二通换向阀的旁路卸荷回路。凡具有 M、H 和 K 型中位机能的三位换向阀，处于中位时均能使液压泵卸荷。图 4-42(c)所示为采用 M 型中位机能电磁换向阀的卸荷回路。两种方法均较简单，但换向时会产生液压冲击，仅适用于低压、流量小于 40 L/min 的场合，且所配管路应尽量短。

大流量的液压系统往往采用插装阀来卸荷。

二、增压回路

增压缸是由活塞缸和柱塞缸组成的复合缸。它利用活塞和柱塞有效面积的不同使液压系统中的局部区域获得压力较高、流量较小的液压油。这样不仅降低了成本，还使系统工作可靠，减小噪声。增压回路的主要元件是增压缸或增压器。

1. 单作用增压缸的增压回路

单作用增压缸的增压回路工作原理：图 4-43(a)所示的回路中，由于两活塞受力平衡($P=F/S$)，因此小活塞腔产生的压力大，大活塞腔产生的压力小。当系统在图示位置工作时，液压泵输出的压力油经二位四通换向进入增压缸的大活塞腔，推动活塞向左运动。此时，在小活塞腔便可得到较高压力 P_2；当二位四通换向阀左位工作时，活塞向右运动，此时高位辅助油箱中的油液经单向阀补入小活塞腔，系统不增压。因此，该油路只能单向(间歇)增压，称为单作用增压回路。单作用增压缸在不考虑摩擦损失和泄漏的情况下，其增压比等于增压缸大、小两腔的有效面积之比，即 $P_2/P_1=S_1/S_2$。

2. 双作用增压缸的增压回路

单作用增压缸只能断续地提高高压油，若需连续输出高压油，可采用图 4-43(b)所示的双作用增压缸的增压回路。在图示位置，液压泵的压力油进入增压缸右端大、小油控，左端大油腔的油液经换向阀流回油箱，而左端小油腔中的油被增压后经单向 2 输出供给系统，单向阀 3 和 4 被高压油封闭；当活塞移到左端极限位置时，换向电磁铁通电，油路换向后活塞向右移动。同样，右端小油腔输出的高压油通过单向 3 输出，单向阀 1 和 2 被封闭。这样，增压缸的活塞不停地往复运动，两端便交替输出高压油，从而实现了连续增压。

想一想：在双作用增压回路中单向阀 1 和 4 的作用。

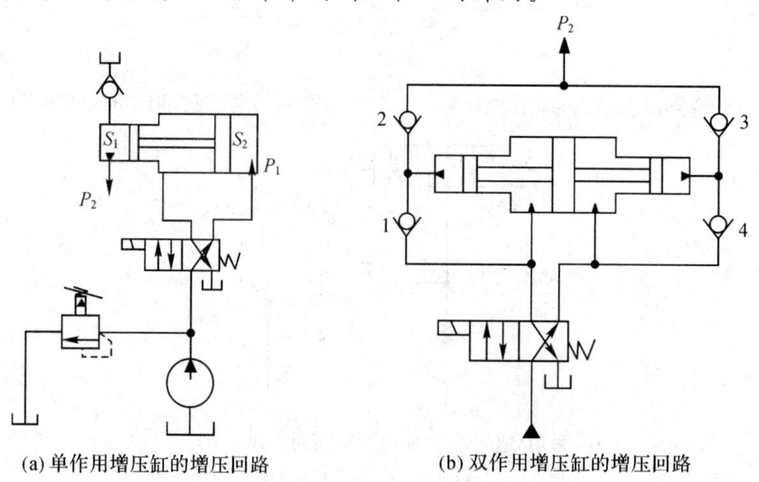

(a) 单作用增压缸的增压回路　　(b) 双作用增压缸的增压回路

图 4-43　增压回路

习　题

1. (　　)在常态时，阀口是常开的，进、出油口相通；(　　)、(　　)在常态时，阀口是常闭的，进、出油口不通。

A. 溢流阀　　B. 减压阀　　C. 顺序阀

2. 顺序阀的主要作用是(　　)。

A. 定压、溢流、过载保护

B. 背压、远程调压

C. 降低油液压力供给低压部件

D. 利用压力变化以控制油路的接通或切断

3. 为平衡重力负载，使运动部件不会因自重而自行下落，在恒重力负载情况下，采用(　　)顺序阀作平衡阀；而在变重力负载情况下，采用(　　)顺序阀作限速锁。

A. 内控内泄式　　B. 内控外泄式

C. 外控内泄式　　D. 外控外泄式

4. 顺序阀在系统中作卸荷阀用时，应选用(　　)型，作背压阀时，应选用(　　)型。

A. 内控内泄式　　B. 内控外泄式

C. 外控内泄式　　D. 外控外泄式

5. 有两个调整压力分别为 5 MPa 和 10 MPa 的溢流阀串联在液压泵的出口，泵的出口压力为(　　)；有两个调整压力分别为 5 MPa 和 10 MPa 内控外泄式顺序阀串联在液泵的出口，泵的出口压力为(　　)。

A. 5 MPa　　B. 10 MPa

C. 15 MPa

6. 系统中采用了内控外泄顺序阀，顺序阀的调定压力为 P_x(阀口全开时损失不计)，其出口负载压力为 P_1。当 $P_1 > P_x$ 时，顺序阀进、出口压力间的关系为(　　)；当 $P_1 < P_x$时，顺序阀进出口压力间的关系为(　　)。

A. $P_1 = P_x$，$P_2 = P_1 (P_1 \neq P_2)$

B. $P_1 = P_2 = P_1$

C. P_1 上升至系统溢流阀调定压力 $P_1 = P_y$，$P_2 = P_1$

D. $P_1 = P_2 = P_x$

7. 压力控制的顺序动作回路中，顺序阀和压力继电器的调定压力应为执行元件前一动作的最高压力。(　　)

8. 如图 4－44 所示的液压系统，两液压缸的有效面积 $A_1 = A_2 = 100\ cm^2$，缸Ⅰ负载 $F = 35\ 000$，缸Ⅱ运动时负载为零。不计摩擦阻力、惯性力和管路损失，溢流阀、顺序阀和减压阀的调定压力分别为 4 MPa、3 MPa 和 2 MPa。

试求在下列三种情况下，A、B、C 处的压力。

(1) 液压泵启动后，两换向阀处于中位。

(2) 1Y 通电，液压缸 1 活塞移动时及活塞运动到终点时。

(3) 1Y 断电，2Y 通电，液压缸 2 活塞运动时及活塞碰到固定挡块。

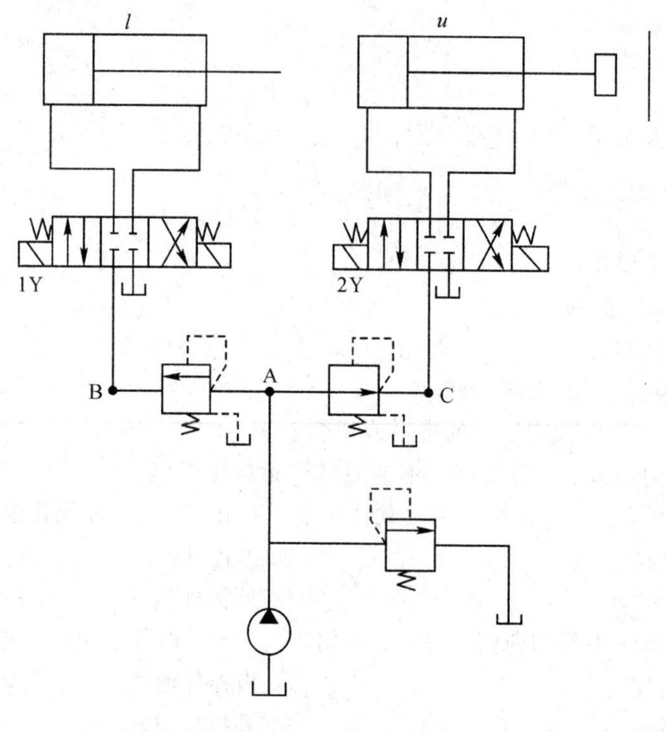

图 4-44　习题 4

4-4　流量控制阀

【学习目标】

(1) 掌握流量控制阀的种类、结构、图形符号、工作原理及应用。

(2) 掌握速度控制回路的类型、特点及应用。

液压系统中输入执行元件的油液流量的大小决定执行元件运动速度的大小。流量控制阀是在一定的压力差下，依靠改变阀口通流面积(节流口局部阻力)的大小或通流通道的长短来控制通过节流口的通流量从而实现对流量的控制。节流阀在定量泵的液压系统中与溢流配合组成节流调速回路，即进口、出口和旁路节流调速回路，或者与变量泵和安全阀组合使用。

常用的流量控制阀有节流阀、调速阀和分流集流阀等。

一、流量阀概述

1. 节流控制特性

液压系统中执行元件运动速度的大小。

对于液压缸，$v=\dfrac{q}{A}$　　(4-1)

对于液压马达，$n=\dfrac{q}{V_m}$

式中：q 为流入执行元件的流量；A 为缸进油腔的有效面积；V_m 为液压马达每转排量。

通常用改变进入执行元件的油液流量来改变其速度。

流过阀口的流量：

$$q = KA\Delta P^M \tag{4-2}$$

式中：K 为节流系数；A 为孔口或缝隙的通流截面积；ΔP 为孔口或阀的前后油液的压力差；M 为节流阀指数。

流量式中可以看出下列一些因素对流量有较大影响。

(1) 压力差 ΔP 越大，通过孔口的流量也越大，当压力差变化越大时，流量 q 的变化也越大，流量越不稳定。实践证明，通过薄壁小孔的流量受压力差变化的影响最小。

(2) 温度的变化主要影响油液的黏度，使流过节流口时的阻力发生变化而影响流量。实践证明，对于薄壁小孔，油液的流量几乎不受黏度的影响，故温度变化时，流量基本不变。

(3) 节流口的堵塞。当液压系统的油液中有杂质或油液氧化后产成胶质，而节流口的通流面积很小时，在其他条件都不变的情况下，通过节流口的流量就会出现周期性波动，甚至断流，即节流口的堵塞现象。由于堵塞现象在节流口通流面积很小时容易出现，因而对节流口的最小流量必须有限制。在液压系统中，节流元件与溢流阀并联于液压泵的出口。这样溢流阀使系统压力恒定，成为恒压油源，在液压泵输出流量 q 不变的情况下，溢流阀也将节流元件节流的流量通过出油口流回油箱。即通过节流阀进入油缸的流量为 q_1，经过溢流阀流回油箱的流量为 q_2，则 $q_1+q_2=q$。若在液压回路中仅有节流元件，而无与之并联的溢流阀，则节流阀也起不到调节流量的作用。

液压系统中使用的流量控制阀应具有较宽的调节范围，能保证稳定的最小流量，温度压力的变化对流量的影响要小，泄漏小，调节方便。

2. 节流口的形式

由上述可见，只要改变节流口的通流而积大小，便可达到对流量的控制。节流口的形式很多，常用的节流口形式如图 4-45 所示。

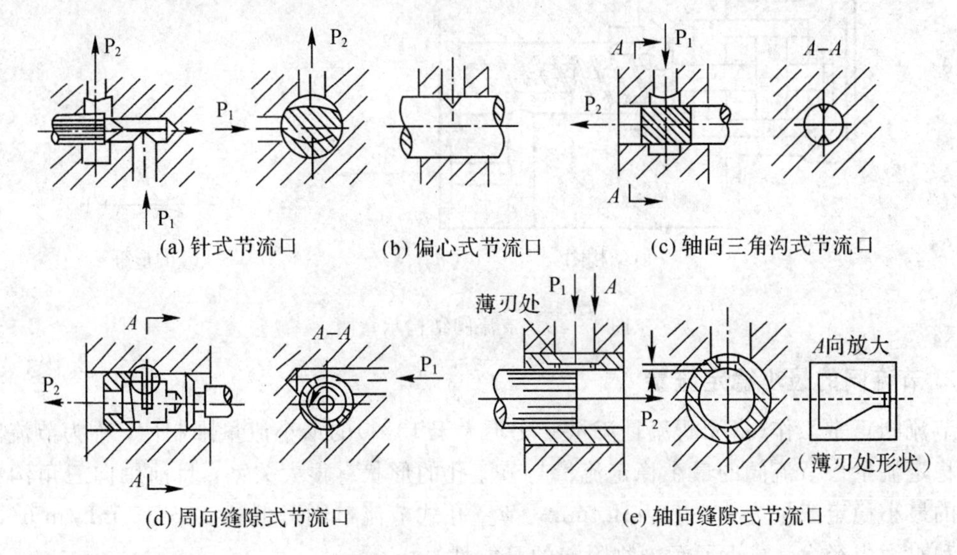

图 4-45　节流口形式分类

在图 4-45 中，图 4-45(a)为针式节流口，针阀做轴向移动，调节环形通道的大小以调节流量。图 4-45(b)是偏心式节流口，在阀芯上开一个三角形截而(或矩形截面)的偏心槽，转动阀芯就可调节通道的大小以调节流量。图 4-45(c)是轴向三角沟式节流口，在阀芯上开了一个或两个斜的三角沟，轴向移动阀芯时，就可改变三角沟通流面积的大小。图 4-45(d)是周向缝隙式节流口，阀芯上开有狭缝，油或气可通过狭缝流入阀芯的内孔，再经左边的孔流出，转动阀芯就可改变缝隙通流面积的大小以调节流量。图 4-45(e)是轴向缝隙式节流口，在套筒上开有狭缝，轴向移动阀芯就可改变缝隙的通流面积的大小以调节流量。

二、节流阀

1. 结构及工作原理

图 4-46 所示为普通节流阀，它由调节手柄、推杆、阀芯、弹簧和阀体等组成。它的节流口是阀芯右端外圆柱面上的轴向三角槽。压力油从进油口 P_1 进入阀体后，经孔 a 和阀芯右端外圆柱面上的三角槽式节流口后，进入阀体上的通孔 b，再从出油口 P_2 流出。阀芯在弹簧的压力下始终顶在推杆上，使阀芯的位置不变，即保持节流口的通流截面不变。如要出油口 P_2 流出流量变小时，则拧紧调节手柄，通过推杆将阀芯向右移动一定位置，使节流口的通流面积减小，从而减小通过节流口的流量。如要出油口 P_2 流出流量变大时，则旋松手柄，阀芯在弹簧的压力下向左移动一定距离，使节流口的通流面积增大，流过节流口的流量增大。压力油从进油口进入阀体后，经孔 a 和阀芯上的节流口进入弹簧腔，再从孔 b 经出油口流出的同时，也沿阀芯上的轴向小孔进入阀芯的左端面空腔。这样芯的两端同时受到液压力的作用，即使在高压下工作，也能轻松地调整节流口的开度。

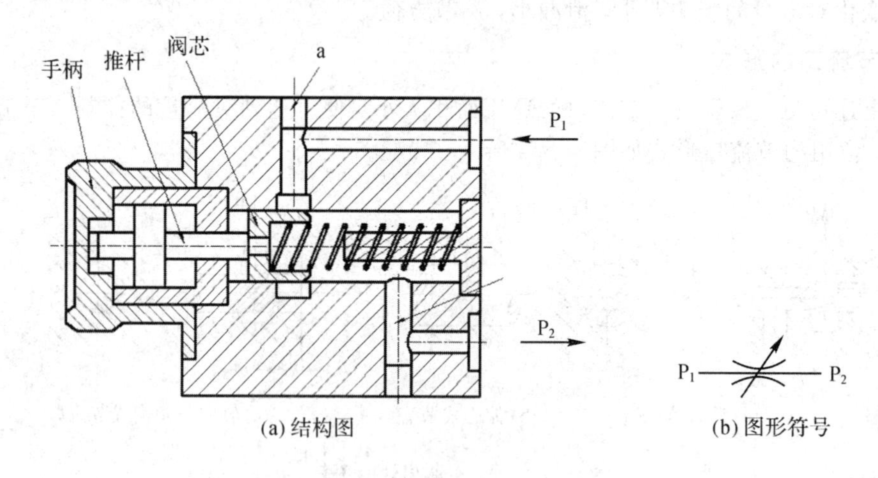

(a) 结构图　(b) 图形符号

图 4-46　节流阀结构示意图

2. 节流阀的最小稳定流量

节流阀正常工作(指无断流且流量变化不大于 10%)的最小流量限制值，称为节流阀的最小稳定流量。节流阀的最小稳定流量与节流孔的形状有很大关系，目前轴向三角沟式节流口的最小稳定流量为 30～50 mL/min，薄壁孔式节流口则可低达 10～15 mL/min(因流道短和水力半径大，减小了污染物附着的可能性)。

在实际应用中，防止节流阀堵塞的措施如下：

(1) 油液要精密过滤。实践证明，5～10 μm 的过滤精度能显著改善阻塞现象。为除去铁质污染，采用带磁性的过滤器效果更好。

(2) 节流阀两端压差要适当。压差大，节流口能量损失大，温度高；同等流量时，压差大对应的过流面积小，易引起阻塞。设计时一般取压差 $\Delta P=0.2\sim0.3$ MPa。

3. 节流阀的特点及应用

如图所示为简式节流阀进出油口可互换且结构简单，制造容易，体积小，使用方便，造价低。但它是通过旋动手轮来改变节流口开度的大小的，从而调节通过节流阀的流量。所以这类阀负载和温度的变化对流量稳定性的影响较大，故适用于流量调节要求不高的场合。

拓展知识

单向节流阀

图 4-47 所示为单向节流阀的结构图及图形符号。当流体从 P_1 口进入时，阀芯保持在调节杆所限定的位置上，流体只能经过阀芯上的三角形沟槽流向 P_2，这时阀起节流作用；而当从 P_2 口流进时.阀芯被压下，流体流向 P_1 口，这时阀起单向阀作用。通过调节调节杆的移动来改变阀芯的位置，从而改变节流口的开度调节通过的流量。

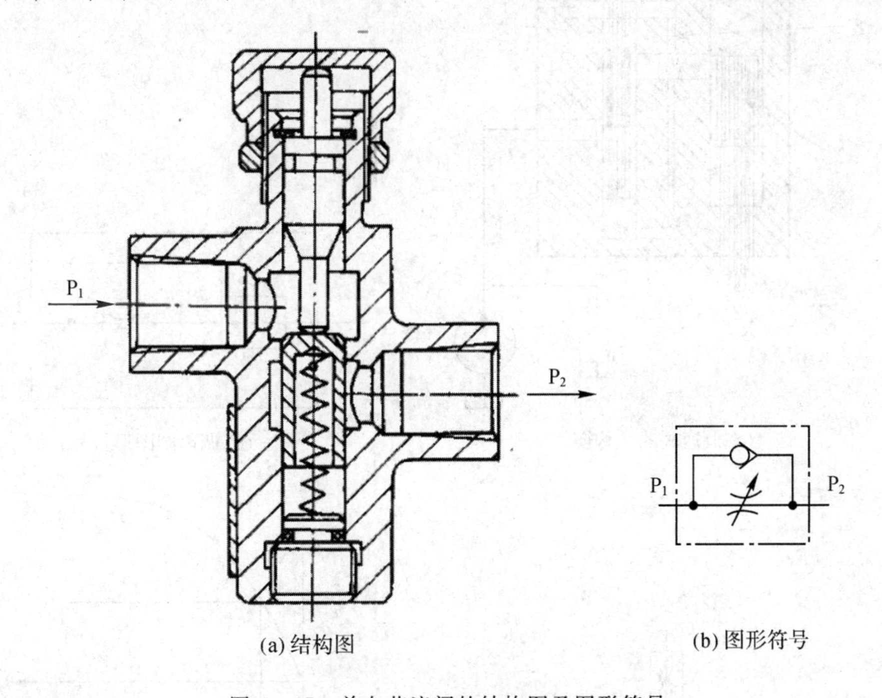

(a) 结构图　　(b) 图形符号

图 4-47　单向节流阀的结构图及图形符号

三、调速阀和温度补偿调速阀

调速阀是通过流量的变化使油路的压力发生变化，通过阀芯的负反馈动作来自动调节节流部分的压力差，使其保持不变。由 $q=KA\Delta P^M$ 可知，当 ΔP 基本不变时，通过节流阀的流量只由其开口量大小来决定。调速阀是将定压差式减压阀与节流阀并联起来；溢流节流阀是将稳压溢流阀与节流阀并联起来。这两种阀都能使 ΔP 基本保持不变。

1. 调速阀的结构及工作原理

图 4-48 所示是调速阀的结构图及工作原理简图。它是由节流阀和定差减压阀串联而成的复合阀。节流阀用于调节输出的流量，定差减压阀能自动地保持节流阀前后的压力差不变。其工作原理为：调速阀的进口压力即为泵的出口压力，由溢流调整基本稳定不变，而调速阀的出口压力则由液压缸所受到的外负载来决定。F 增大，P_3 增大，b 腔油液压力也随之增大而使活塞推动阀芯 1 向下运动，阀口增大，P_2 增大。由于阀内弹簧刚度较低，且工作过程中减压阀阀芯位移很小，所以节流阀两端的压力差也基本保持不变，这就保证了通过节流阀的流量稳定。

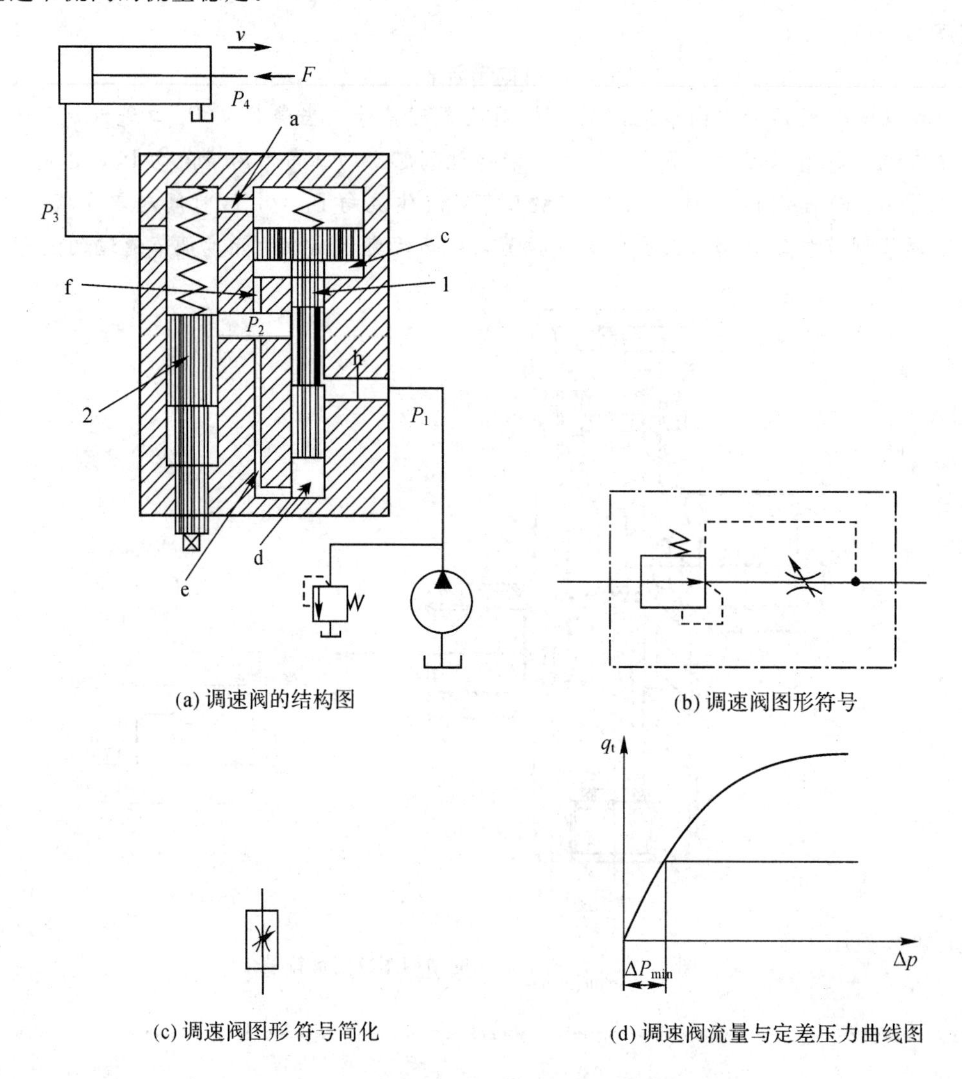

(a) 调速阀的结构图

(b) 调速阀图形符号

(c) 调速阀图形 符号简化

(d) 调速阀流量与定差压力曲线图

图 4-48　调速阀的结构图及工作原理简图

上述调速阀是先减压后节流型的结构。调速阀也可以是先节流后减压型的，两者的工作原理和作用情况基本相同，都是由定差减压阀与节流阀串联而成的组合阀。节流阀用来调节通过的流量，定差减压阀则自动补偿负载变化的影响，使节流阀前后的压差为定值，消除了负载变化对流量的影响。

2. 调速阀的流量特性

假定定差减压阀和节流阀的阀均为薄壁孔式，调速阀的流量特性如图 4 - 48(d)所示。由特性曲线可以看出，当压差 ΔP 很小时，调速阀和节流阀的性能相同，这是因为当压差很小时，减压阀在弹簧力的作用下始终处于最右端位置，阀口全开，不起减压作用，调速阀就成了节流阀；当 $\Delta P > \Delta P_{min}$ 时，调速阀两端压差变化，其输出的流量不变。所以，调速阀正常工作时，定差减压阀最小压差与节流阀最小压差之和至少要有 0.4～0.5 MPa。

3. 温度补偿调速阀的工作原理

调速阀消除了负载变化对流量的影响，但温度变化的影响依然存在。对速度稳定性要求高的系统，需用温度补偿调速阀。温度补偿调速阀与普通调速阀的结构基本相似，主要区别在于前者的节流阀上连接着一根温度补偿杆 2，如图 4 - 49 所示。温度变化时，流量会有变化，但由于温度补偿杆 2 的材料为温度膨胀系数大的聚氯乙烯塑料，温度高时长度会增加，使阀口减小，反之则开大，故能维持流量基本不变(在 20～60℃范围内流量变化不超过 10%)。如图 4 - 49 所示，阀芯 4 的节流口 3 采用薄壁孔形式，它能减小温度变化对流量稳定性的影响。

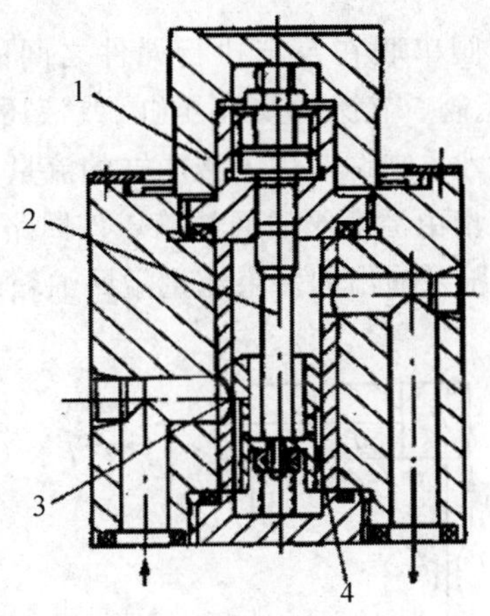

1—调节手轮；2—温度补偿杆；3—节流口；4—节流阀阀芯

图 4 - 49　温度补偿调速阀的结构图

四、速度控制回路

在机床液压传动系统中，用于主运动和进给运动的速度控制回路对机床加工质量有着重要的影响，在其他液压中速度控制回路的选择也起着决定性的作用。因此在液压传动系统中，速度控制回路占有重要地位，其他基本回路常常是围绕着速度控制回路来匹配的。

由本章第一节内容可知，执行元件的运动速度是由进入执行元件的流量的多少来控制的。而液压系统中改变流量一般有两种办法：一是由定量泵和流量阀组成的系统中用流量控制阀调节流量；二是由变量泵组成的系统中用控制变量泵的排量调节流量。所以，调速回路按改变流量的方法不同可分为三类：节流调速回路、容积调速回路和容积节流调速回路。

对速度控制回路的基本要求：

(1) 能在规定的范围内满足执行元件的调节要求。

(2) 液压系统具有足够的速度刚性，即负载变化时，已调好的速度稳定不变或在允许的范围内变化。

(3) 功率损失小。

1. 节流式调速回路

节流式调速回路是由定量泵和流量阀组成的调速回路，通过调节流量阀通流截面积的大小来控制流入或流出执行元件的流量，以此来调节执行元件的运动速度。

节流式调速回路的分类方法如下：

按流量阀在回路中位置的不同，节流式调速回路可分为进口节流调速回路、出口节流调速回路、进出口节流调速回路和旁路节流调速回路。

按流量阀的类型不同，节流式调速回路可分为普通节流阀式节流调速回路和调速阀式节流调速回路。

按定量泵输出的压力是否随负载变化，节流式调速回路又可分为定压式节流调速回路和变压式节流调速回路等。

1) 进油路节流调速回路

回路结构和调速原理：节流阀串联在泵与执行元件之间的进油路上，回路结构如图4－50所示，由定量液压泵、溢流阀、节流阀及液压缸(或液压马达)组成。通过改变节流阀的开口(即通流截面积 A)的大小，来调节进入液压缸的流量 q_1，进而改变液压缸的运动速度。定量液压泵输出的多余流量由溢流阀溢回油箱。该回路中溢流阀始终处于开启溢流状态，起到调压稳压并将定量液压泵输出的多余流量溢回油箱的作用。

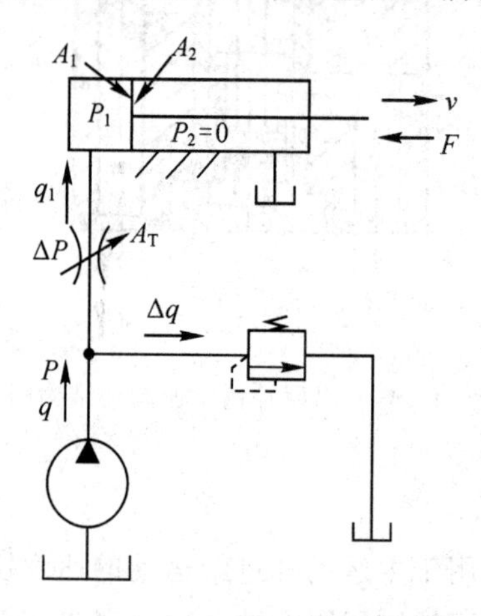

图4－50 进油路节流调速回路

液压缸的运动速度与节流阀的开口大小成正比。在不考虑泄漏的条件下，当 $\Delta P=0$ 时，节流阀两端的压力差为零，节流阀中无油液通过，活塞停止运动，定量泵输出的油液全部经溢流阀流回油箱。此时，系统达到最大承载值，$F=P/A_1$。

液压缸以不同速度运行时，通过溢流阀的溢流量 Δq 也随着变化。当液压缸以最大速度运行时，通过溢流阀的流量不能小于溢流阀的最小溢流量 Δq_{min}，才能保证调速回路正常进行。要求稳定精度高的可取大些，否则可取小些。建议取 Δq_{min} 为溢流阀额定流量的5%

左右。例如，在机床进给系统中，一般大约为 0.05 L/s(3 L/min)左右。

在不考虑系统管路压力损失和液压缸背压腔(回油腔)压力的情况下，为了保证液压回路能始终驱动负载而正常工作，液压泵的工作压力 P 应足够大。也就是说，当负载力 F 为最大值 F_{max} 时，节流阀的最小工作压差为 0.3～0.4 MPa，调速阀的最小工作压差为 0.4～0.5 MPa。

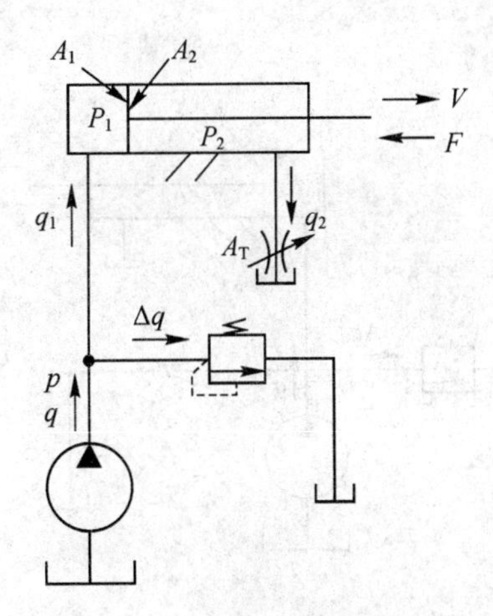

图 4－51　回油路节流调速回路

2) 回油路节流调速回路

(1) 回路结构和调速原理：节流阀串联执行元件回油路上，回路结构如图 4－51 所示，回路组成及调速原理与进油节流相似，只不过该回路是通过控制执行元件的回油量，来控制进入执行元件的流量进行调速的，其调速范围也取决于节流阀的调节范围。

(2) 与进油路节流调速回路相比较，回油路节流调速回路体现在以下方面：

① 承受负值负载的能力。回油路节流调速回路的节流阀使液压缸回油腔形成一定的背压($P_2 \neq 0$)，在负值负载时，背压能阻止工作部件前冲，即能在负值负载下工作；而进油路节流调速回路由于回油腔没有背压，因而不能在负值负载下工作。

② 运动平稳性。回油路节流调速回路由于回油路上始终存在背压，因而低速运动时比较稳定，不易出现爬行现象。

③ 油液发热对泄漏的影响。进油路节流调速回路中，通过节流阀升温的油液直接进入液压缸，会使液压缸泄漏增加；而回油路调速回路中的油液经节流阀后，直接回油箱经冷却后再进入系统，对系统影响较小。

④ 压力控制的方便性。进油路节流调速回路的进油腔的压力随负载变化而变化。当工作部件碰到挡块而停止后，其压力将升到溢流阀的调定压力，利用这一压力变化来实现压力控制。

综上所述，使用节流阀的进油、回油路节流调速回路，结构简单，造价低廉，但效率低，机械特性软，宜用在负载变化不大、低速小功率的场合，如平面磨床、外因磨床的工作台往复运动系统等。

为了提高回路的综合性能，一般采用进油节流调速，并在回油路上加背压阀的回路，即在液压缸的进、出油路上，也可同时设置节流阀，两个节流阀的开口能联动调节。由伺服阀控制的液压伺服系统和有些磨床的液压系统就采用了这种调速回路。

3）旁油路节流调速回路

（1）回路结构和调速原理：在定量液压泵至液压缸进油路的分支油路上，并联一个节流阀，便构成了旁油路节流阀式节流调速回路。节流阀起分流的作用。图 4-52 所示的旁油路节流调速回路改变了节流阀的通流截面积，便可控制进入液压缸的流量 q_1，实现对液压缸速度的调节。

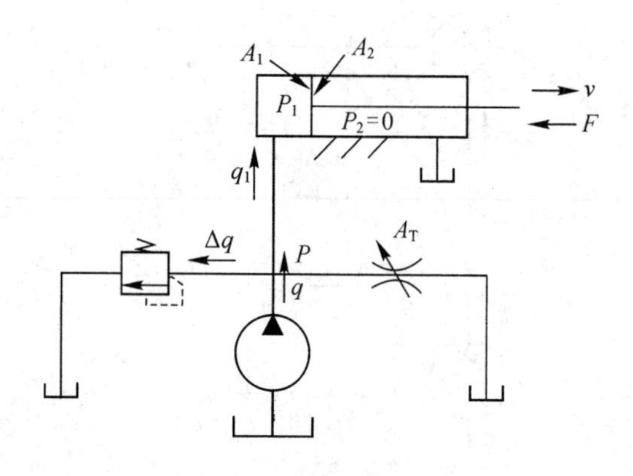

图 4-52　旁油路节流调速回路

在旁油路节流调速回路中，液压泵的工作压力是随负载而变化的，因此这种回路也被称为变压式节流调速回路。为了防止油路过载损坏，同时并联一个溢流阀，这时它起安全阀的作用。当回路正常工作时，安全关闭，只有过载时才开启溢流。

（2）旁油路节流调速回路特点：功率损失大，效率低，只适用于功率较小的液压系统。

不同节流调速回路特性比较，见表 4-4。

表 4-4　三种调速回路特性表

特性	进油路节流调速	回油路节流调速	旁油路节流调速
回路主要构成元件及重要参数	定量泵输出压力 P，液压缸进油压力 P_1，节流阀两端压差 $\Delta P=P-P_1$，液压缸回油压力 $P_2=0$；液压缸进油量 $q_1=q-\Delta q$，且随负载变化而变化	定量泵输出压力 P，液压缸进油压力 P_1，节流阀两端压差 $\Delta P=P_2$；液压缸进油量 $q_1=q-\Delta q$，且随负载变化而变化	定量泵输出压力 P，液压缸进油压力 $P_1=P$，节流阀两端压差 ΔP，液压缸回油压力 $P_2=0$；液压缸进油量 $q_1=q-q_2-\Delta q$，q_1 及液压泵输出功率随负载变化而变化
最大承载能力	取决于溢流阀的压力，不受节流阀通流面积的影响		随节流阀通流面积的变化而变化，低速时承载能力差
调速范围	较大		较小
运动平稳性	好	好	差
承受负值负载的能力	不能	能	不能

续表

特性	进油路节流调速	回油路节流调速	旁油路节流调速
效率	低速轻载时效率低，发热大		较高
应用场合	小负载、低速、对速度的稳定性要求不高的小功率系统	同左，相对来说速度稳定高一些	高速、重载、对速度平稳性要求不高的大功率系统

上述三种采用节流的节流调速回路速度刚性差，活塞的运动速度都随负载的变化而变化。用调速阀替代节流阀，调速后速度会很稳定。进油路节流调速回路的速度—负载特性关系如图4－53(a)所示。用调速阀调速的回路，速度不随负载而变化；当负载增大到F_{max}时，定量泵输出的流量全部由溢流阀流回油箱，液压缸停止运动。

旁油路节流调速回路的速度—负载特性如图4－53(b)所示。用调速阀的回路，当液压缸的负载增大，速度有所减小，但幅度不大，这是由定量泵泄漏造成的。液压泵的泄漏量随负载增大而增多，当负载增大到F_{max}时，安全阀开启，液压缸停止运动。

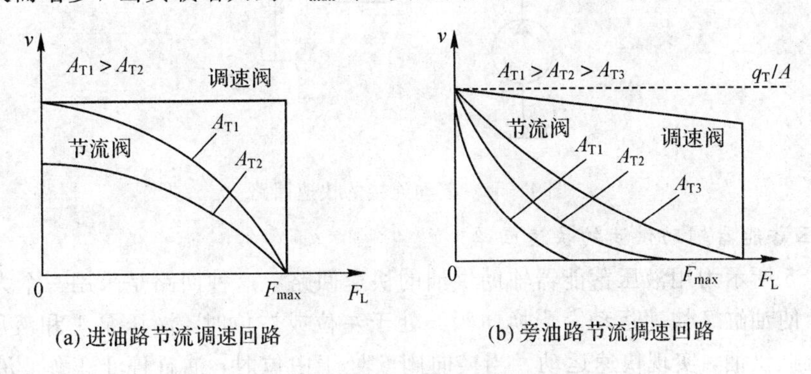

(a) 进油路节流调速回路　　(b) 旁油路节流调速回路

图4－53　速度—负载特性曲线

调速阀由定差减压阀和节流阀组成，因定差减压阀起压力补偿的作用，可使节流阀前后压差不变，使速度平稳。使用调速阀时，其两端压差中低压调速$\Delta p=0.5$ MPa，高压调速阀$\Delta p_m=1$ MPa，否则，调速阀的定差减压阀不起压力补偿作用，即调速阀和节流在此情况下没有区别。另外，调速阀包含了减压阀和节流阀的损失，所以其回路的功率损失比节流阀的回路要大一些。采用调速阀的节流调速回路在机床的中、低压小功率进给系统中得到了广泛的应用，例如组合机床液压滑台系统、液压六角车床及液压多刀半自动车床等。

2. 快速回路

工作机构在一个工作循环过程中，通常在不同的工作阶段所需的运动速度和承受不同的负载不相同，因此在液压系统中液压泵常常要根据工作阶段要求的运动速度和承受的负载来输出相适应的流量和压力，在功率消耗不增加的情况下，采用快速回路能提高工作机构的空回行程速度。快速回路又称增速回路，它的功用是使液压执行元件既能在空行程时获得尽可能快的速度，又能使执行元件慢速运动时功率损耗小，从而提高系统的工作效率。金属切削机床上的工作部件，空行程一般需用高速，以减少辅助时间。

快速回路的特点是负载小(压力小)，流量大。这和工作运动时一般需要的流量较小和压力较高的情况正好相反。

常用的快速运动回路有以下几种：

1）液压缸差动连接的快速回路

图 4－54 所示的液压缸差动连接快速回路，是利用液压缸的差动连接来实现的。当二位三通磁换向阀 3 处于右位时，液压缸差动连接。液压泵 1 输出的油液和液压缸有杆腔返回的油液一起进入液压缸的无杆腔，实现活塞的快速运动。当活塞两端有效面积比为 2∶1 时，快进速度将是非差动连接无杆腔进油时的 2 倍。

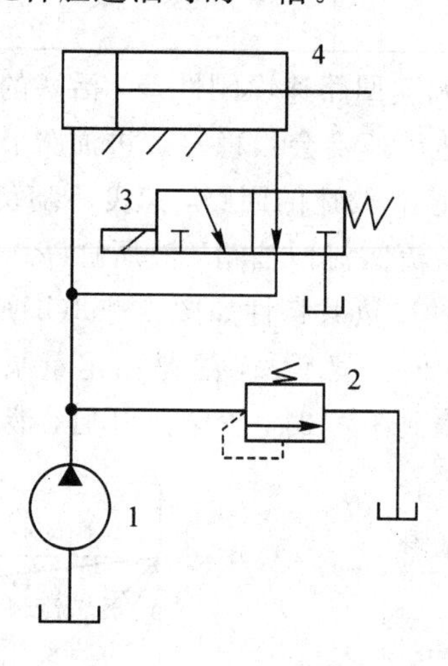

图 4－54　差动连接的快速回路

2）液压蓄能器辅助供油的快速回路

图 4－55 所示为用液压蓄能器辅助供油的快速回路。这种回路是采用一个大容量的液压蓄能器 5 使油缸 7 快速运动。当换向阀 6 处于左位或右位时，液压泵 1 和液压蓄能器 5 同时向液压缸供油，实现快速运动。当换向阀 6 处于中位时，油缸停止工作，液压泵经单向阀 4 向液压蓄能器充液，随着液压蓄能器内油量的增加，系统的压力升高到液控顺序阀 2 的位置。图 4－55 所示的蓄能器辅助供油快速回路调定压力时，液压泵卸荷。

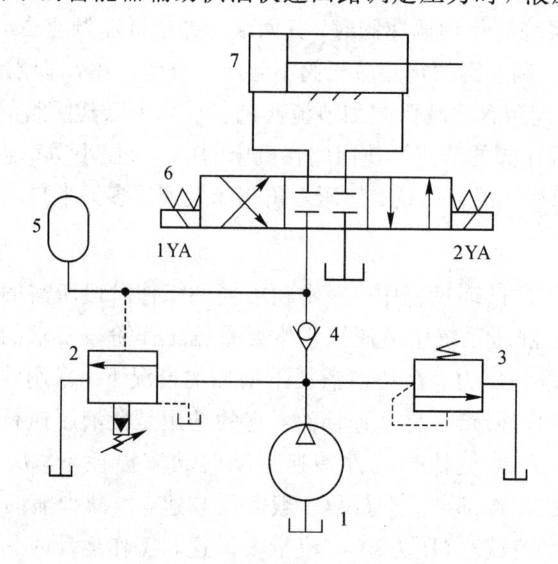

图 4－55　液压蓄能器辅助供油的快速回路

这种回路适用于短时间内需要大流量的场合，并可用小流量的液压泵使油缸获得较大的运动速度。需注意的是，在液压缸的一个工作循环内，必须有足够的停歇时间使液压蓄能器充液。

3）双液压泵供油的快速回路

图 4－56 所示为双液压泵供油的快速回路。高压小流量液压泵 1 和低压大流量液压泵 2 并联，它们同时向系统供油时可实现液压缸的快速运动；进入工作行程时，系统压力升高，液控顺序阀(卸荷阀)打开使大流量液压泵卸荷，仅由小流量液压泵 1 向系统供油，液压缸的运动变为慢进工作行程。单向阀 4 的作用：系统压力升高时，防止高压泵 1 输出的高压油流到低压泵 2 中。换向阀 6 后的节流阀 7，可使该系统实现回油节流调速。

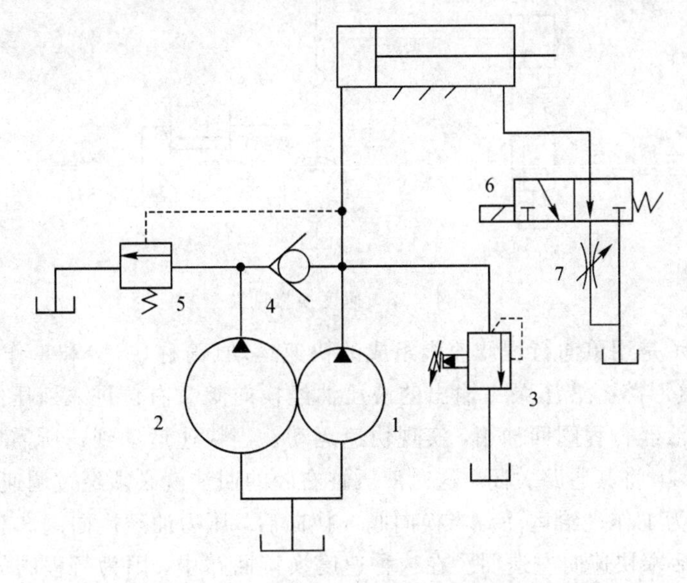

图 4－56　双液压泵供油的快速回路

3. 速度换接回路

速度换接回路主要是用于使执行元件在一个工作循环中实现运动速度的变换，即运动速度通过系统中预先设计或调节好的控制元件，从一种速度变换到另一种速度。这种回路要求速度换接平稳，不允许有前冲的现象。常见的速度换接回路有快速与慢速之间的换接(快进与工进的换接)和两种慢速之间的换接(二次工进)。

1）快速与慢速之间的换接(快进与工进的换接)

图 4－57 所示是用于快、慢速转换的回路。当电磁铁 1YA、2YA 通电时，液压泵输出的低压油经三位五通阀左位流入液压缸的无杆腔，有杆腔出来的液压油经二位二通阀和三位五通阀的左位也流入有杆腔，形成差动连接的快速回路，(此时外控顺序阀关闭)活塞快速向右运动。当快速运动结束后，泵的压力升高，外控顺序阀打开，液压缸右腔的回油只能经调速阀流回油箱，实现工作进给。当三位五通阀换向阀右端的电磁铁 3YA 通电时，活塞向左快速退回(非差动连接)。采用差动连接的快速回路方法简单，较经济，但快、慢速度的换接不够平稳。必须注意，差动油路的换向阀和油管通道应按差动时的流量选择，不然流动液阻过大，会使液压泵的部分油从溢流阀流回油箱，速度减慢，甚至不起差动作用。

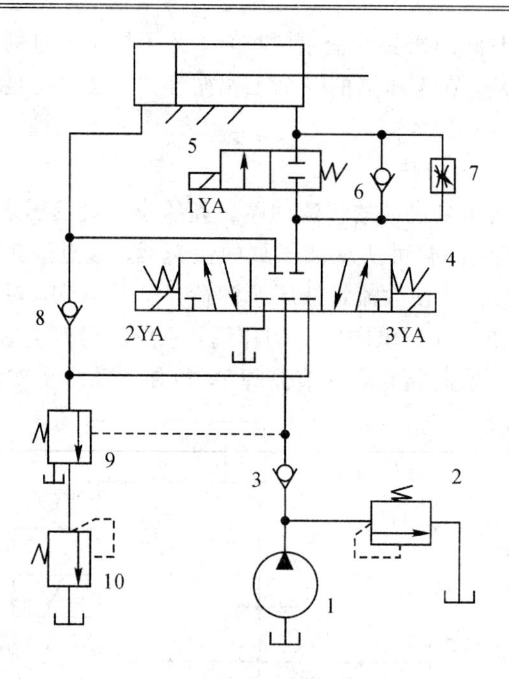

图 4－57　速度换接回路

图 4－58 所示是用单向行程调速阀组成的快速运动(简称快进)和工作进给运动(简称工进)的速度换接回路。液压泵 1 输出的液压油经换向阀 2 右位进入液压缸的无杆腔，从有杆腔流出的油液经行程阀回油箱，实现快速运动。当快速运动到达所需位置时，活塞上挡块压下行程阀 4，将其通路关闭，这时液压缸右腔的回油就必须经过调速阀 5 流回油箱，活塞的运动转换为工作进给运动。当换向阀 3 换向后，压力油经换向阀 3 和单向阀 6 进入液压缸右腔，使活塞快速向左退回。在这种速度换接回路中，因为行程阀的通油路是由液压缸活塞的行程控制阀芯移动而逐渐关闭的，所以换接时的位置精度高，冲出量小，运动

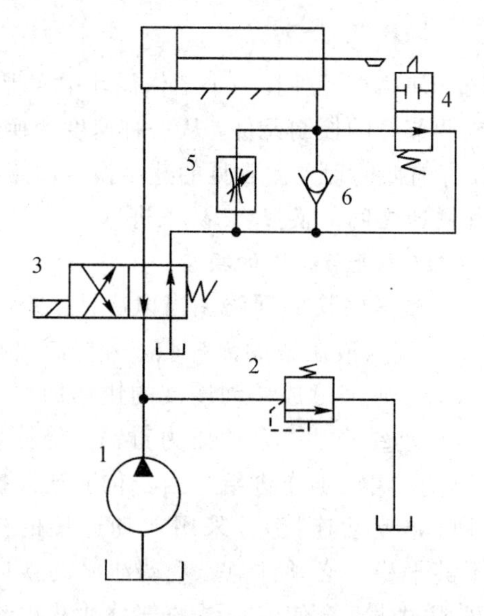

图 4－58　单向行程阀快速回路

速度的变换也比较平稳。这种回路在机床液压系统中应用较多。它的缺点是行程阀的安装位置受一定限制(要由挡铁压下)，所以有时管路连接稍复杂。行程阀也可以用电磁换向阀来代替，这时电磁阀的安装位置不受限制(挡铁只需要压下行程开关)，但其换接精度及速度的平稳性较差。

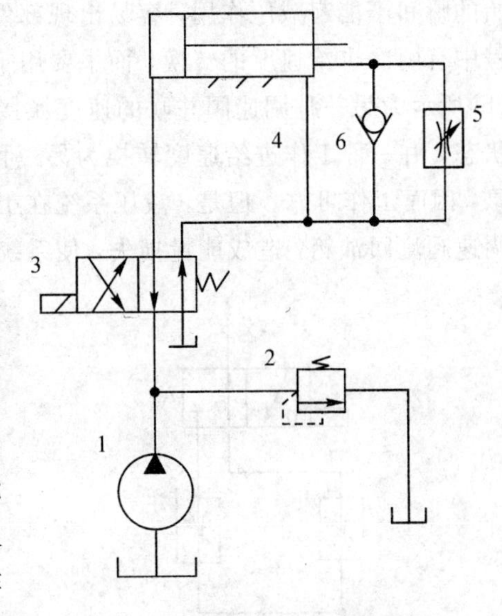

图 4－59　液压缸管路连接快速回路

图 4－59 所示是利用液压缸本身的管路连接实现的速度换接回路。在图示位置时，活塞快速向右移动，液压缸右腔的回油经油路 1 和换向阀流回油箱。当活塞运动到将油路 1 封闭后，液压缸右腔的回油需经调速阀 3 流回油箱，活塞则由快速运动变换为工作进给运动。这种速度换接回路方法简单，换接较可靠，但速度换接的位置不能调整，工作行程也不能过长以免活塞过宽，所以仅适用于工作情况固定的场合。这种回路也常用作活塞运动到达端部时的缓冲制动回路。

2) 两种慢速之间的换接(二次工进)回路

对于某些自动机床、注塑机等，需要在自动工作循环中变换两种以上的工作进给速度，这时需要采用两种(或多种)工作进给速度的换接回路。

图 4－60 所示是两个调速阀串联的速度换接回路。图中液压泵输出的压力油经调速阀 3 和电磁阀 5 进入液压缸，这时的液压缸的流量由调速阀 3 控制。当需要第二种工作进给速度时，电磁阀 5 通电，其右位接入回路，则液压泵输出的压力油先经调速阀 3 和调速阀 4 进入液压缸，这时的流量应由调速阀 4 控制，所以这种两调速串联式回路中调速阀 4 的节流口应调得比调速阀 3 小，否则调速阀 4 速度换接回路将不起作用。这种回路在工作时调速阀 3 一直工作，它限制着进入液压缸或调速阀 4 的流量，因此在速度换接时不会使液压缸产生前冲现象，换接平稳性较好。在调速阀 4 工作时，油液需经两个调速阀，故能量损失较大。

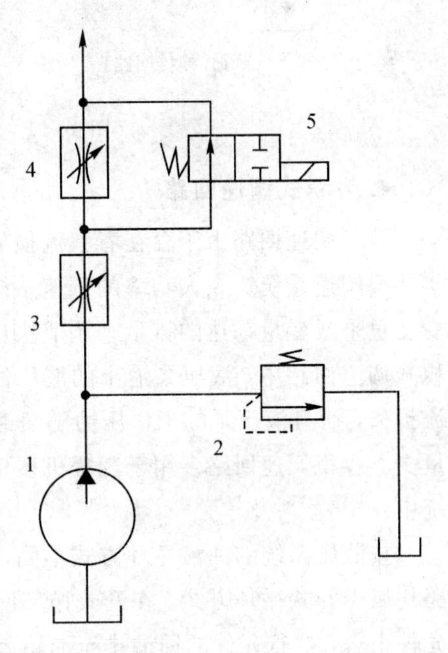

图 4－60　调速阀串联的速度换接回路

图 4－61 所示是两个调速阀并联以实现两种工作进给速度换接的回路。在图 4－61(a)中，液压泵输出的压力油经调速阀 3 和电磁阀 5 进入液压缸。当需要第二种工作进给速度时，电磁阀 5 通电，其左位接入回路，液压泵输出的压力油经调速阀 4 和电磁阀 5 进入液压缸。第一种工作进给速度和第二种工作进给速度互不影响，两个调速阀的节流口可以单独调节。该回路中一个调速阀工作

时，另一个调速阀中没有油液通过，它的减压则处于完全打开的状态，因此在速度换接开始的瞬间不能起减压作用，容易出现部件突然前冲的现象。这种回路一般不用于在同一行程中有两次进给速度的转换，而主要用于带有两种程序预选的两种速度预选上。图 4－61(b)所示为另一种调速阀并联的速度换接回路。在这个回路中，两个调速阀始终处于工作状态，由一种工作进给速度转换为另一种工作进给速度时，不会出现工作部件突然前冲现象，因而工作可靠。但是，液压系统在工作中总有一定量的油液通过不起调速作用的那个调速阀流回油箱，造成能量损失，使系统发热增大。

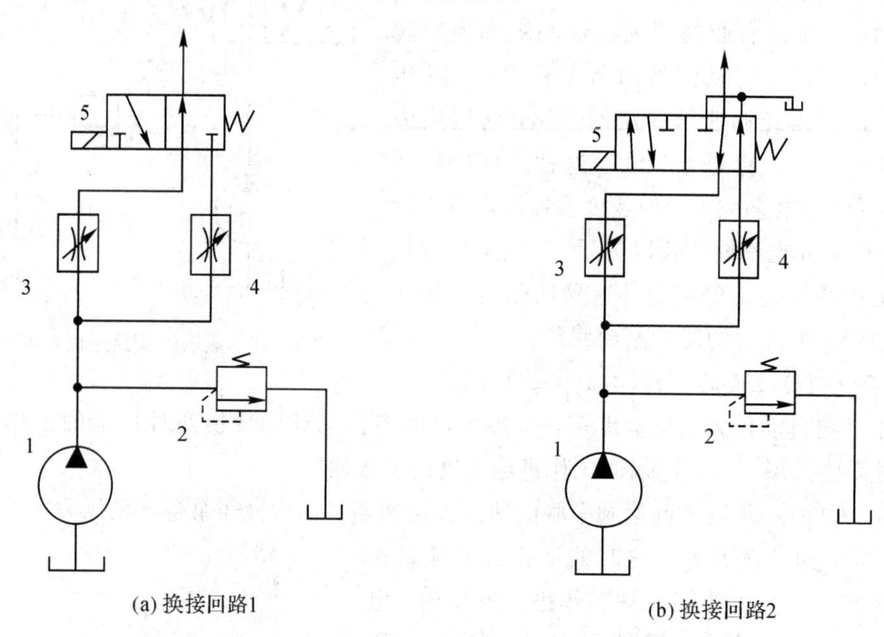

(a) 换接回路1　　(b) 换接回路2

图 4－61　调速阀并联的速度换接回路

4. 容积式调速回路

节流调速回路由于存在着节流损失和溢流损失，回路效率低，发热量大，因此只用于小功率调速系统。在大功率的调速系统中，多采用回路效率高的容积式调速回路。通过改变变量泵或变量马达的排量来调节执行元件的运动速度的回路称为容积式调速回路。在容积式调速回路中，液压泵输出的液压油全部直接进入液压缸或液压马达，无溢流损失和节流损失，而且液压泵的工作压力随负载的变化而变化，因此，这种调速回路效率高，发热量少。容积调速回路多用于工程机械、矿山机械、农业机械和大型机床等大功率的调速系统中。

按液压系统的油液循环方式不同，节流调速回路有开式和闭式两种方式。节流调速回路均属于开式循环方式，在开式循环回路中，液压泵从油箱中吸入液压油，送到液压执行元件中去，执行元件的回油排至油箱。这种循环回路的主要优点是油液在油箱中能够得到良好的冷却，使油温降低，同时便于沉淀过滤杂质和析出气体。其主要缺点是空气和其他污染物容易侵入油液，影响系统正常工作，降低油液使用寿命；另外，油箱结构尺寸较大，占有一定空间。在闭式循环回路中，液压泵将液压油压送到执行元件的进油腔，同时又从执行元件的回油腔吸入液压油。闭式回路的主要优点是结构尺寸紧凑，改变执行元件运动方向较方便，空气和其他污染物侵入系统的可能性小，只需很小的补油箱。其主要缺点是散热条件差，需设补油泵进行补油、换油和对油进行冷却。补油泵的流量一般为主油泵流量的 10%～15%，压力为 0.3～1.0 MPa。有补油装置的闭式循环回路结构比较复杂，造价较高。

按液压执行元件的不同，容积调速回路可分为变量泵与液压缸、变量泵与定量马达、定量泵与变量马达(恒功率)、变量泵与变量马达。后两种回路很少在机床中应用。绝大部分容积调速回路的油液循环采用闭式循环方式。

1）容积调速回路

容积调速回路为恒转矩输出回路，由变量泵、液压缸和起安全作用的溢流阀组成。通过改变液压泵的排量 V_p 便可调节液压缸的运动速度 v。

图 4－62 所示为容积调速回路。溢流阀 2 为安全阀，在系统过载时打开溢流，限制回路的最高压力，起安全保护作用；背压阀 4 使活塞运动平稳；单向阀防止停机时油液倒流入液压泵，以免空气进入系统。

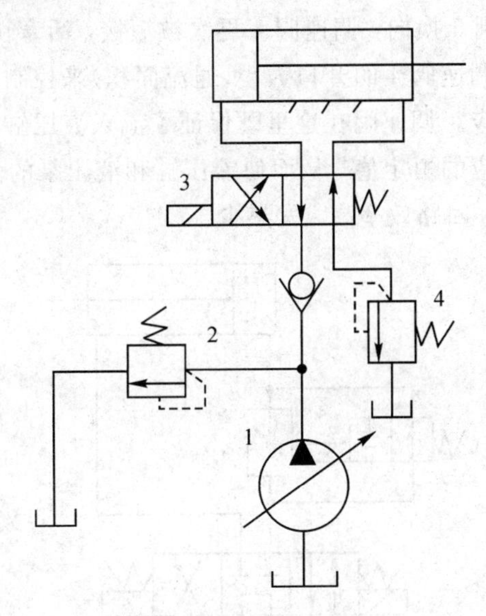

图 4－62　容积调速回路

容积调速回路的特点是：

(1) 液压缸的最大速度取决于液压泵的最大流量，最低速度取决于液压泵的最小流量，可以实现正反向无级调速。

(2) 当油泵输出压力和背压不变时，液压缸活塞在各种速度下的推力不变。

(3) 若不计损失，液压缸的输出功率等于液压泵的输出功率，且液压缸的输出功率随液压泵排量的变化而变化。

(4) 由于变量泵存在着泄漏，且随压力的升高而加大，从而引起液压缸的活塞速度下降。低速时需要一定的流量才能启动和带动负载，故速度—负载特性较软和低速承载力差，会使调速范围不大。

容积调速回路在升降机、插床、拉床等大功率系统中均有应用。

2）容积节流调速回路

容积调速回路虽然效率高，发热少，但仍存在速度—负载特性软的问题。调速阀式节流调速回路的速度—负载特性好，但回路效率低。容积节流式调速回路的效率虽然没有单纯的容积调速回路高，但它在一定程度上克服了容积调速回路低速稳定性较差和节流调速回路效率低的缺点，因此在低速稳定性要求高的高效率机床进给系统中得到了普遍的应用。

容积节流式调速回路是采用变量泵(压力补偿型变量泵)供油和流量控制阀(通过对节流元件的调整来改变流入或流出液压缸的流量来调节液压缸的速度)联合调节执行元件速度的回路。而液压泵输出的流量自动地与液压缸所需流量相适应。这种回路虽然有节流损失，但没有溢流损失，效率较高。常见的容积节流调速回路有限压式变量泵与调速阀组成的和变压式变量泵与调速阀组成的容积节流调速回路两种。

图 4-63 所示为定压式容积节流调速回路。空载时调速阀 4 短接，泵以最大流量进入液压缸使其快进。工进时，电磁阀 5 通电，使压力油经调速阀 4 进入液压缸的左腔，工进结束后，换向阀 3 和换向阀 5 换向，调速阀 4 再次被短接，活塞快退。当回路处于工进时，液压缸活塞的运动速度由调速阀 4 的开口大小(通流面积)来控制，变量泵的输出流量和进入液压缸的流量能自相适应。调速阀在这里既保证了流入液压缸的流量保持恒定值，又使液压泵的输出流量保持相应的恒定值，从而使液压缸和液压泵的流量相匹配。这种回路只有节流损失而无溢流损失，回路效率高，发热少。

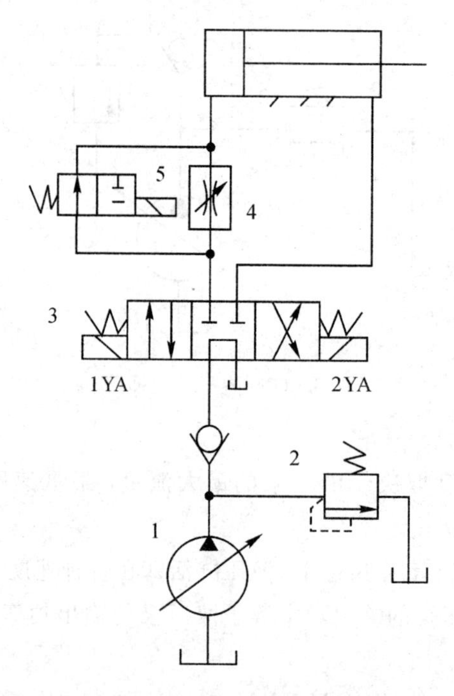

图 4-63　定压式容积节流调速回路

容积节流调速回路的速度刚性、运动平稳性、承载能力和调速范围都与它对应的节流调速回路相同，宜用于负载变化大，速度较低的中、小功率场合，如某些组合机床的进给系统。

五、多执行元件运动控制回路

某些机械，尤其是自动化机床，在一个工作循环中常常有两个或两个以上的执行元件工作，这些液压缸会因压力和流量的影响而在动作上相互干涉。如何让它们有序地去实现预定的动作呢？在液压传动系统中，用一个液压泵来驱动控制多个执行元件，使各执行元件之间运动关系按要求进行，以完成预定的功能，这种回路称为多执行元件运动控制回路。其可分为顺序运动回路、同步运动回路和互不干扰回路等。

1. 顺序运动回路

各执行元件严格地按给定顺序运动的回路称为顺序运动回路。这种回路在机械制造等行业的液压系统中得到了普遍应用。如自动车床中刀架的纵横向运动，组合机床回转工作台的抬起和转位，夹紧机构的定位和夹紧等，都必须按固定的顺序运动。顺序运动回路按控制方式的不同可分为三种，即行程控制、压力控制和时间控制，其中前两类应用较多。

1）行程控制的顺序运动回路

行程控制的顺序运动回路是利用执行元件运动到一定位置(或行程)时，发出控制信号来控制执行元件的先后顺序动作的回路。它可以利用行程开关、行程阀或顺序阀来实现。

图 4-64 所示是用行程换向阀(又称机动换向阀)控制的顺序运动回路。电磁换向阀和行程换向阀处于图示状态时，液压缸 A 的活塞推出按箭头①的方向右行，液压缸 B 的活塞杆处于左端位置(即原位)；当液压缸 A 右行到预定的位置时，挡块压下行程换向阀 4，使其上位接入系统，则液压缸 B 的活塞按箭头②的方向右行；当电磁换向阀的电磁铁通电后，液压缸 A 的活塞按箭头③的方向左行缩回；当挡块离开行程换向阀后，液压缸 B 按箭头④的方向左行退回原位。

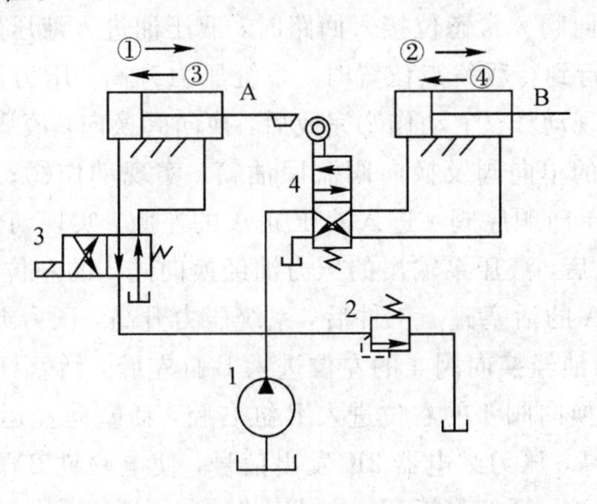

图 4-64　行程换向阀控制的顺序运动回路

该回路中的运动顺序①与②和③与④之间的转换，是依靠机械挡块压下行程换向阀的阀芯使其位置变换来实现换向的，因此动作可靠。但是，行程换向阀必须安装在液压缸附近，而且改变运动顺序较困难。

图 4-65 所示是用行程开关和电磁换向阀控制的顺序运动回路。图所示的状态时，液压缸 A 按箭头①的方向右行；当它运行到预定位置时，挡块压下行程开关 1ST，发出信号使电磁换向阀 4 的电磁铁通电，则液压缸 B 按箭头②的方向右行；当它运行到预定位置时，挡块压下行程开关 2ST，发出信号使电磁换向阀 3 的电磁铁通电，则液压缸 A 按箭头③的方向左行；当它左行到原位时，挡块压下行程开关 3ST，使电磁换向阀 4 的电磁铁断电，则右液压缸按箭头④的方向左行；当它左行到原位时，挡块压下行程开关 4ST，发出信号，使工作循环结束。

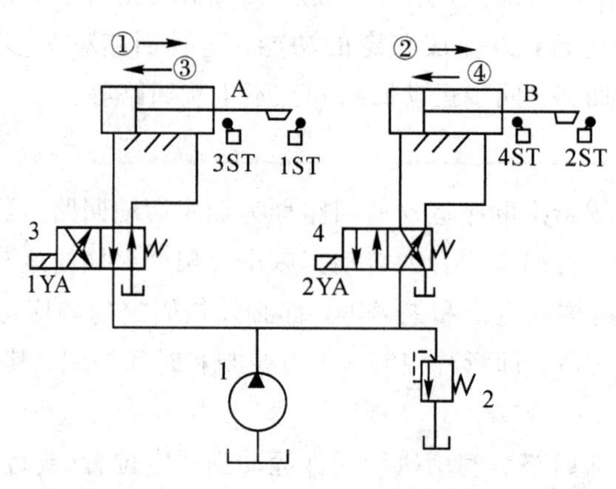

图 4-65 行程开关和电磁换向阀控制的顺序运动回路

这种用电信号控制转换的顺序运动回路，使用调整方便，便于更改动作顺序，因此应用较广泛。回路工作的可靠性取决于电器元件的质量。目前还可采用 PLC(可编种控制器)利用编程来改变行程控制，这是一个发展趋势。

2) 压力控制的顺序运动回路

图 4-66 所示为采用单向顺序阀和压力继电器来实现两个液压缸顺序运动的回路。如图 4-66(a)所示，当换向阀 3 常态位接入回路时，液压油进入液压缸 A 左腔，活塞杆推出实现动作①；当活塞运行到行程终点位置时，系统压力升高，压力油打开单向顺序阀 5 进入液压缸 B 的左腔，实现动作②；动作②完成后，换向阀换向，液压油进入液压缸 B 右腔，液压油经单向顺序阀中的单向阀及换向阀流回油箱，实现动作③；当活塞运行到缸底时，压力升高，压力油打开单向顺序阀 4 进入液压缸 A 的左腔，实现动作④。如图 4-66(b)所示，当电磁铁 1YA 通电后，液压泵输出的压力油经换向阀 3 的左位进入 A 缸左腔，活塞杆推出，完成动作①；缸 A 的活塞碰上工件后，系统压力升高，压力继电器 1K 发出信号，使电磁铁 3YA 通电，压力油经换向阀 4 的左位进入 B 缸左腔，活塞杆推出，完成动作②；当 4YA 通电后，压力油经换向阀 4 的右位进入 B 缸右腔，活塞向左运动，完成动作③；活塞运行到缸底时，压力升高，压力继电器 2K 发出信号，使电磁铁 2YA 通电，压力油经换向阀 3 的右位进入 A 缸右腔，活塞杆返回，完成动作④。

在这种压力控制的顺序回路中顺序阀或压力继电器的压力调定值必须比前一个动作的压力高出 10%～15%(一般要高出 0.5～1 MPa)，且顺序阀前后的压力差不能太大，才能使动作可靠，否则系统压力波动时易造成误动作，引发事故。因此，这种回路只适用于系统中液压缸数目不多、负载变化不大的场合。

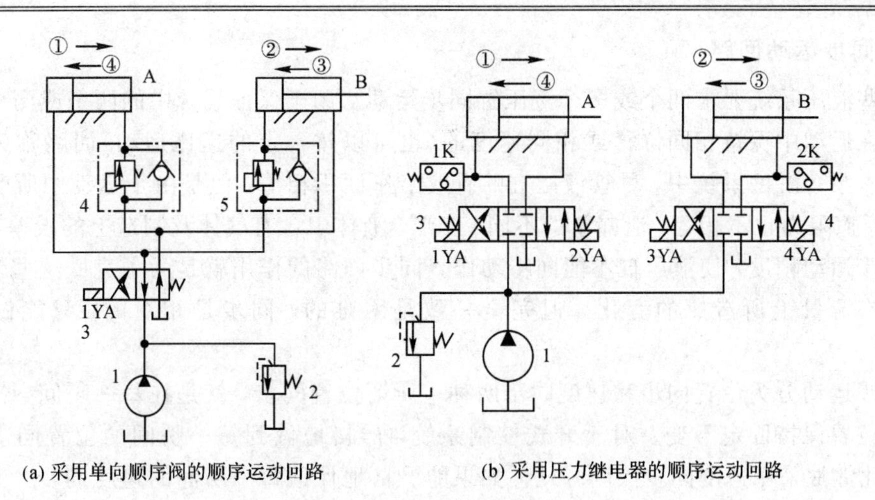

(a) 采用单向顺序阀的顺序运动回路　　(b) 采用压力继电器的顺序运动回路

图 4-66　压力控制的顺序运动回路

3）时间控制的顺序运动回路

时间控制的顺序运动回路是在一个执行元件开始运动之后，经过预先设定的时间后，另一个执行元件再开始运动的回路。时间控制可利用时间继电器、延时继电器或延时阀等实现。

图 4-67 所示是采用延时阀进行时间控制的顺序运动回路。延时阀由单向节流阀和二位三通液动换向阀组成。当电磁铁 1YA 通电时，液压缸 A 向右运行。同时，液压油进入延时阀中液动换向阀的左端腔，推动阀芯右移，该阀右端腔的液压油经节流阀回油箱。这样，经过一定时间后，使延时阀中的二位三通换向阀左位接入系统，压力油经该阀左位进入液压缸 B 的左腔，使其向右运行。两液压缸向右运行开始的时间间隔由延时阀中的节流阀开口大小来调节。当电磁铁 2YA 通电后，两个液压缸的右腔同时进油，一起快速左行返回原位。同时，压力油进入延时阀的右端腔，使延时阀中的二位三通阀阀芯左移复位。由于延时阀所设定的时间易受油温的影响，常在一定范围内波动，因此很少单独使用，往往采用行程—时间复合控制方式。

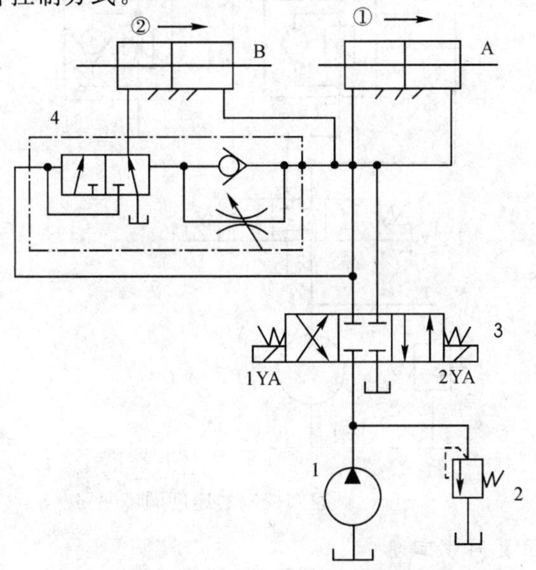

图 4-67　时间控制的顺序运动回路

2. 同步运动回路

有些液压系统要求两个或多个液压缸同步运动。用于保证系统中的两个或两个以上的液压缸在运动中保持相同位移或相同速度的(也可以按一定的速比运动)回路称为同步回路。在一泵多缸的系统中，尽管液压缸的有效工作面积相等，但是由于运动中所受负载不均衡，摩擦阻力也不相等，泄漏量的不同、变形，液体中含有气体及制造上的误差等，都会影响同步运动精度，使液压缸不能同步动作。同步回路的作用就是为了克服这些影响，补偿它们在流量上所造成的变化。但完全一致是困难的，同步是相对的，只能做到基本同步。

同步运动分为位置同步和速度同步两种。所谓位置同步，就是在每一瞬间，各液压缸的相对位置保持固定不变。对于开式控制系统，严格地做到每一瞬间的位置同步是困难的，因此常常采用速度同步控制方式。如果能严格地保证每一瞬间的速度同步，也就保证了位置同步，然而做到这一点也是困难的。为了获得高精度的位置同步运动，需要采用位置闭式控制措施。以下所介绍的几种同步运动回路都是开式控制的，同步精度不高。

1）调速阀控制的速度同步回路

如图 4－68 所示，该回路主要是用相同的液压泵、两个开口一致的调速阀以及两个执行元件并联，使两个液压缸在运动中或停止时都保持相同的位移量，以实现同步运动。两个调速阀分别调节两缸活塞的运动速度，当两缸有效面积相等时，则流量也调整得相同；若两缸面积不等时，则改变调速阀的流量也能达到同步的运动。

用调速控制的同步回路，结构简单，并且可以调速，但是由于受到油温变化以及调速阀性能差异等影响，同步精度较低，一般在 5%～7%。

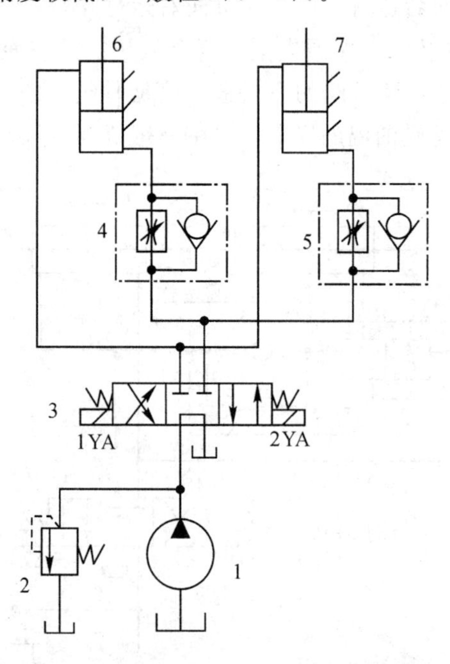

图 4－68　调速阀控制的速度同步回路

2）带补偿装置的位置同步回路

图 4－69(a)所示为一种带补偿装置的液压缸串联的位置同步回路。图中两个有效工

作面积相等的双作用液压缸 6 和 7 串联，如果没有液控单向阀和两个行程开关及两个两位三通阀，从理论上讲，两个有效工作面积相等的液压缸，当流入两缸的流量相同时，只要液压泵的供油压力大于两缸的工作压力之和，就能产生同步运动，且两缸能承受不同的载荷。但由于系统泄漏的影响，会产生同步误差。因此，在回路中设置补偿装置来消除这种误差，以达到同步的目的。回路的工作原理为：当 1YA 通电时，两缸活塞同时下行，若缸 6 的活塞先到达行程终点，则挡块压下行程开关 1ST，电磁铁 3YA 通电，换向阀 3 左位工作，压力油经阀 3 和液控单向阀 5 进入缸 7 的上腔，进行补油，使其活塞到达终点。反之，若缸 7 的活塞先达终点，则挡块压下行程开关 2ST，使电磁铁 4YA 通电，换向阀 4 右位工作，压力油经阀 4 进入液控单向阀 5 的液控口，使液控单向阀反向导通，使缸 5 的下腔与油箱相通，其活塞很快运动到终点。这种回路只适用于小负载、同步精度要求不高的液压系统中。

图 4-69(b)所示为采用比例调速阀的同步回路。回路使用一个普通的调速阀 2 和一个比例调速阀 3，各装在一个由 4 个单向阀组成的桥式整流油路中，分别控制液压缸 4 和 5 的运动。当两缸的运动出现位置误差时，检测装置发出信号，调整比例调速阀的开口，修正误差，保证同步。这种回路的同步精度高，能达到 0.5 mm 的同步精度，可满足大多数工作部件的同步精度要求，且成本低，系统对环境的适应性强，是实现同步控制的发展方向。

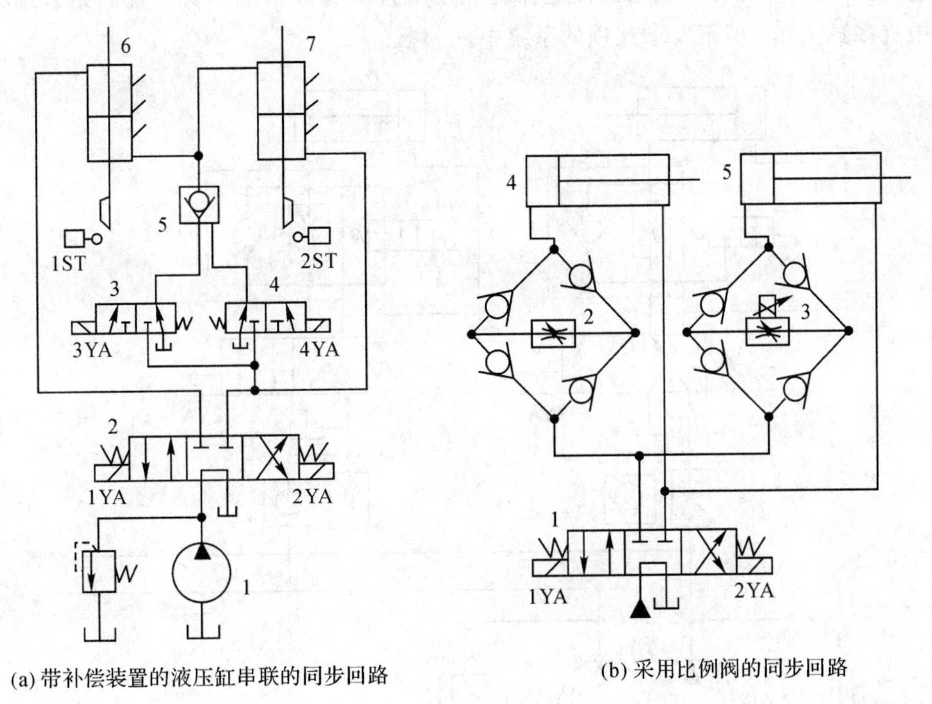

(a) 带补偿装置的液压缸串联的同步回路

(b) 采用比例阀的同步回路

图 4-69　同步回路

3. 多缸快慢速互不干扰回路

在多缸液压系统中，各液压缸运动时的负载压力是不等的，往往会由于其中的一个液压缸的快速运动时系统的压力下降而影响其他液压缸的稳定性。例如，在组合机床液压系统中，如果用同一个液压泵供油，当某液压缸快速前进(或后退)时，因其负载压力小，使其他液压缸不能工作进给(因为工进时负载压力大)，从而造成各液压缸之间运动的相互干扰。因此，在工作进给要求比较高的多缸液压系统中，必须采用多缸快慢速互不干扰回路。

在图 4-70 所示的回路中，各液压缸分别要完成快进、工作进给和快速返回的自动工作循环。回路采用双泵的供油系统，泵 1 为高压小流量泵，供给各缸工作进给时所需要的高压油；泵 2 为低压大流量泵，为各缸快进或快退时输送低压油，它们的压力分别由溢流阀 3 和 4 调定。当开始工作时，电磁铁 1YA、2YA 和 3YA、4YA 同时得电工作，液压泵 2 输出的压力油经执行元件由快进转换成工作进给，单向阀 6 和 8 关闭，工进所需压力油由液压泵 1 供给。如果其中某一缸(例如缸 A)先转换成快速退回，即换向阀 9 的电磁铁失电换向，泵 2 输出的油液经单向阀 6、换向阀 9 和单向阀 11 的单向元件进入液压缸 A 的右腔，左腔的油液经换向阀回油，使活塞快速退回。而其他液压缸仍由泵 1 供油，继续进行工作进给。这时，调速阀 5(或 7)使泵 1 仍然保持溢流调整压力，不受快退的影响，防止了相互干扰。在回路中调速阀 5 和 7 的调整流量应适当大于单向阀 11 和 13 的调整流量，这样工作进给的速度由单向阀 11 和 13 来决定。这种回路可以用在具有多个工作各自分别运动的机床液压系统中。换向阀 10 用来控制 B 缸换向，换向阀 12、14 分别控制 A、B 缸快速运动。当所有电磁铁都断电时，两缸也都停止运动。这样使两缸均完成了“快进—工进—快退”的自动工作循环。双泵供油是保证互不干扰的有效措施。防干扰回路多用于同一回路中有多缸工作，但不要求互锁的系统中。

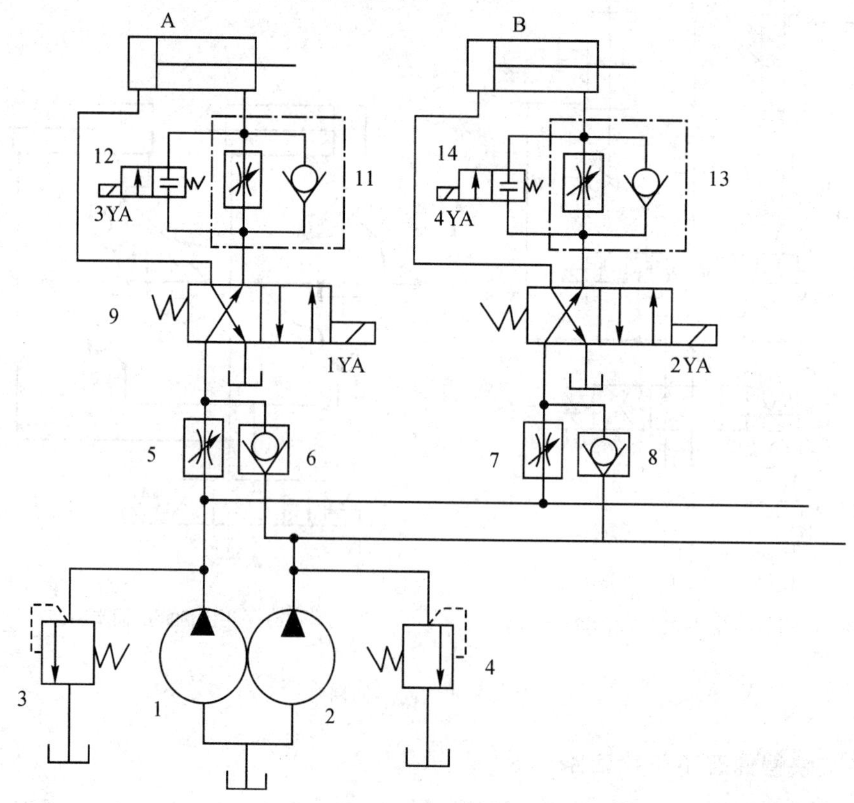

图 4-70　多缸快慢速互不干扰回路

习　题

1. 什么是液压基本回路？根据其功能分几类？各类在系统中起什么作用？
2. 描述调速回路的类型及工作原理。
3. 阐述三种节流调速回路的油路结构及特点。
4. 阐述容积调速、容积节流调速回路的油路结构及特点。
5. 阐述快速运动回路、速度换接回路的类型及工作原理。
6. 阐述调压回路、变压回路、保压回路的结构类型及工作原理。
7. 描述顺序运动回路的类型、典型油路结构、工作原理及特点。
8. 描述同步工作回路的类型、典型油路结构、工作原理及特点。
9. 如何调节执行元件的运动速度？常用的调速方法有哪些？

模块五　液压辅助元件

【学习目标】

（1）了解蓄能器、油箱、过滤器、油管及管接头的用途及符号。

（2）了解热交换器和压力表的工作原理及符号。

液压辅助元件是液压系统中的一个重要组成部分，任何液压系统都离不开辅助元件。液压辅助元件对系统正常可靠工作、系统产生误动作等方面有直接影响，因而掌握液压辅助元件的性能便能更好地对其选用及维护。

5-1　油箱和过滤器

一、油箱

在液压系统中油箱的主要作用是：储存油液，散发热量，沉淀杂质，逸出空气。图5-1所示为油箱结构简图。

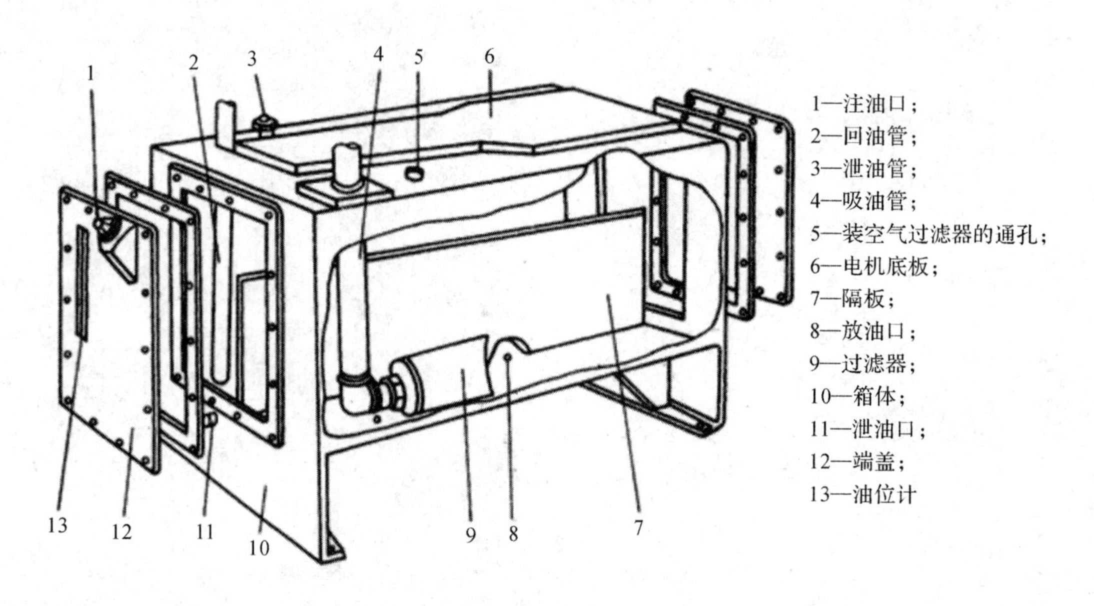

图5-1　油箱结构简图

1. 油箱容积计算

$$V=kq_v \qquad (5-1)$$

式中：V为油箱的有效容积，单位为L；q_v为液压泵的额定流量，单位为L/min；k在低压时取2～4 min，单位为中压时取5～7 min，高压时取6～12 min。

2. 油箱结构设计

(1) 吸油管和回油管尽可能远。

(2) 吸油口装粗过滤器。

(3) 进行防污密封。

(4) 设置放油阀与液位计。

(5) 设置清洗窗。

(6) 进行油温控制。

二、过滤器

在液压系统故障中，75%以上与油液的污染有关。过滤器的主要作用是滤除油中杂质，保持油液清洁，可延长元件使用寿命，以保证液压系统工作的可靠性。

1. 过滤器的类型及特点

(1) 网式过滤器：用金属网包在支架上而成，如图 5-2(a)所示。一般装在系统中泵入口处做粗滤，过滤精度为 80～180 μm。其结构简单，清洗方便，通流能力大，压降小，但过滤精度低。

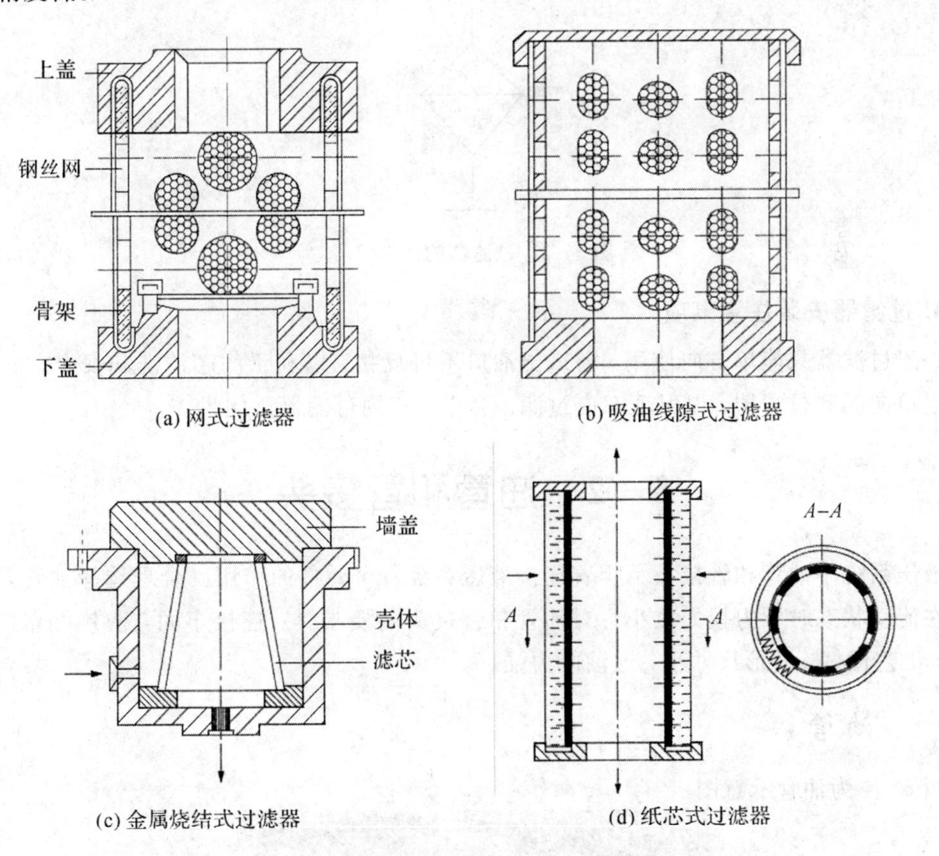

图 5-2　过滤器的类型

(2) 吸油线隙式过滤器：特形金属线缠绕在筒形芯架上，制成滤芯，利用线间间隙过滤杂质，如图 5-2(b)所示。过滤精度为 30～100 μm。其结构简单，过滤精度较高，通流能力大，但不易清洗，一般用于低压回路或辅助回路。

(3) 金属烧结式过滤器：由颗粒状锡青铜粉末压制后烧结而成，如图5－2(c)所示，利用颗粒之间的微小间隙过滤。其强度高，抗冲击性能好，抗腐蚀性好，耐高温，过滤精度高，制造简单，但易堵塞，难清洗，颗粒会脱落，一般用于精密过滤。

(4) 纸芯式过滤器：用微孔过滤纸折叠成星状绕在骨架上形成，如图5－2(d)所示，利用滤纸的微孔过滤。其结构紧凑，重量轻，过滤精度高，但通流能小，强度低，易堵塞，无法清洗，需经常更换滤芯，特别适用于精滤。又因为滤芯能承受的压力差较小，为了保证过滤器正常工作，不致因污染物逐渐聚积在滤芯引起压差增大而压破纸芯，过滤器顶部通常装有污染指示器。

(5) 磁性过滤器：利用磁铁吸附油液中的铁质微粒。

2. 过滤器的安装

(1) 安装在吸油管路上。其作用是：保护液压泵。

(2) 安装在压油管路上。其作用是：保护除泵和溢流阀以外的所有元件，且应并联一安全阀。

过滤器的图形符号如图5－3所示。

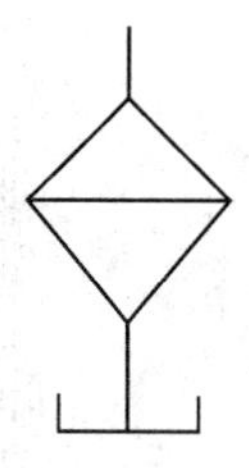

图5－3　过滤器的图形符号

3. 过滤器安装注意事项

一般过滤器只能单方向使用，即进出油口不可反接，以利于滤芯清洗和安全。必要时可增设单向阀和过滤器，以保证双向过滤。目前，双向过滤器已问世。

5－2　油管和管接头

液压系统中油管和管接头承担着连接液压系统各个元件的作用。合理选择油管，可使油液在流动状态时压力损失减小。对油管和管接头的要求是：连接牢固，密封可靠，装配方便，工艺性好，外形尺寸小，通油能力强。

一、油管

图5－4为油管示意图。

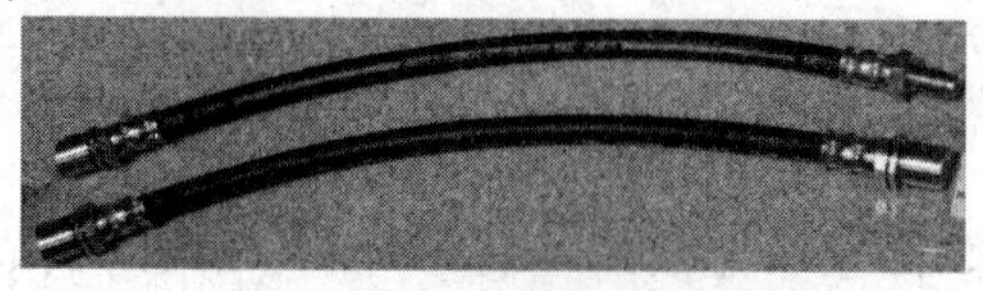

图5－4　油管

液压系统中使用的油管如下：

- 油管
  - 硬管
    - 钢管(耐油，耐高压，强度高，工作可靠，但装配时不便弯曲，常在装拆方便处用作压力管道)
    - 紫铜管(价高，承压能力低，抗冲击和振动能力差，易使油液氧化，但易弯曲成各种形状，常用在仪表和液压系统不便装配处)
  - 软管
    - 塑料管(耐油，价低，装配方便，长期使用易老化，适用于低压的回油管或泄油管)
    - 尼龙管(价格低，加热后可随意弯曲、扩口，冷却后保持形状不变，安装方便)
    - 橡胶管(高压软管由耐油橡胶夹几层钢丝编织网制成，用于压力管路；低压软管由耐油橡胶夹帆布制成，用于回油管路)

油管的安装要求如下：

(1) 管路尽量短，布置整齐，转弯少，避免过小的转弯半径。

(2) 管路最好平行布置，尽量少交叉。

(3) 安装前管子进行酸洗，再用苏打水中和，之后用温水洗净，进行干燥、涂油，并做预压试验。

(4) 安装软管时不允许拧扭，直线安装要有余量。

二、管接头

管接头是油箱与油管、油管与液压元件间的连接件。液压系统中油液的泄漏多发生在管接头处。管接头能够在振动、压力冲击下保持良好的密封性，在高压处不能外泄漏，在低压吸油管道上不能让空气进入。管接头如图 5-5 所示。

图 5-5　管接头

管接头分硬管接头、软管接头、插入快换式接头和快速接头四种。

硬管接头又分为扩口式接头、焊接式接头、卡套式接头。

插入快换式接头是气压管路专用接头。

软管接头(胶管接头)分为可拆式接头和扣压式接头两种。

快速接头无需装拆工具，适用于需经常装拆处。

5－3　蓄能器和热交换器

一、蓄能器

1. 蓄能器的功用

蓄能器是液压系统的储能元件，它的功用主要体现在储存能量，必要时释放，即可短时间内大量供油(协助泵供油，作应急动力源)，吸收液压冲击和压力脉动，维持系统压力(保压补漏)。

2. 蓄能器的类型及特点

1) 重力式蓄能器

重力式蓄能器结构简单，容量大，压力稳定，但结构尺寸大而笨重，运动惯性大，反应不灵敏，易漏油，有摩擦损失，常用于蓄能。

2) 弹簧式蓄能器

弹簧式蓄能器结构简单，反应尚灵敏，但容量小，易内泄并有压力损失，不适于高压和高频动作的场合，一般可用于小容量、低压系统，用作蓄能和缓冲。弹簧式蓄能器如图5－6所示。

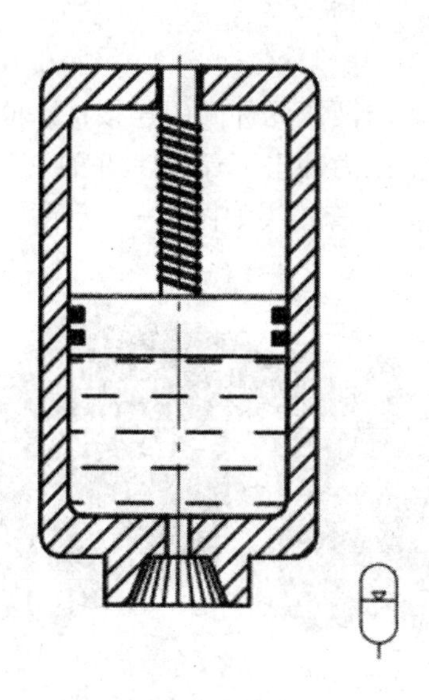

图5－6　弹簧式蓄能器

3) 充气式蓄能器

充气式蓄能器有气瓶式蓄能器、活塞式蓄能器、气囊式蓄能器等，如图5－7所示。

气瓶式蓄能器容量大，但由于气体混入油液中，影响系统工作的平稳性，而且耗气量大，需经常补气，仅适用于中、低压大流量系统。

活塞式蓄能器结构简单，工作可靠，安装容易，维修方便，寿命长，但因有摩擦，反应不灵敏，容量较小，一般用于蓄能。

气囊式蓄能器重量轻，尺寸小，安装容易，维护方便，惯性小，反应灵敏，但气囊制造困难。它既可用于蓄能，又可用于缓和冲击，吸收脉动。

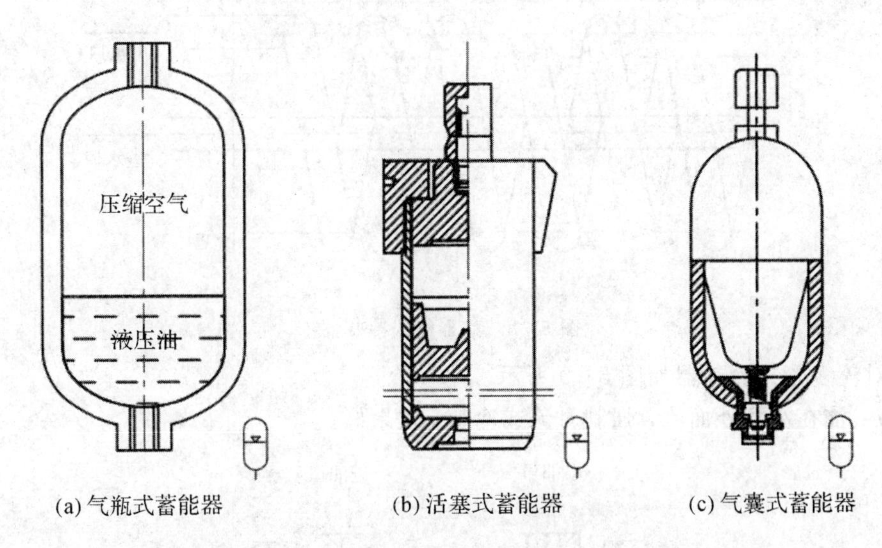

(a) 气瓶式蓄能器　　(b) 活塞式蓄能器　　(c) 气囊式蓄能器

图 5-7　充气式蓄能器

3. 蓄能器的使用和安装

(1) 充气式蓄能器中应使用惰性气体(一般为氮气)。

(2) 蓄能器一般应垂直安装，油口向下。

(3) 必须用支架或支板将蓄能器固定，便于检查、维修的位置，并远离热源。

(4) 用作降低噪声、吸收脉动和冲击的蓄能器应尽可能靠近振源。

(5) 蓄能器与管路之间应安装截止阀，供充气或检修时用；蓄能器与液压泵之间应安装单向阀，防止油液倒流以保护泵与系统。

(6) 搬运和拆装时应排出压缩气体，要注意安全。

二、热交换器

液压系统的正常工作温度应保持在 30℃～50℃，最低不得低于 15℃，最高不超过 65℃，因此需要热交换器(包括冷却器和加热器)来调节。

热交换器分为两种：冷却器和加热器。

1. 冷却器

冷却器主要通过管道散热面积直接吸收油液中的热量，还可使油液流动在出现紊流时通过破坏边界层来增加油液的传热系数。

(1) 基本要求：结构紧凑，坚固，体积小，重量轻，有自动控制油温装置。

(2) 安装位置：一般安装在回油路及低压管路上。

(3) 典型结构。

① 蛇形管式冷却器如图 5-8 所示。

特点：直接安装在油箱内并浸入油液中，管内通冷却水，但冷却效果不好，耗水量大。

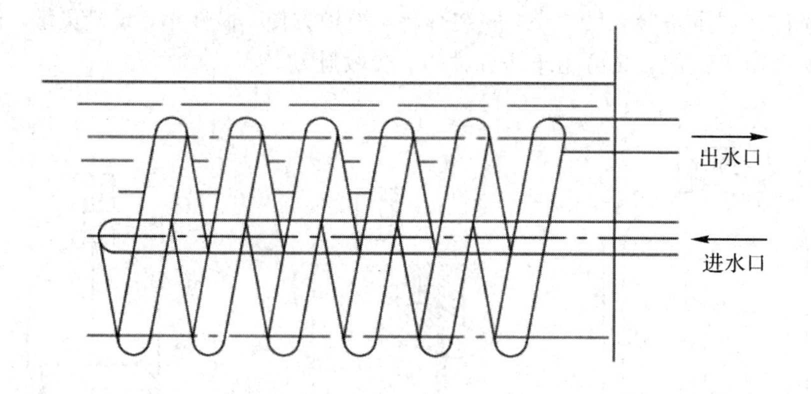

图 5-8　蛇形管式冷却器

② 对流多管式冷却器如图 5-9 所示。

特点：油在水管外面流，强制对流式冷却，效果好。

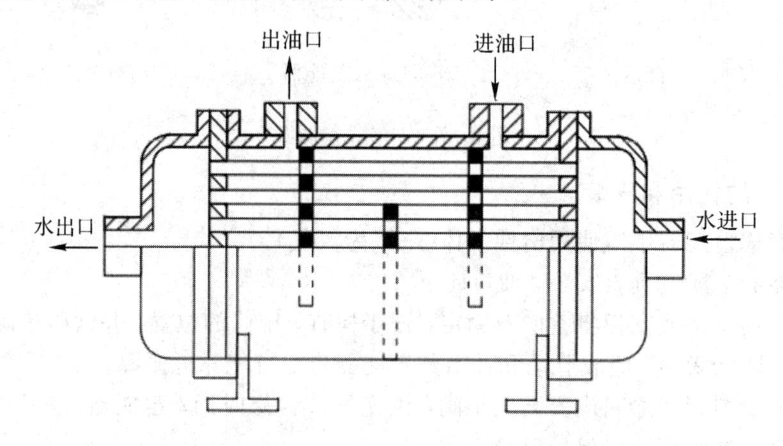

图 5-9　对流多管式冷却器

③ 翅片管式冷却器如图 5-10 所示。

特点：在水管外面增加许多横向翅片，增大散热面积，结构简单，但冷却效果一般，噪声大，应用不广。

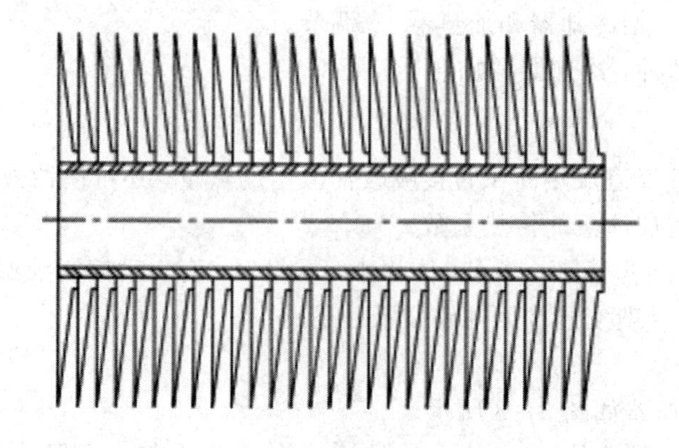

图 5-10　翅片管式冷却器

2. 加热器

当液压系统的工作温度低于 15°C 时，必须对油液进行升温。图 5－11 所示为常见的加热器。

该加热器结构简单，能按所需温度自动调节；水平安装，发热部分全部浸入油中，与油箱中的油液形成良好的自然对流；功率不能太大，避免周围油液过度受热变质。

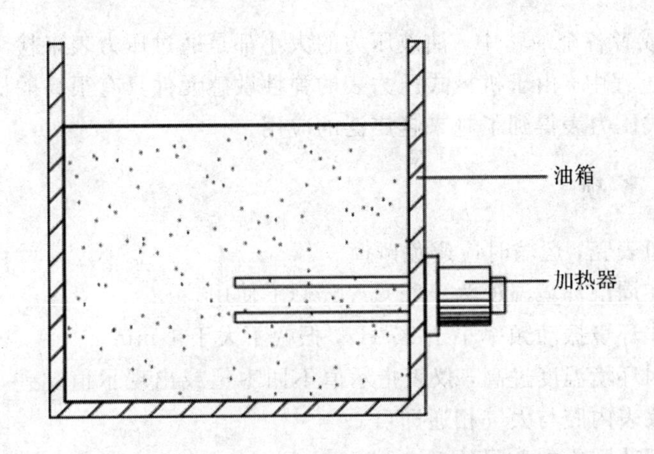

图 5－11　加热器的位置

3. 热交换器的符号

热交换器的符号如图 5－12 所示。

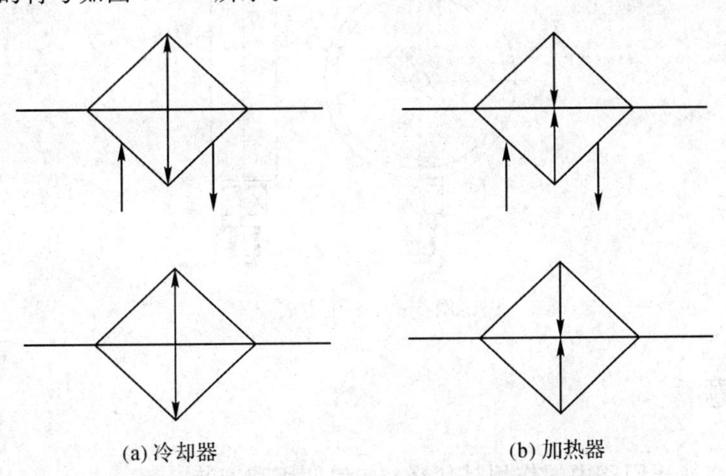

图 5－12　热交换器的符号

5－4　压　力　表

一、组成

压力表主要是由弹簧弯管、指针、放大机构、基座等零件组成，如图 5－13 所示。

二、工作原理

当弹簧弯管受到压力作用后会发生拉伸变形，通过放大机构等可使指针偏转，压力越大，指针偏转角度越大。

三、应用

在液压系统或者各个油路中，油液压力的大小都是通过压力表来检测的。在工业过程控制与技术测量过程中，由于机械式压力表的弹性敏感元件具有很高的机械强度且生产方便，从而使机械式压力表得到了越来越广泛的应用。

四、注意事项

(1) 不应强扭表壳，运输时应避免碰撞。

(2) 仪表宜在周围环境温度为−25℃～55℃下使用。

(3) 使用工作环境振动频率小于 25 Hz，振幅不大于 1 mm。

(4) 使用中因环境温度过高，仪表指示值不回零位或出现示值超差，将表壳上部密封橡胶塞剪开，使仪表内腔与大气相通即可。

(5) 仪表使用范围应在上限的 1/3～2/3 之间。

(6) 在测量腐蚀性介质、可能结晶的介质、黏度较大的介质时应加隔离装置。

(7) 仪表应经常进行检定(至少每三个月一次)，如发现故障应及时修理。

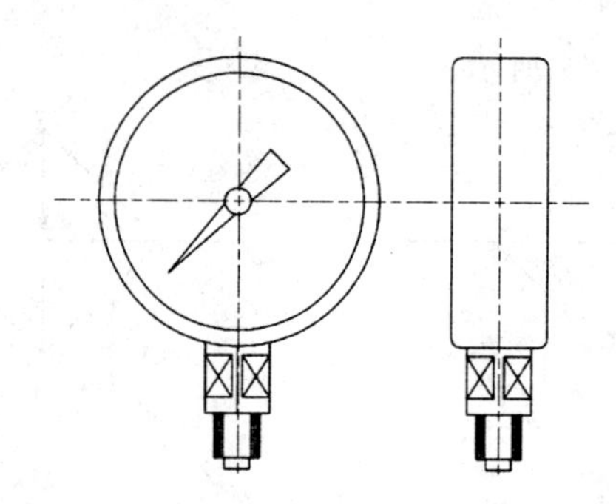

图 5-13　压力表

习　题

1. 蓄能器在液压回路中的作用是什么？如何使用和安装？

2. 油箱的作用有哪些？怎么考虑油箱的容积？

3. 常见的过滤器有哪几种？效果怎么区别？

4. 油管和管接头有哪几种分类？使用范围如何鉴定？

5. 热交换器有哪几种分类？怎么区分它们？

6. 常见的液压辅助元件有哪些？

7. 蓄能器在液压系统中常用在以下几种情况：短时间内大量________；吸收液压________和压力________；维持系统________。

模块六　典型液压系统

【学习目标】

（1）掌握识别并分析较复杂的液压回路图基本步骤。

（2）掌握复杂液压系统的基本回路的分析方法。

（3）掌握复杂液压系统的分析过程。

（4）了解不同液压系统的特点及设备的安全操作规范。

6－1　金属切削机床液压系统

一、双轴液压自动成型车床系统

1. 主机的功能结构

金属切削机床是应用液压技术较早、较广的领域之一。采用液压传动与控制的机床，可在较宽范围内进行无级调速，具有良好的换向及速度换接性能，易于实现自动工作循环，对提高生产效率、改进产品质量和改善劳动条件，都起着十分重要的作用。

双轴自动成型车床用于批量加工成型零件。图6－1为车床主机结构示意图，车床为双主轴，其主机由床身、料斗、动力箱、夹紧机构(卡盘)(2个)、液压滑台、刀架(2个)、送料机构、定位机构及卸料机构(图中未标出)等组成。该机床采用液压传动和可编程序控制器组成的电控系统控制。

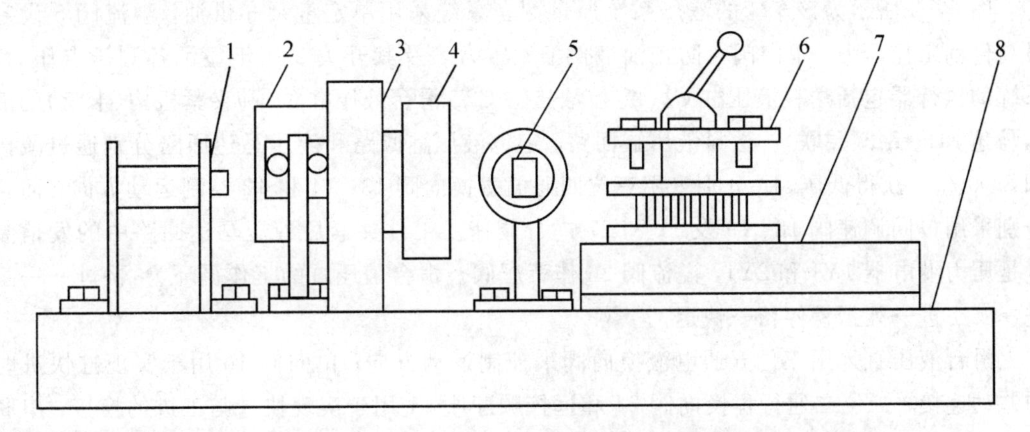

1—送料机构；2—料斗；3—动力箱；4—夹紧机构(卡盘)；
5—定位机构；6—刀架；7—液压滑台；8—床身

图6－1　车床主机结构示意图

该车床有手动调整和自动循环两种工况。手动调整，即用单个按钮接通或切断有关电路，使各工作机构(定位杆、送料杆、滑台等)调整至原位或原始状态为自动加工做准备。

图 6-2 所示为车床的工作循环框图。当车床进行自动循环时，控制系统便自动检测料斗(是否有料)，若无料，则控制系统会发出报警信号，提醒操作者加料(待加工工件)；若有料，车床便进入自动循环，自动进行送料，定位，夹紧，主轴转动，滑台进给，自动车削；车削完成后，进行滑台退回、卡盘松开、卸下工件等动作，完成零件的加工工艺过程。

车床在运行中出现故障时，控制系统会立即发出报警信号(灯光和铃声)，中断自动循环程序，并使滑台退回及工件退出加工。

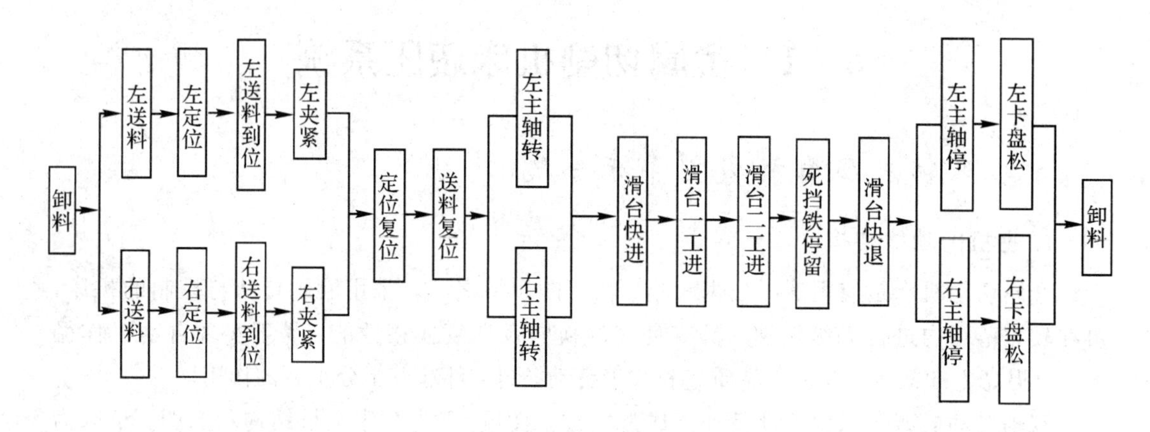

图 6-2　车床的工作循环框图

2. 双轴液压自动成型车床液压系统及工作原理

图 6-3 所示为该车床的液压系统原理图。系统采用单定量泵 3 供油，溢流阀 5 设定最高供油工作压力，单向阀 4 防止油液倒灌；压力表及其开关 2 用于显示各测压点压力。系统的执行器包括送料液压缸 C1、定位液压缸 C2、滑台液压缸 C3 和夹紧机构(卡盘)的液压马达 M1、M2(并联)。送料液压缸回路、定位液压缸回路和液压马达回路分别通过减压阀 8、9 和 7 获得低压，并分别采用三位四通电磁换向阀 13、14 和 12 控制运动方向，而且分别采用单向调速阀 18、19 及 17 和 27 进行调速。工件夹紧后液压马达回路中的发信装置是压力继电器 1YJ 和 2YJ，溢流阀 26 作背压阀。滑台液压缸的工作循环为：快进→一工进→二工进→死挡铁停留→快退。

滑台液压缸采用三位五通电液换向阀来控制运动方向；单向阀 16 用于实现缸快进时的差动连接；二位二通行程换向阀 24 和远控顺序阀 11 用于实现快进与工进的换接；串联的调速阀 20 和 21 用于调节液压缸的一工进和二工进的速度，并通过二位二通电磁换向阀 22 实现二次工作进给的速度换接；单向阀 23 用于提供缸快退时的回油通路，压力继电器 3YJ 用于死挡铁停留到时发信；溢流阀 10 用作背压阀。系统的执行器行程上布置有若干电气行程开关，与压力继电器等一起，用作工况转换的信号源。

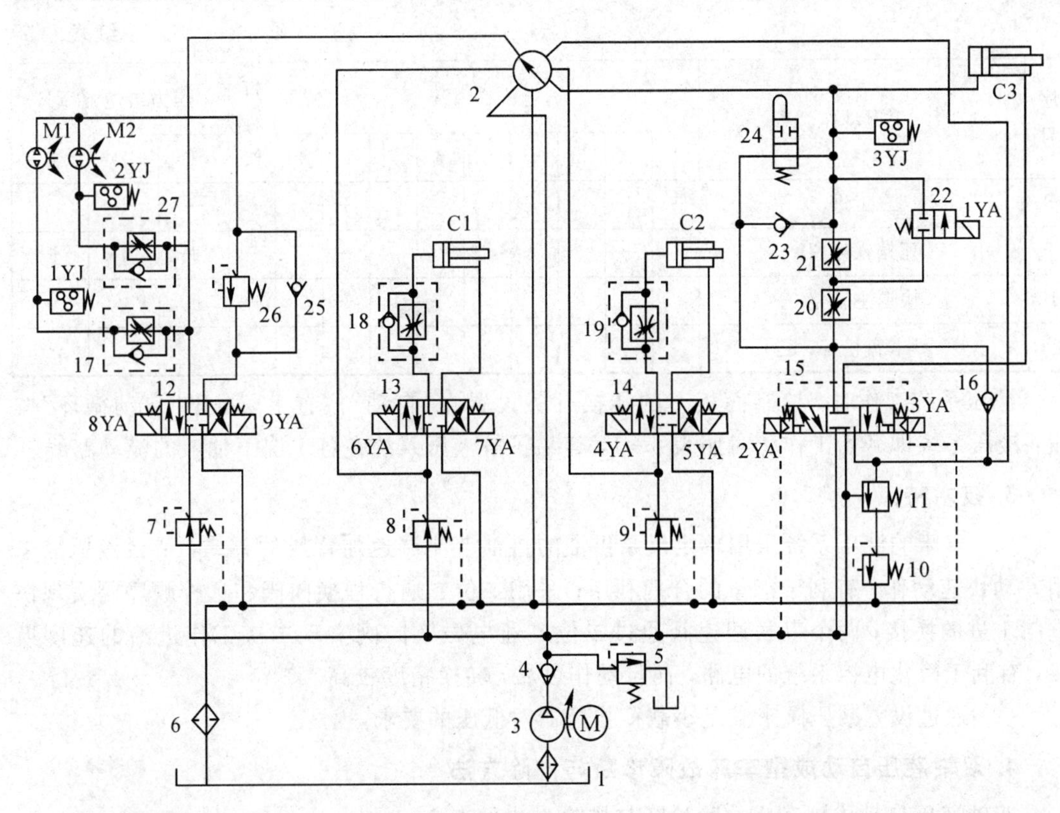

1—吸油过滤器；2—压力表及其开关；3—定量液压泵；4、16、23、25—单向阀；5、10、26—溢流阀；6—回油过滤器；7、8、8—减压阀；11—远控顺序阀；12、13、14—三位四通电磁铁换向阀；15—三位五通电液换向阀；17、18、19、27—单向调速阀；20、21—调速阀；22—二位二通电磁换向阀；24—二位二通行程换向阀；C1—送料液压缸；C2—定位液压缸；C3—滑台液压缸；M1、M2—夹紧机构双向定量液压马达；1YJ、2YJ、3YJ—压力继电器

图 6-3 车床液压系统原理图

液压系统的电磁铁、行程阀及压力继电器的动作顺序见表 6-1。

表 6-1 液压系统的电磁铁、行程阀及压力继电器的动作顺序

序号	工况动作	电磁铁 YA									行程阀	压力继电器 YJ		
		1	2	3	4	5	6	7	8	9		1	2	3
0	原始状态													
1	卸料									+				
2	定位				+					+				
3	送料						+			+				
4	夹紧								+			+	+	
5	定位、送料杆复位、主轴启动					+		+	+			+	+	
6	滑台快进								+			+	+	
7	一工进		+						+		+	+	+	

续表

序号	工况动作	电磁铁 YA									行程阀	压力继电器 YJ		
		1	2	3	4	5	6	7	8	9		1	2	3
8	二工进	+	+						+		+	+	+	
9	死挡铁停留		+						+		+	+	+	+
10	快退主轴停		+	+					+		+	+		
11	卡盘松开									+				

液压系统工作时，控制面板上的转换开关设置在“自动”位置上，按下“自动循环”按钮，液压系统即开始工作。对照表 6－1，容易了解液压系统在各工况下油液的流动路线。

3. 技术特点

（1）车床的液压系统采用单定量泵供油的进油节流调速加背压的方式，滑台液压缸采用差动快速动作，有利于能量的合理利用；采用二位二通行程换向阀和远控顺序阀实现快进与工进的换接；两个串联调速阀通过二位二通电磁换向阀实现二次工作进给的速度换接，有利于简化电控系统的电路，而且动作可靠，转换精度较高。

（2）通过设置减压阀来满足小载荷执行器对低压的要求。

4. 双轴液压自动成型车床故障诊断与排除方法

双轴液压自动成型车床故障诊断与排除方法见表 6－2。

表 6－2　双轴液压自动成型车床故障诊断与排除方法

故障名称	故障原因	排除方法
工作台无工进	（1）切削力大； （2）液压泵内泄； （3）溢流阀内部零件卡住、损坏或弹簧疲劳； （4）执行控制元件内部零件磨损或卡死； （5）液压缸因密封件挤进缸壁引起执行件阻力增大等	（1）减小进给量； （2）检查及修整，消除泄漏过多现象； （3）修复被卡表面，更换溢流阀或更换同规格尺寸的弹簧； （4）修复被卡执行原件表面； （5）更换液压缸密封圈
工进切削力大	（1）刀具磨损； （2）零件材质不均匀	（1）修磨或更换刀具； （2）选取夹杂硬点较少的材料
液压缸及外管路泄漏	液压缸内部阻力过大，活塞杆的油封老化	减小切削量，更换密封圈
切削震动大	（1）主轴箱和床身连接螺钉松动； （2）轴承脱毛或损坏； （3）轴承预紧力不够、游隙过大	（1）恢复精度后紧锢连接螺钉； （2）更换轴承； （3）重新调整轴承游隙，但预紧力不宜过大

续表

故障名称	故 障 原 因	排 除 方 法
主轴箱噪声大	(1) 主轴部件平衡不好； (2) 齿轮啮合间隙不均衡或严重损伤； (3) 润滑不好； (4) 轴承损坏或传动轴弯曲	(1) 重做动平衡 (2) 调整间隙或更换齿轮； (3) 调整润滑油量，保持主轴箱的清洁度； (4) 修复或更换轴承，校直传动轴
主轴无变速	(1) 变当信号是否输出； (2) 压力不够； (3) 变当液压缸拨叉脱落	(1) 检查处理； (2) 调整工作压力； (3) 修复或更换

二、数控刀片刃磨机床液压系统

1. 主机的功能结构

数控刀片刃磨机床是一种按输入程序磨削的机床，可调整多边形刀片的主刃、刀尖圆角及其后角。刀片的分度依靠步进电机实现，刀片的形状依靠凸轮靠模来实现，刀片的后角由工作台的回转来决定，刀片的定位依靠 V 形块来实现，据不同的刀片更换不同的凸轮、V 形块。在机床的运动中，除上料、刀片夹紧、下料为手动外，其余运动按所编程序自动控制。该机床中，刀片的定位、夹紧，工作台回转、锁紧，磨架的快进、工进及快退、工退等动作均由液压传动实现。

2. 数控刀片刃磨机床液压系统及其工作原理

图 6-4 所示为该机床的液压系统原理图。系统的油源为定量齿轮泵 2，供油压力由溢流阀 4 控制并由压力表 3 显示，泵的出口设有精过滤器 5。系统有磨架快跳液压缸 21、定位液压缸 22、夹紧液压缸 23、回转液压缸 24、锁紧液压缸 25 等 5 个执行器，这些执行器的运动方向分别由电磁换向阀 6、7、8、9、10 控制。开有 4 个油口(a、b、c、d)的液压缸 21 驱动磨架可实现快进、工进、快退、工退等动作，这些动作由缸 21 进回油时通过的油口决定。图示状态，缸 21 后退，电磁铁 1YA 通电使换向阀切换至左位时，缸 21 进给；磨架工进、工退的速度由单向节流阀 12、13 无级调节；单向减压阀 11 用于防止磨架快退时的冲击，其调整压力由压力表 3 显示。液压缸 22 用于完成刀片的定位动作。图示状态，缸 22 下降，电磁铁 2YA 通电使换向阀 7 切换至左位时，缸 22 上升定位；缸 22 的上升速度可由回油单向节流阀 14 进行无级调节；减压阀 15 用于防止缸 22 上升时的定位冲击。液压缸 23 用于实现刀片夹紧。图示状态，缸 23 夹紧，电磁铁 3YA 通电使换向阀 8 切换至左位时，缸 23 松开；夹紧速度由单向节流阀 18 进行调节；单向阀 16 和蓄能器 17 用于防止系统失压；工作时，为保证足够的夹紧力，设有压力继电器 19，只有在额定压力时，磨架快跳液压缸 21 才能快进。液压缸 24 用于驱动工作台的回转，电磁铁 4YA 通电使换向阀 9 切换至左位时，缸 24 驱动工作台顺时针回转，电磁铁 5YA 通电使换向阀 9 切换至右位时，缸 24 驱动工作台逆时针回转；电磁铁 4YA 和 5YA 都断电时，工作台停止；工作台的回转速度由节流阀 20 调节。单作用液压缸 25 用于工作台的锁紧。图示状态，缸 25 锁紧，电磁

铁 6YA 通电使换向阀 10 切换至左位时，缸 25 由于弹簧作用松开。上述 5 个执行器除了液压缸 23 外，缸的行程上共设有 8 个行程开关(SQl～SQ8)，用以发出控制信号。

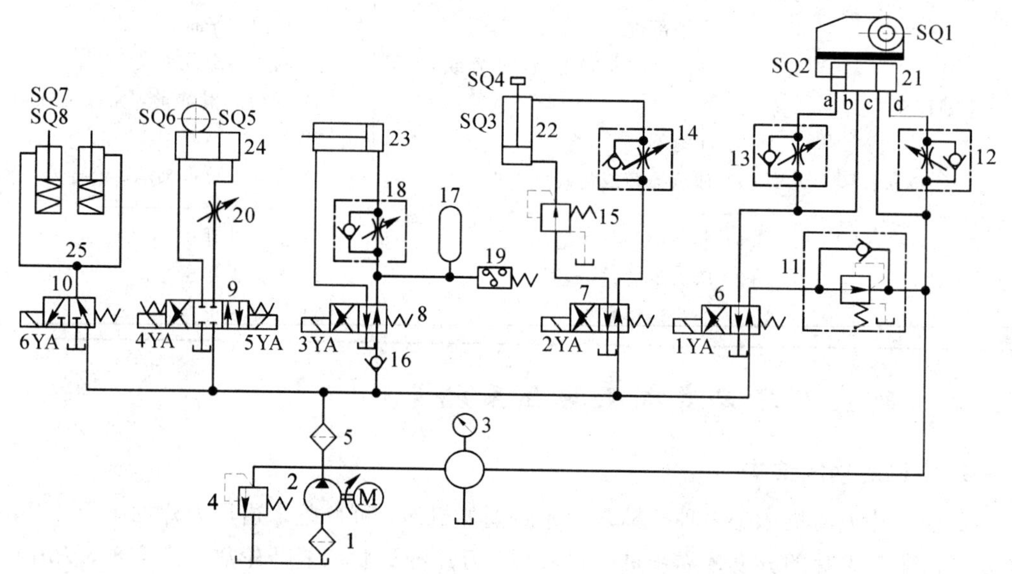

1—吸油过滤器；2—定量齿轮泵；3—压力表及其开关；4—溢流阀；5—高压精过滤器；
6、7、8—二位四通电磁换向阀；9—三位四通电磁换向阀；10—二位三通电磁换向阀；11—单向减压阀；
12、13、14、18—单向节流阀；15—减压阀；16—单向阀；17—蓄能器；19—压力继电器；20—节流阀；
21—快跳液压缸；22—定位液压缸；23—夹紧液压缸；24—回转液压缸；25—锁紧液压缸

图 6-4　刃磨机床液压系统原理图

系统的工作原理如下：

(1) 系统启动。系统启动前，根据不同形状、规格的刀片，调换凸轮、定位块并调整相应的定位装置，即可启动液压系统。系统启动后，电磁铁 2YA、3YA、4YA、6YA 通电使换向阀 7、8、9、10 均切换至右位，定位缸 22 上升处于定位状态，夹紧缸 23 处于松开状态，回转缸 24 处于顺时针运动趋势的定位状态，锁紧缸 25 处于松开状态。

(2) 上料、夹紧。人工上料完毕，按下夹紧按钮，电磁铁 3YA 断电使换向阀 8 复至右位，泵 2 的压力油经过滤器 5、阀 18 进入缸 23 的无杆腔，实现夹紧动作。当缸 23 中压力升高到压力继电器 19 的设定值时发出控制信号(系统进入程序自动控制的信号)，使电磁铁 6YA 断电，换向阀 10 复至左位，泵 2 的压力油经阀 10 进入缸 25 的有杆腔，在工作台顺时针运动趋势下，锁紧工作台，保证刀片主刃后角的准确性，同时工作台压下行程开关 SQ8。

(3) 当机床电气系统接收到压力继电器 19 发出的夹紧信号后，系统进入程序自动控制流程。电磁铁 2YA 断电使换向阀 7 复至右位，泵 2 的压力油经阀 7、阀 14 进入定位缸 22 的有杆腔，缸 22 下降，压下行程开关 SQ3；同时，电磁铁 4YA 断电使换向阀 9 复至中位，工作台处于稳定的锁紧状态。当程序检测到行程开关 SQ3、SQ8 发出的信号时，程序控制电磁铁 1YA 通电使换向阀 6 切换至左位，泵 2 的压力油经阀 6、阀 13 进入磨架缸 21 的有杆腔，缸 21 带动磨架快进(缸的无杆腔经 c 口无阻力回油)、工进(缸的无杆腔经 d 口、节流阀 12 回油)，并压下行程开关 SQ1；当程序收到行程开关 SQ1 发出的信号时，工件转动，磨削工件的主刃和后角；当主刃磨削完毕后，程序计数，控制电磁铁 1YA 断电使换向阀 6 复至右位，泵 2 的压力油经阀 11、阀 12 进入磨架缸 21 的无杆腔，缸 21 带动磨架快退(缸的有杆腔经 b 口无阻力回油)、工退(缸的有杆腔经 a 口、节流阀 13 回油)，压下行程开关 SQ2；当程序收到行程开关 SQ2 发出的信号时，控制电磁铁 6YA 通电使换向阀 10 切换至左位，锁紧缸 24 在弹簧作用下上升松开工作台(有杆腔经阀 10 向油箱回油)，压下行程开关 SQ7；当程序收到行程开关 SQ7 发出的信号，电磁铁 5YA 通电使换向阀 9 切换至右位，泵 2 的压力油经阀 9、阀 20 进入回转缸 24 的右腔，带动工作台逆时针回转，压下行程开关 SQ5；当程序收到 SQ5 发出的信号时，控制电磁铁 6YA 断电使换向阀 10 复至右位，泵 2 的压力油经阀 10 进入锁紧缸 25 的有杆腔，缸 24 在工作台逆时针回转的趋势下，锁紧工作台，保证圆刃后角的准确，同时压下行程开关 SQ8。

(4) 圆刃及后角磨削。当程序收到行程开关 SQ8 发出的锁紧信号时，电磁铁 1YA 通电使换向阀 6 切换至左位，泵 2 的压力油经阀 6、阀 13 进入磨架缸 21 的有杆腔，缸 21 带动磨架快进、工进，压下行程开关 SQ1；同时电磁铁 5YA 断电使换向阀 9 复至中位，工作台处于停止状态和稳定的锁紧状态。当程序收到 SQ1 发出的信号后，控制工件转动，磨削圆刃及后角；磨削完毕后凸轮计数，程序控制电磁铁 1YA 断电使换向阀 6 复至右位，泵 2 的压力油经阀 11、阀 12 进入磨架缸 21 的无杆腔，带动磨架快退、工退，压下行程开关 SQ2；接着程序控制电磁铁 6YA 通电使换向阀 10 切换至左位，锁紧缸 25 松开工作台，压下行程开关 SQ7；程序控制电磁铁 4YA 通电使换向阀 9 切换至左位，泵 2 的压力油经阀 9 进入回转缸 24 的左腔，带动工作台顺时针回转，压下行程开关 SQ6；程序收到 SQ6 发出的信号，控制电磁铁 6YA 断电使换向阀 10 复至右位，锁紧缸 25 锁紧工作台，压下行程开关 SQ2。此时，工件一个主刃，一个圆刃磨削完毕。接着，程序自动控制如前所述磨削下一个主刃及后角、圆刃及后角，直至全部结束。

(5) 松开、下料。当程序收到所有刃磨削结束信号时，电磁铁 2YA 通电使换向阀 7 切换至左位，泵 2 的压力油经阀 7、阀 15 进入定位缸 22 的无杆腔，定位缸 22 上升，人工按钮、下料，至此整个工件磨削完毕。

液压系统的电磁铁动作顺序见表 6-3。

表 6-3 液压系统的电磁铁动作顺序

动 作	信号来源	1YA	2YA	3YA	4YA	5YA	6YA
启动	人工按钮		+	+	+		+
上料	人工		+	+	+		+
工件夹紧	人工按钮		+		+		
定位缸下降	压力继电器						
磨架进给	SQ8、压力继电器、SQ3	+					
主刃磨削	SQ1	+					
磨架后退	凸轮计数						

续表

动 作		信 号 来 源	1YA	2YA	3YA	4YA	5YA	6YA
工作台	松开	SQ2						+
	回转	SQ7					+	+
	锁紧	SQ5					+	
磨架进给		SQ3、压力继电器、SQ8	+					
圆刃磨削		SQ1	+					
磨架后退		凸轮计数						
工作台	松开	SQ2						+
	回转	SQ7				+		+
	锁紧	SQ6				+		
定位缸上升		凸轮计数		+				
工件松开		人工按钮		+	+			
下料		人工		+	+			

3. 技术特点

(1) 液压系统采用定量泵供油的节流调速回路；磨架的快慢速转换通过开有 4 个油口的快跳液压缸实现。

(2) 通过减压阀防止磨架快速和上升定位时的冲击。通过蓄能器防止系统突然失压；通过压力继电器保证足够夹紧力，实现动作互锁。

(3) 在结构上，主机与块式集成的液压站分离，通过管路板式集中连接，排列整齐、拆卸方便、便于运输。减小了油温对主机精度的影响，并便于油箱清理和使用维护。

4. 机床故障诊断与排除方法

机床故障诊断与排除方法见表 6－4。

表 6－4　机床故障诊断与排除方法

故障名称	故 障 原 因	排 除 方 法
压力波动大	(1) 油液内的污物对阀芯的运动形成障碍； (2) 弹簧损坏或变形，致使阀芯移动不灵活； (3) 供油油泵的流量和压力波动使阀不能起到平衡作用； (4) 锥阀变形或局部损伤，致使密合不良； (5) 阀芯或阀体圆度误差大，使阀芯卡住或移动无规律； (6) 阻尼小孔孔径大，阻尼作用不强	(1) 清洗油箱，更换油液，保持油清洁，并拆开压力阀仔细清洗； (2) 更换同规格尺寸的弹簧； (3) 修复供油油泵 4； (4) 更换锥阀或研磨阀座 4； (5) 检查阀芯，阀体孔圆度一般不应超过 0.003 mm； (6) 将原阻尼小孔封闭，重新钻孔相应减小阻尼小孔孔径，一般阻尼小孔为 0.8～1.5 mm

续表一

故障名称	故 障 原 因	排 除 方 法
噪声与振动大	（1）阀芯与阀体孔配合间隙大或圆度超差引起泄漏； （2）弹簧弯曲变形或其自振频率与系统振动频率相同而引起的共振； （3）压力阀的回油管贴近油箱底面，使回油不畅通； （4）液压泵吸油不畅通系统管路被污物阻塞； （5）压力阀锁紧螺母松动	（1）修复阀芯、阀体孔的圆度和间隙； （2）更换弹簧并将弹簧两端磨平，尽量保持垂直； （3）压力阀的回油管应离油箱底面50 mm以上； （4）检查、修复、清洗，保证吸油畅通； （5）调整后要注意锁紧，防止松动
压力上不去	（1）油液不洁，造成阀芯阻尼孔堵；阀芯或阀体磨损； （2）弹簧变形或断裂； （3）阀在开口位置被卡住，使压力无法建立； （4）调压弹簧压缩量不够	（1）清洗主导阀芯阻尼，更换清洁油液，修复阀芯或阀体； （2）更换弹簧； （3）修复被卡表面，使阀芯在阀体孔内移动灵活； （4）重调弹簧
不能起节流作用或调节范围小	（1）节流阀芯和阀孔配合间隙过大，造成泄漏； （2）节流阀芯卡住	（1）查找及修复泄漏部位，零件超差应予更换，并注意结合部位的封油情况； （2）疏通节流孔，保持阀芯移动灵活
运动速度不稳定有时逐渐减慢或者突然增快	（1）油液老化有杂质，时而堵塞节流口； （2）温度随工作时间增长而升高，油黏度相应下降，因而使速度逐步增加； （3）阻尼孔阻塞或系统中有大量空气，出现压力变化和跳动现象	（1）拆卸清洗，调换清洁油液； （2）一般应在液压系统稳定后调节，亦可采取油箱中增加散热器； （3）疏通阻尼，清洗零件，排除系统内空气，可使运动部件快速移动，强迫排出
温升快，油温超过规定值	（1）压力调节不当，压力损失过大，超过实际所需压； （2）泵各连接处的泄漏造成容积损失； （3）油液黏度太大	（1）合理调节系统中的压力阀，在满足正常工作情况下，压力尽可能低； （2）紧固各连接部位，防止泄漏，特别是泵间隙大，应及时修复； （3）使用按机床说明书规定油牌号

续表二

故障名称	故 障 原 因	排除方法
工作台换向精度差	(1) 系统内存在空气； (2) 导轨润滑油过多造成工作台处于飘浮状态； (3) 操纵箱中的换向阀阀芯与孔配合间隙因磨损而过大； (4) 油缸单端泄漏量过大； (5) 油温过高降低油黏度； (6) 控制换向阀的油路压力太低	(1) 排除系统中的空气； (2) 按机床说明书规定，合理调整润滑油油量； (3) 研磨阀孔，单配阀芯(可以喷涂工艺)使其配合间隙在0.008～0.12 mm之内； (4) 检查及修整，消除泄漏过多现象； (5) 控制温升，更换黏度较大的油液； (6) 调整减压阀，适当提高系统压力
工作台不能换向	(1) 从减压阀来的辅助压力油压力太低，不能推动换向阀阀芯移动； (2) 辅助压力油内部泄漏，缺乏推力，换向阀不动作； (3) 换向阀两端节流阀调节不当，使回油阻尼太大或阻塞	(1) 调整减压阀，适当提高辅助压力； (2) 检查及修整，防止内泄漏产生； (3) 适当调节节流阀调节螺钉的开口，减少回油阻尼，清洗节流阀开口的污物
工作台往返速度误差较大	(1) 油缸两端的泄漏不等或单端泄漏过大； (2) 放气阀间隙大，造成漏油； (3) 换向阀没有达到全行程； (4) 节流阀开口处有杂物黏附，影响回油节流的稳定性； (5) 流阀在工作台换向时由于振动和压力冲击使节流开口变化	(1) 调整油缸两端油封后盖，使两端泄漏(少量)均等； (2) 更换阀芯，消除过大间隙； (3) 提高辅助压力，清除污物，使换向阀移动灵活正常到位； (4) 清除杂质，更换油液； (5) 紧固节流螺钉的螺母防止松动
工作台换向时左右两端停留时间不等	(1) 换向节流阀移动不灵活； (2) 单向阀中的钢球与阀座接触不良； (3) 驱动油压过低或压力波动较大	(1) 重新调整，清除污物； (2) 清除污物，更换扁圆钢球，敲击钢球使阀座孔口形成良好接触线，提高密合程度； (3) 调整压力，减少系统中压力波动
工作台换向冲击大	(1) 换向阀移动太快； (2) 油缸存在空气； (3) 节流缓冲失灵，单向阀密封不严或其他处泄漏； (4) 工作压力过高； (5) 溢流阀存在故障，使压力突然升高	(1) 驱动压力油过高时调低些，盖板上调节螺钉如松出应拧入； (2) 通过排气装置排出，工作台全行程往复数次排出空气； (3) 清除污物，更换扁圆钢球，敲击钢球使阀座孔口形成良好接触线，提高密合程度； (4) 按机床说明书规定调整至压力规定值； (5) 消除故障，保持压力稳定

6-2　压力成型机床液压系统

一、塑胶射出成型机液压系统

1. 主机的功能结构

塑胶射出成型机采用全液压系统，其工作程序和一般塑胶成型机及泵相同。该成型机的主机结构如图6-5所示，主要由合模部件、后模板、动模板、拉杆、前模板、料筒螺杆装置、加料装置、注射油缸及注射座移动油缸构成的组件、预塑油马达、床身、模具等组成。主机特点如下：

(1) 采用螺杆预塑，适用于各种热塑性塑料制品的成型加工，塑化能力强，注射速度高，料筒采用电阻加热圈加热，加热迅速，温度稳定均匀。

(2) 采用五支点双联杆锁模机构(液压双曲肘机构)，工作可靠。

(3) 安全门采用电器机械(液压)双保险装置，安全门打开时不会闭模，操作安全。

(4) 采用电脑控制，电液比例传动，并设有自动报警装置，自动化程度高。

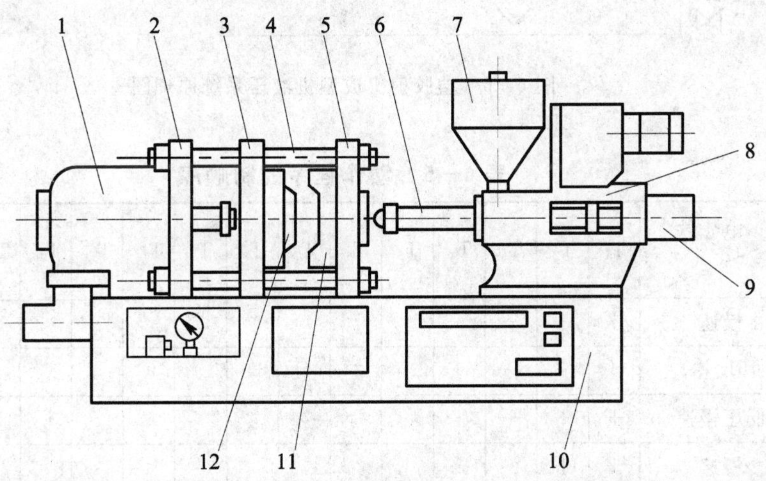

1—合模部件；2—后模板；3—动模板；4—拉杆；5—前模板；6—料筒螺杆装置；7—加料装置；8—注射油缸及注射座移动油缸构成的组件；9—预塑油马达；10—床身；11、12—模具

图6-5　塑胶射出成型机组成

2. 塑胶射出成型机液压系统及工作原理

图6-6所示为HD250型塑胶射出成型机液压系统原理图，本机的动作程序控制可以是手动、半自动及全自动三种。手动操作的动作程序见表6-5。

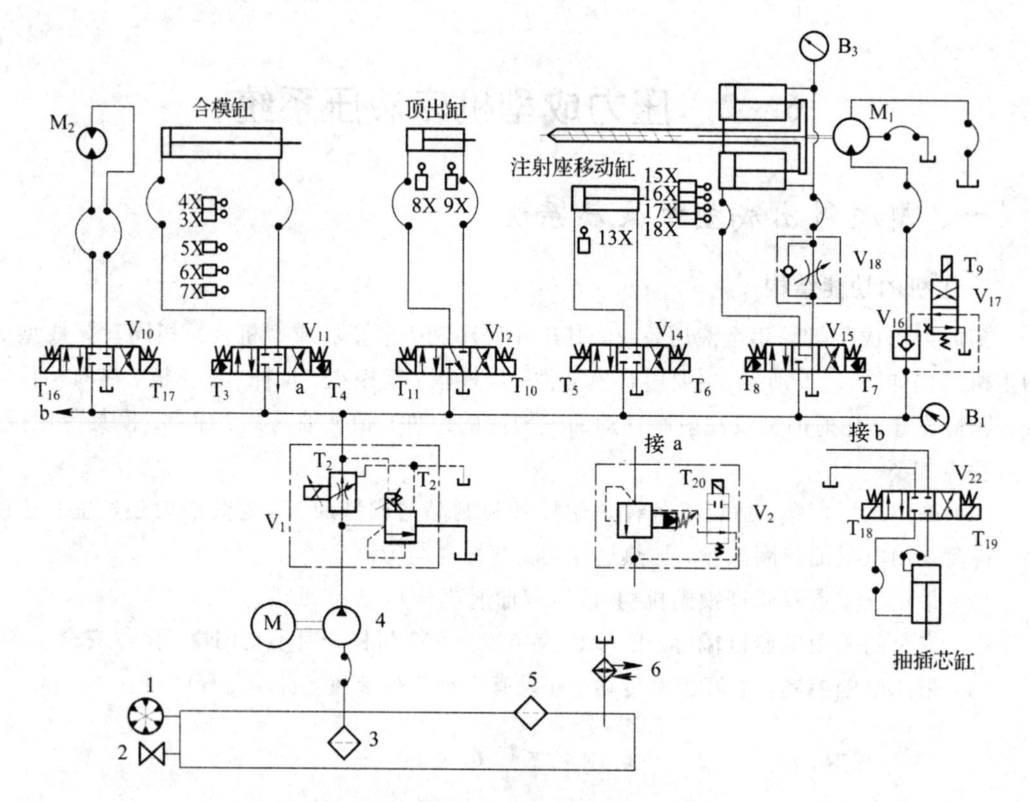

图 6-6 塑胶射出成型机液压系统原理图

表 6-5 动作程序控制顺序

动作＼电磁铁		T_1	T_2	T_3	T_4	T_5	T_6	T_7	T_8	T_9	T_{10}	T_{11}	T_{16}	T_{17}	T_{18}	T_{19}	T_{20}
合模	慢速	+	+	+													
	快速	+	+	+													
	低压慢速	+	+	+													
开模	慢速	+	+		+												+
	快速	+	+		+												
	缓冲减速	+	+		+												+
注射座前进		+	+				+										
注射座后退		+	+			+											
注射	Ⅰ级	+	+					+									
	Ⅱ级	+	+					+									
保压		+	+					+									
预塑		+	+							+							

续表

电磁铁 动作	T_1	T_2	T_3	T_4	T_5	T_6	T_7	T_8	T_9	T_{10}	T_{11}	T_{16}	T_{17}	T_{18}	T_{19}	T_{20}
顶出	+	+									+					
顶退	+	+								+						
抽芯															+	
插芯																+
防流涎									+							
调模大													+			
调模小														+		

注：＋表示电磁铁通电；空框表示电磁铁断电。

手动操作方式：作为注塑机调整和试生产用，通过手动操作上述程序，可调节注塑机上所有行程开关位置，以便能进入半自动和全自动操作。

半自动操作方式：是在预先调整好各行程开关的位置的基础上，预先选择好指令开关和时间继电器，并在此基础上，将选择开关置于半自动位置上，然后合上安全门，则注塑机便按上述程序自动完成一个动作循环，打开安全门，取出制品，重新合上安全门，随即又进行下一个动作循环。

全自动操作方式：在闭模结束后，将动作选择开关转至全自动位置，即开始全自动循环，待一个动作循环结束，由光电开关(电眼)检测产品，并自动接通闭模(不需要再拉开安全门)，便转入下一个动作循环。

(1) 插芯。合上安全门，压下行程开关，电磁铁 T_{19} 通电，泵来压力油(压力、流量由比例压力流量阀 V_1 调节，压力流量的大小由输入比例电磁铁 T_1 与 T_2 的电流大小控制)经 b 阀 V_{22} 右位进入插芯油缸上腔，推动活塞下行，进行插芯动作，插芯油缸下腔回油经阀 V_{22} 右位流回油箱。

(2) 闭模。当电磁铁 T_3 通电，由泵经比例压力流量阀 V_1 调节压力和流量大小的压力油经阀 V_{11} 左位进入合模缸左腔，推动活塞右行，进行合模动作；合模缸右腔回油经阀 V_{11} 左位、阀 V_2 流回油箱。

在合模过程中，行程开关 5X 压下，合模开始时为低压低速闭模，低压压力面板上的低压电位器调定压力，使合模动作启动较平稳；待启动约 0.5 秒后自动转至快速(压力稍高)合模；当行程开关 5X、3X 均压下为高压低速锁模，4X 为闭模停止行程开关。总之，合模过程中需要合模速度和合模压力的变化，即低压低速合模→快速合模→高压低速锁模，整个压力转换由电脑控制，具体为按程序改变输入到比例压力流量阀 V_1 的两个比例电磁铁 T_1 和 T_2 的电流大小，使输入合模缸的压力和流量发生变化，以适应低压或高压、慢速或高速合模的要求(下述动作也相同，不再说明)。

(3) 注射座(喷嘴)前进。当闭锁压下行程开关4X，闭模停止，使电磁铁T_6通电，转入注射座前进动作。

此时，泵来的压力油经阀V_{14}右位进入注射座进退油缸右腔，活塞左行，使注射座前进；而注射座油缸左腔回油经阀V_{14}右位流回油箱。

(4) 注射。当注射座前进触动行程开关13X，电磁铁T_7通电，阀V_{15}右位工作，泵来的压力油经阀V_{15}右位、单向节流阀V_{18}进入注射缸右腔(两个同步缸)，推动活塞左行，使螺杆快速前进，进行注射动作；注射缸左腔回油经阀V_{15}右位流回油箱。

注射速度根据工艺条件、模具成型结构及制品的质量要求一般采用两种控制方式:其一为慢→快，用于厚壁制品的成型；其二为快→慢，用于薄壁制品的成型，这种方式利于模具的排气。也有为全快速的，速度转换位置根据行程开关14X的安装位置而定，压下行程开关14X为慢速(速度大小由Ⅱ级注射调压电位器选定)，不压下为快速。如果将14X中途压下，为快速注射→慢速注射；如果一开始注射就压下14X，后放开则是慢速注射→快速注射；如果将14X拉到最左边，注射全程中行程开关14X都不被压下，就成为全程快速。

在注射过程中，也有两种压力控制，实现所谓Ⅱ级压力注射，Ⅰ级压力注射时系统压力由电位器控制；当Ⅱ级压力注射时其系统压力由Ⅱ级压力电位器控制，待行程开关16X压下进入下一动作——保压；待时间继电器计时到，整个注射动作结束。

(5) 保压。保压动作液压系统工作情况同上。

(6) 预塑。保压时间继电器计时结束，发出信号使电磁铁T_9通电，T_7断电，阀V_{15}处于中位，阀V_{17}上位工作，液控单向阀V_{16}打开，压力油进入油马达M，使其旋转，油马达M_1再带动注塑螺杆旋转，借助螺杆的旋转运动使熔融物料沿其螺旋槽不断输送填充至螺杆前(左)端，直至满足设定的量。由于熔融物料的反作用力，在这一过程中螺杆除了旋转运动外，还有一个沿轴线后退的直线运动，也就使注射缸活塞(因二者固联为一体)向右后退，注射缸左腔会形成局部真空而通过阀V_{15}中位从油箱吸油，注射缸右腔回油可通过调节阀V_{18}而调节预塑背压的大小，从而对预塑速度进行控制，以保证制品的致密程度和生产出合格产品，避免填充不满现象。预塑压力由预塑电位器调节。

(7) 防流涎。预塑结束，压下行程开关17X，电磁铁T_8通电，阀V_{15}左位工作，压力油经阀V_{15}进入注射缸左腔，推动螺杆右行，以防止喷嘴端部熔融物料流涎；注射缸右腔回油经阀V_{15}左位流回油箱。

(8) 注射座后退。电磁铁T_6断电，T_5通电，阀V_{14}左位工作，压力油进入注射座进退油缸左腔，推动活塞右行，带动整个注射座退回(向右)；注射座进退油缸右腔回油经阀V_{14}左位流回油箱。

整体后退动作停止由电脑内部计时器决定，生产厂出厂时一般已将此时间调定好，即已调好后退到底的时间。

(9) 开模(启模)。当注射座后退到底，电脑内计时器发出信号，电磁铁T_5断电，阀V_{14}处于中位；同时电磁铁T_3断电，T_4通电，阀V_{11}右位工作，泵来的压力油经阀V_{11}右位进入合模缸右腔，推动活塞左行，实现开模动作；合模缸左腔回油经阀V_{11}右位、阀V_2流回油箱。

在整个开模过程中，要求启模速度有慢→快→慢→停止的变化。开始启模时，系统为高压慢速，既保证有足够的开模力，又为了安全；在模具打开一点后，行程开关 4X 释放复位，系统自动转至高速低压启模，待启模到压下行程开关 6X 时，电磁铁 T_{20} 通电，电磁溢流阀 V_2 中的电磁阀(常开式)处于上位，使上述合模缸左腔的回油要受到电磁溢流阀 V_2 所调的背压的阻力才能流回油箱，因而合模缸启模因回油受阻而产生缓冲作用，使启模时缓冲减速，直至停下来。

(10) 顶出。当电磁铁 T_{11} 通电，阀 V_{12} 左位工作，压力油经阀 V_{12} 进入顶出油缸左腔，推动活塞右行，产生顶出动作(顶出制品)；顶出油缸右腔回油经阀 V_{12} 左位流回油箱。

(11) 顶退。当顶出制件到位，压下行程开关 8X，电磁铁 T_{11} 断电，T_{10} 通电，阀 V_{12} 右位工作，压力油经阀 V_{12} 右位进入顶出缸右腔，推动顶出缸活塞左行，实现"顶退"动作；顶出缸左腔回油经阀 V_{12} 右位流回油箱。

(12) 抽芯。当顶出缸退回到底，压下行程开关 7X，电磁铁 T_{10} 断电，阀 V_{12} 回复中位；同时电磁铁 T_{19} 断电，T_{18} 通电，阀 V_{22} 左位工作，压力油进入抽芯油缸下腔，推动抽芯油缸活塞上移，进行抽芯动作；抽芯油缸上腔回油经阀 V_{22} 左位流回油箱。

3. 技术特点

1) 泵源部分

由定量叶片泵 4 和比例压力流量阀(P/Q 阀) V_1 组成，构成了定量泵节能供油系统，使开、合模、射胶、预塑等一系列动作仅靠一只阀，便可通过数码开关方便地设定和调节各自系统泵的工作压力和不同的流量(速度)。这种泵源系统泵的工作压力能跟踪负载压力，仅比负载压力高 0.6 MPa。

2) 控制部分

控制部分的各控制阀集中安放在两块阀安装板上(如图 6－7 与图 6－8 所示)，其中锁模、顶出、调模用的电磁阀 V_{10}、V_{12}，电液阀 V_{11}，以及控制缓冲用的电磁溢流阀 V_2 安装在一块安装板上；注射、预塑、座进用的电液阀 V_{15}，电磁阀 V_{17}、V_{14}，液控单向阀 V_{16}，单向节流阀 V_{18}，以及控制叶片泵压力的(P/Q 阀) V_1，集中安装在另一安装板上。各控制阀的作用如下：

比例压力流量阀 V_1 控制系统压力和系统流量；三位四通电液比例阀 V_{11} 控制开合模，并通过电磁溢流阀 V_2 的配合能实现开模时的缓冲减速(背压)控制；电液阀 V_{15} 控制注塑和防流涎；单向节流阀 V_{18} 用以调节预塑背压；三位四通电磁阀 V_{14} 用以控制塑料制品的"顶出"和"顶回"；电磁阀 V_{22} 用以控制抽插芯；二位四通电磁阀(作两位三通用) V_{17} 用以控制液控单向阀 V_{16} 的"通"或"断"，以实现对预塑油马达 M_1 的回转或停转控制；三位四通电磁阀 V_{10} 用以控制调模油马达 M_2 的正反转或停止转动，以实现对模具的调节。另外，压力表 B_1 可显示系统压力，压力表 B_2 显示预背压塑压力；空气滤清器 5 和滤油器 3 是为防止外界灰尘进入油箱和防止污物进入液压系统内部产生液压故障而设置的；油冷却器 6 为降低系统和油箱内油温而设；油位镜 1 用以观察和显示油箱油面高度。

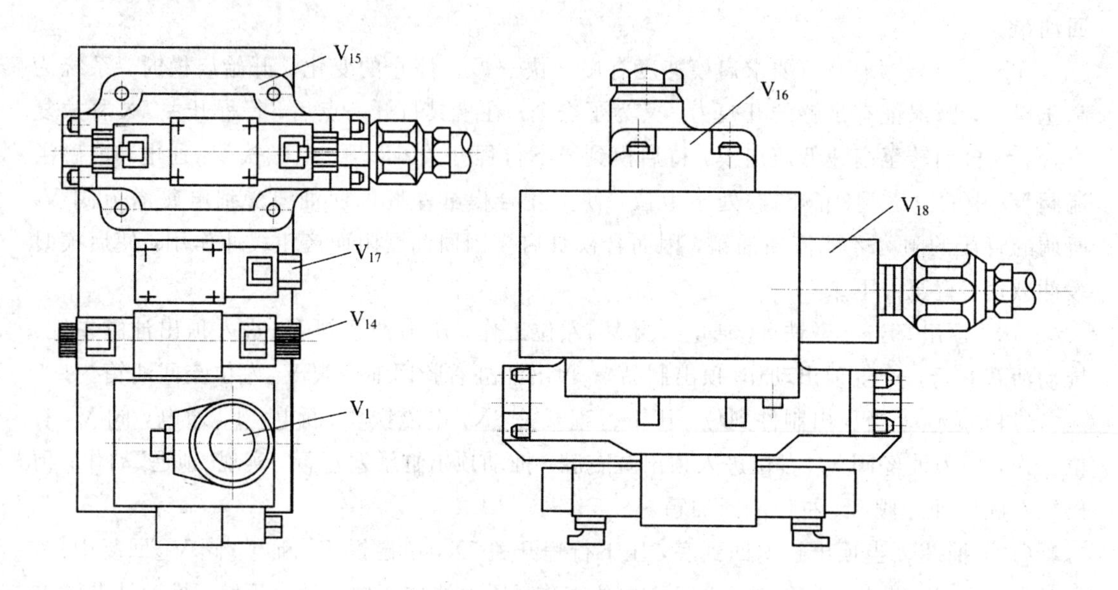

图 6-7　控制阀安装板 1

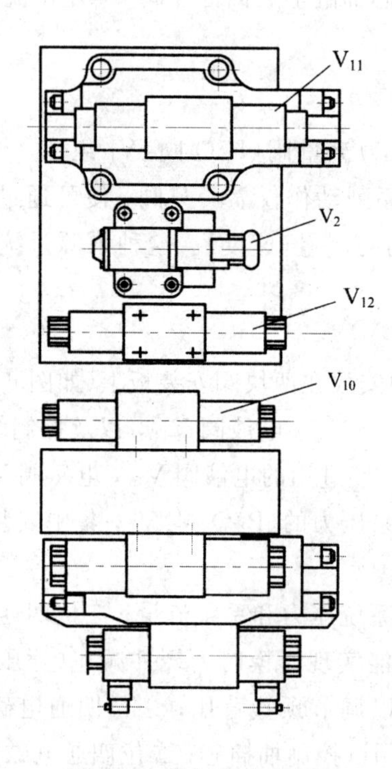

图 6-8　控制阀安装板 2

4. 塑胶射出成型机故障诊断与排除方法

塑胶射出成型机故障诊断与排除方法见表 6-6。

表 6－6　塑胶射出成型机故障诊断与排除方法

故障名称	故障原因	排除方法
油泵及油马达引起噪音	(1) 滤油器阻塞； (2) 油泵进油时吸入空气； (3) 油液黏度太高； (4) 油温太低； (5) 油箱中油液不足； (6) 叶片泵的叶片被卡死，转子断裂或柱塞泵的柱塞被卡死； (7) 油泵内部零件磨损，使得径向或轴向间隙太大； (8) 油泵轴承损坏； (9) 油泵与电机联轴节不同心； (10) 安装油泵及电机的底板振动太大	(1) 拆卸清洗，去除污物； (2) 检查进油管路及各个密封部位，排除漏气； (3) 更换黏度较低的油液； (4) 开空机运转，使油温升到 30 度以上； (5) 加油至油标线； (6) 拆卸检修，更换零件； (7) 研磨修复； (8) 更换新的轴承； (9) 调整同心度，减少误差； (10) 增设缓冲垫，并提高刚性
溢流阀引起噪音	(1) 阀芯与阀体孔门间隙太大或椭圆度太大； (2) 弹簧扭曲变形或引起共振； (3) 油液内的杂质将阀孔阻塞； (4) 阀孔拉毛或异物影响阀芯在孔内移动的灵活性； (5) 先导阀的电磁铁接触不良，电压或吸力不足	(1) 研磨阀孔，更换阀芯或换用新阀； (2) 更换弹簧； (3) 拆卸清洗； (4) 清除毛刺及异物； (5) 修整动、定铁芯的接触面
其他因素引起的噪音	(1) 油箱壁振动太大； (2) 箱太小或没有挡板，使油液乳化严重，产生系统振动	(1) 应在油箱、油泵及电机底部增加橡胶垫； (2) 重新改装或加大油箱
开模或合模无快速	(1) 设定的通入比例电磁铁电流过小； (2) 节流阀芯卡死在小开度位置； (3) 合模缸本身的内泄漏量大	(1) 可重新设定电流调节； (2) 拆卸检修，更换阀； (3) 更换合模缸活塞密封圈
注塑机不动作	(1) 电磁铁没通电、损坏或卡死； (2) 注射座进退油缸活塞因污物卡死； (3) 活塞压紧在活塞杆上的锁紧螺母松脱； (4) 大、小泵不增压； (5) 换向阀卡死； (6) 先导阀顶杆磨损； (7) 电磁铁动作控制回路失灵； (8) 合模动作没有与联锁行程阀(凸轮阀)联动	(1) 检查电路，更换电磁线圈并清除异物； (2) 拆卸清洗，去除污物； (3) 拧紧螺母； (4) 检修相关元件； (5) 应拆卸清洗； (6) 应更换阀杆； (7) 检修相应线路的中间继电器线圈、触点、按钮、保险丝及行程开关等； (8) 检查行程阀是否松动变位

续表一

故障名称	故 障 原 因	排 除 方 法
注射时速度不快	(1) 比例电磁铁的控制电流太小； (2) 节流阀芯因污物卡死在小开度的位置； (3) 叶片泵内部零件磨损，内泄漏增大； (4) 电机转速下降严重； (5) 控制大泵的溢流阀失灵	(1) 重新设定输入比例电磁铁的电流值； (2) 拆卸清洗； (3) 拆修泵或更换泵； (4) 检查无缺相运转或电机绕组匝间短路； (5) 检查先导阀和主阀的阀芯是否被卡住及先导阀电磁阀是否失灵
注射时注射压力不够	(1) 溢流阀调整螺钉松弛； (2) 先导阀阀芯卡住或拉毛； (3) 有黏性物及杂质附着在溢流阀座面上； (4) 控制回路漏油； (5) 油缸等执行元件漏油或渗油，使主油路与回油路接通； (6) 先导阀电磁铁损坏或线圈断路	(1) 应重新调整和锁紧； (2) 修复或更换； (3) 清除黏性物及杂质； (4) 修复或更换； (5) 修理执行元件，更换密封圈； (6) 修复或更换
塑化能力下降，预塑不良	(1) 行程开关的调节位置不当； (2) 料斗内缺料，或料斗加料口开口不够； (3) 阀修理更换时，型号选错、阀芯装错； (4) 电液换向阀阀芯两端弹簧折断或漏装； (5) 加料口处冷却水不足； (6) 螺杆内有异物卡死； (7) 马达的配油轴卡死； (8) 马达严重内泄漏； (9) 预塑压力过低； (10) 调节背压用的单向节流阀开度调得太小	(1) 重新调节； (2) 料斗内加满料，适当增大加料口开度； (3) 更换阀； (4) 更换或安装弹簧； (5) 调整进水量，取出黏结的塑料块； (6) 拆卸检查； (7) 拆修马达； (8) 修复油马达； (9) 重新设定压力； (10) 调节开口度
不能调模或调模困难	(1) 不能调模或调模困难； (2) 后模板拉杆螺母因有杂质或缺润滑油脂卡死； (3) 调模电磁阀的电磁铁或不能通电，或阀芯卡死； (4) 调模液压马达损坏或严重内泄漏	(1) 检查接口板中调模压力，设定电位器正确调定； (2) 可清洗拉杆螺母，修理和安装时要注意四个螺母的轴向间隙； (3) 检查并予以排除； (4) 查明原因，修理油马达或者更换

续表二

故障名称	故 障 原 因	排 除 方 法
注塑机工作温度太高	(1) 油泵压力过高； (2) 冷却器冷却效果降低； (3) 系统内各元件存在严重内泄漏； (4) 油箱内油量不足； (5) 油泵各元件连接处漏油	(1) 可重新设定通入比例电磁铁的电流值； (2) 油冷却器进行清洗； (3) 检查各元件的泄漏； (4) 加足液压油； (5) 应严格防止紧固部分渗漏，并消除渗漏间隙
液压系统油路渗漏严重	(1) 机械加工太粗糙； (2) 密封件或油压元件变形； (3) 油温太高	(1) 提高加工和装配质量，合理控制配合间隙； (2) 合理选用油液和密封圈，端盖、油管及油缸等元件应设计足够强度； (3) 合理控制油液温度
注塑机动作反应慢或动作完成后有爬行	(1) 电磁阀、电液阀的先导阀或主阀被脏物阻滞或拉毛； (2) 电磁阀阀芯短，动作不到位； (3) 电磁铁剩磁过大，影响运动； (4) 电液阀的主阀弹簧扭曲或折断	(1) 在修磨毛刺时清洗阀芯和阀座； (2) 更换顶杆，使阀芯运动到位； (3) 修磨电磁芯，使之减短形成磁隙，减小剩磁影响； (4) 应更换弹簧

二、液压机液压系统

1. 主机功能结构

液压机是锻压、冲压、冷挤、校直、弯曲、粉末冶金、成型等工艺中广泛应用的压力加工机械，是最早应用液压传动的机械之一。不同吨位液压机液压系统的工艺要求基本相同。下面以四柱万能液压机为例进行故障判断分析。液压机基本结构由充液筒、上横梁、上液压缸、上滑块、立柱、下滑块、下液压缸、电气操纵箱和动力机等组成，如图 6-9 所示。液压机要求液压系统完成的主要动作是：主滑块的快速下行、慢速加压、保压、泄压、快速回程及在任意点停止，顶出缸活塞的顶出、退回等。在作薄板拉伸时，有时还需用顶出缸将坯料压紧。液压机液压系统是一种以压力变换为主的中、高压系统，且流量大，为此要特别注意原动机的功率利用和系统的安全可靠。

2. YA32—200 型四柱万能液压机液压系统及工作原理

图 6-10 所示是该机液压系统原理图。系统中有两个泵，主泵 1 是一个高压、大流量恒功率(压力补偿)变量泵，最高工作压力为 32 MPa，由远程调压阀 5 调定；泵 2 是一个低压、小流量的定量泵，主要用以供给电液阀的控制油液，其压力由溢流阀 3 调整。

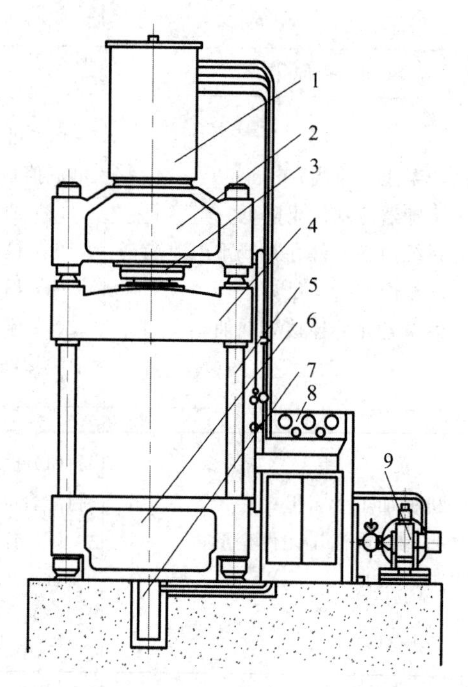

1—充液筒；2—上横梁；3—上液压缸；4—上滑块；5—立柱；6—下滑块；7—下液压缸；8—电气操纵箱；9—动力机

图 6-9　液压机外形图

1）主缸运动

（1）快速下行：按下启动按钮，电磁铁 1DT、5DT 通电吸合，低压控制油使电液阀 6 切换至右位，同时经阀 8 使液控单向阀 9 打开；泵 1 供油经阀 6 右位、单向阀 13 至主缸 16 上腔，主缸下腔经液控单向阀 9、阀 6 右位、阀 21 中位回油。实际上，此时主缸滑块 22 在自重作用下快速下降，泵 1 全部流量不足以补充主缸上腔空出的容积，上腔形成局部真空，置于液压缸顶部的充液箱 15 内的油液在大气压及油位作用下，经液控单向阀 14（充液阀）进入主缸上腔。

（2）慢速加压：当主缸滑块 22 上的挡铁 23 压下行程开关 XK_2 时，电磁铁 5DT 断电，阀 8 处于常态位，阀 9 关闭；主缸回油经背压（平衡）阀 10、阀 6 右位、阀 21 中位至油箱。由于回油路上有背压力，滑块单靠自重就不能下降，由泵 1 供给的压力油使之下行，速度减慢。这时，主缸上腔压力升高，充液阀 14 关闭，压力油推动活塞使滑块慢速接近工近，当主缸活塞的滑块抵住工件后，阻力急剧增加，上腔油压进一步提高，变量泵 1 的排油量自动减小，主缸活塞的速度变得更慢，以极慢的速度对工件加压。

（3）保压：当主缸上腔油压达到预定值时，压力继电器 12 发出信号，使电磁铁 1DT 断电，阀 6 回复中位，封闭主缸上、下油腔；同时泵 1 流量经阀 6、阀 21 中位卸荷；单向阀 13 保证主缸上腔良好的密封性，使其保持高压。保压时间由压力继电器 12 控制的时间继电器调整。

（4）泄压、快速回程：保压过程结束，时间继电器 12 发出信号，使电磁铁 2DT 通电（当定程压制成型时，可由行程开关 XK_3 发信号），主缸处于回程状态。但由于液压机油压高，而主缸的直径大，行程长，缸内液体在加压过程中受到压缩而储存相当大的能量。

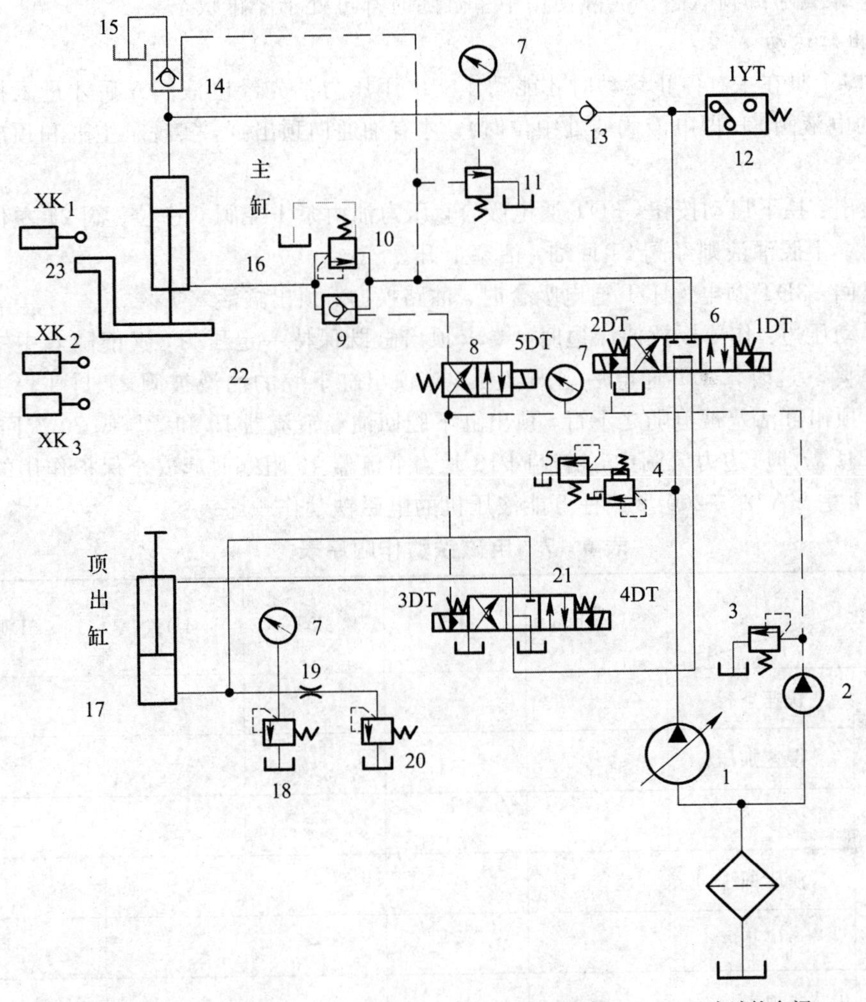

1—恒功率变量泵；2—定量泵；3、4—溢流阀；5—远程调压阀；6、21—电液换向阀；7—压力表；8—电磁阀；9—液控单向阀；10—顺序阀；11—卸荷阀(带阻尼孔)；12—压力继电器；13—单向阀；14—充气阀(带卸荷阀芯)；15—充夜箱；16—主缸；17—顶出缸；18—溢流阀；19—节流器；20—背压阀；22—滑块；23—挡块

图 6-10 YA32—200 液压机液压系统的工作原理图

如果此时上腔立即与回油相通，则系统内液体积蓄的弹性能突然释放出来，产生液压冲击，造成机器和管路剧烈振动，发出很大噪声。为此，保压后必须先泄压然后再回程。

当电液阀 6 切换至左位后，主缸上腔还未泄压，压力很高，卸荷阀 11(带阻尼孔)呈开启状态，主泵 1 的供油经阀 11 中的阻尼孔回油。这时，主泵 1 在较低压力下运转，此压力不足以使主缸活塞回程，但能够打开液控单向阀 14 中的卸荷阀芯，主缸上腔的高压油经此卸荷阀芯的开口而泄回充液箱 15，这是泄压过程。这一过程持续到主缸上腔压力降低，卸荷阀 11 关闭为止。此时主泵 1 经卸荷阀 11 的循环通路被切断，油压升高并推开液控单向阀 14 中的主阀芯，主缸开始快速回程。

(5) 停止：当主缸滑块上的挡铁 23 压下行程开关 XK_1 时，电磁铁 2DT 断电，主缸被中位为 M 型机能的阀 6 锁紧，主缸活塞停止运动，回程结束。此时，泵 1 油液经阀 6、阀 21 回油箱，泵处于卸荷状态。实际使用中主缸随时都可处于停止状态。

2）顶出缸运动

顶出缸 17 只在主缸停止运动时才能动作。由于压力油先经电液阀 6 后才进入控制顶出缸运动的电液阀 21(即电液阀 6 处中位时)，才有油通向顶出缸，实现了主缸和顶出缸运动互锁。

(1) 顶出：控下启动按钮，3DT 通电吸合，压力油由泵 1 经阀 6 中位、阀 21 左位进入顶出缸下腔，上腔油液则经阀 21 回油，活塞上升。

(2) 退回：3DT 断电，4DT 通电吸合时，油路换向，顶出缸活塞下降。

(3) 浮动压边：作薄板拉伸压边时，要求顶出缸既保持一定压力，又能随着主缸滑块的下压而下降。这时，3DT 通电后立即又断电，顶出缸下腔的油液被阀 21 封住。主缸滑块下压时，顶出缸活塞被迫随之下行，顶出缸下腔回油经节流器 19 和背压阀 20 流回油箱，从而建立起所需的压边力。图中，溢流阀 18 是当节流器 19 阻塞时起安全保护作用的。

表 6-7 是 YA32—200 型四柱万能液压机的电磁铁动作顺序表。

表 6-7　电磁铁动作顺序表

动作 \ 元件		1DT	2DT	3DT	4DT	5DT
主缸	快速下行	+	−	−	−	−
	慢速加压	+	−	−	−	−
	保压	−	−	−	−	−
	泄压回程	−	+	−	−	−
	停止	−	−	−	−	−
顶出缸	顶出	−	−	+	−	−
	退回	−	−	−	+	−
	压边	+	−	(±)	−	−

3. 技术特点

(1) 系统采用高压、大流量恒功率变量泵，供油可节省能量。

(2) 采用的快速运动回路结构简单，使用元件少。

(3) 系统采用单向阀 13 进行保压。为了减少由保压转换为快速回程时的液压冲击，采用了由卸荷阀 11 和带卸载小阀芯的液控单向阀 14 组成的泄压回路。

(4) 顶出缸 17 与主缸 16 运动互锁。

4. YA32—200 型四柱万能液压机常见故障及排除方法

YA32—200 型四柱万能液压机常见故障及排除方法见表 6-8。

表 6-8　YA32—200 型液压机常见故障及排出方法

故障现象	产生原因	排除方法
无动作	(1) 电器接线故障； (2) 油箱中油量不足； (3) 控制油压不够； (4) 滤油管堵塞	(1) 检查电气线路，有无接错或接头不良； (2) 检查油面高度，补充油量至规定值； (3) 适当提高其控制油压（约 2 MPa）； (4) 检查，清洗
活动横梁运动中有抖动爬行现象	(1) 管路内积存有空气或液压泵吸进空气； (2) 精度调整不当或立柱缺润滑油	(1) 吸油管是否进气，然后快速上下运行数次，加压排气； (2) 上注油，并重新检查，调整精度
活动横梁慢快下行带压	支撑压力过大	调整顺序阀使上缸不带压
停车后活动横梁下溜(下沉)现象	(1) 缸口密封圈有渗漏； (2) 可控单向阀阀口接触不良，密封不严； (3) 顺序阀压力调整过低或阀口不严	(1) 观察缸口处是否漏油，必要时更换密封圈； (2) 检查有无污垢或划伤，并进行配研； (3) 重新调整压力，并检查阀口
高压行程速度不够，上压慢	(1) 高压液压泵流量调整过小； (2) 液压泵磨损或烧伤； (3) 系统内泄漏严重	(1) 重新调整恒功率变量泵； (2) 检查、修复或更换； (3) 检查充液阀是否关闭，各有关部分密封是否损坏
主缸泄压振动较大	卸荷阀 11 或充液阀 14 有故障	进行检修或更换
保压时压力降过大	(1) 与保压有关的阀口不严或管路渗漏； (2) 液压缸的缸口及内部有泄漏	(1) 检查充气阀 24，单向阀 23 等密封圈，必要时更换； (2) 检查密封圈损坏情况，必要时更换
压力表指针摆动较大	(1) 压力表油路内存有空气； (2) 管路机械振动较大； (3) 压力表故障	(1) 上压时略拧松管接头放气，并调整压力表； (2) 将管路卡牢； (3) 检验或更换

6-3　工程车辆液压传动系统

一、汽车起重机液压系统

1. 主机功能结构

汽车起重机是最为通用的一种机动行走式起重设备，特别是采用液压技术后，更具有机动灵活、起重量大的特点。现以 Q_2—8 型汽车起重机为例，说明汽车起重机液压系统的工作原理和常见故障的分析。

Q_2—8 型汽车起重机是一种中小型起重机，最大起重量为 80 kN，最大起重高度为 11.5 m，起重机可连续回转。

图 6 - 11 为 Q_2—8 型汽车起重机的结构示意图。从图可知，该起重机主要由汽车、转台、支腿、吊臂变幅液压缸、基本臂、伸缩臂、起升机构等组成。

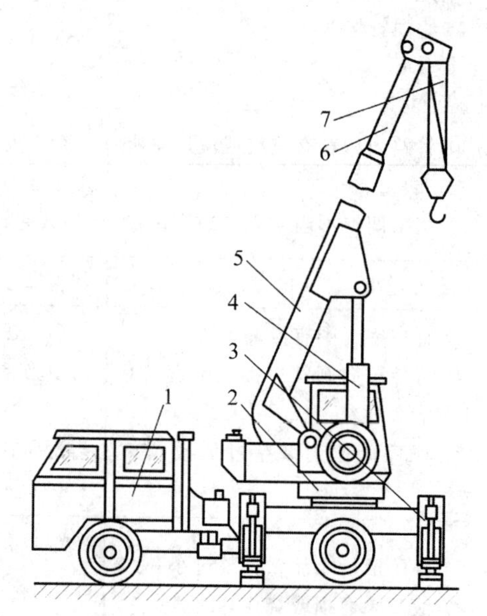

1—汽车；2—转台；3—支腿；4—吊臂变幅液压缸；5—基本臂；6—伸缩臂；7—起升机构

图 6 - 11　汽车起重机结构示意图

2. Q_2—8 型起重机液压系统及工作原理

1）支腿收放回路

图 6 - 12 所示为液压系统图。支腿是在起重机吊重作业时，下放到地面(平时抬起)支承整车的自重及其产生的力矩，防止车倾覆。

稳定器液压缸 8 的作用是下放后支腿前，先将原来被车重压缩的后桥板簧锁住，盘腿升起时车轮与地面不再接触，起重作业时支腿升起的高度较小，使整车的重心较低，保持良好的稳定性。因此，就要求起重作业之前先放后支腿，后放前支腿；作业结束前先收前支腿，再收后支腿。

前后各有两条支腿，每条支腿有一个液压缸。两条前支腿用一个三位四通手动换向阀②控制其收放；两条后支腿用另一个三位四通手动换向阀③控制。换向阀都采用 M 型中位机能，油路是串联的。每个液压缸上都配一个双向液压锁 6，以保证其可靠性，防止在起重作业过程中发生“软腿”现象(液压缸上腔油路泄漏引起)或行车过程中液压支腿自行下落(液压缸下腔油路泄漏引起)。

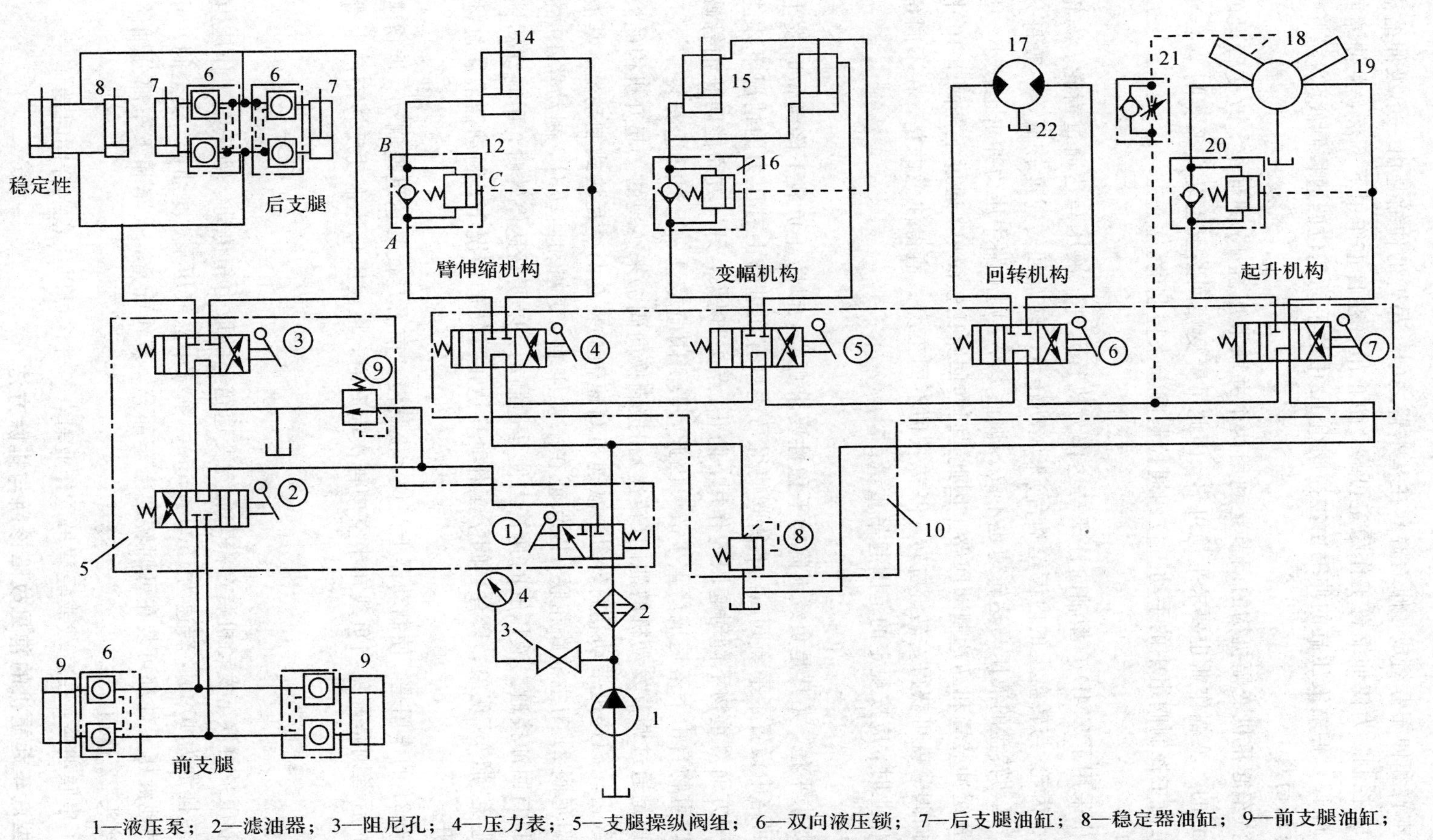

1—液压泵；2—滤油器；3—阻尼孔；4—压力表；5—支腿操纵阀组；6—双向液压锁；7—后支腿油缸；8—稳定器油缸；9—前支腿油缸；
10—上分配阀组；12—伸缩臂平衡阀；14—伸缩臂液压缸；15—变幅液压缸；16—变幅平衡阀；17—回转马达；18—起升马达；
19—起升制动液压缸；20—起升平衡阀；21—单向节流阀

图6-12 Q_2—8型汽车起重机液压系统图

2）吊臂伸缩回路

吊臂由基本臂和伸缩臂组成，伸缩臂套在基本臂之中。吊臂的伸缩是由一单级伸缩液压缸（长 5 m）14 控制，为使伸缩臂工作稳定可靠，防止吊臂在自重作用下下落，在伸缩回路中装有平衡阀 12。伸缩液压缸的伸缩由主控阀组 10 中的手动三位四通控制阀④控制。

3）吊臂变幅回路

Q_2—8 型汽车起重机变幅机构的调节是利用两个并联液压缸 15 的伸缩，改变臂梁的起落角度来达到的。变幅作业也要求平稳可靠，因此吊臂变幅回路上也装有平衡阀 16。变幅液压缸 15 是由主控制阀组中的手动三位四通控制阀⑤来控制的。

4）回转回路

回转机构中采用了 ZMD40 型轴向柱塞马达作为执行元件。液压马达通过齿轮、涡轮减速箱和开式小齿轮（与转盘上的内齿轮啮台）来驱动转盘。转盘回转速度较低，一般每分钟为 1～3 转。驱动转盘的液压马达转速也不高。惯性力小，则油路中压力冲击也较小，所以回路内未设置缓冲装置和马达制动回路。因此，回转回路比较简单，通过主控阀组 10 中的三位四通换向阀⑥就可获得左转、右转、停转三种不同工况。值得注意的是，在不同角度方位上起重作业时，应按规定的范围起吊重量。

5）起升回路

起升时，要求平稳，尤其是负载下降时平稳性要求更高，以防止负载下降到位时发生撞击。为此，回路中设置了平衡阀 ω，平衡阀使得马达只有在进路上有压力的情况下才能旋转。平衡阀一方面对重物下降时起限速作用，防止“点头”现象，另一方面能防止油管破裂和制动失灵时重物自由下落造成严重事故。因此，平衡阀应尽量靠近油马达安装。

起升的调速是通过调节发动机的油门（转速）和控制换向阀⑦来实现的。起升机构的液压马达通过二级齿轮减速机带动卷筒转动，减速机高速轴上装有两个瓦块式制动器，其液压缸通过单向阻尼阀 21 与主油路相联，以保证在吊臂伸缩、变幅和回转时，制动器 19 的液压缸（单作用）与回油接通。液压缸的弹簧力使马达制动，以便马达停转时，用制动器锁住液压马达，避免“溜车”现象；只有当阀⑦工作，马达正反转的情况下，制动器液压缸才将制动瓦块松开。

单向节流阀 21 的作用是，使制动器上闸快，松闸慢。前者是使马达迅速制动，重物速度停止下降；而后者则是避免当负载在半空中再次起升时，将液压马达拖动反转而产生滑降现象。

3. 技术特点

该系统的液压泵由汽车发动机装在汽车底盘变速箱上的取力箱传动。液压泵工作压力为 21 MPa，每转排量为 40 ml，转速为 1500 r/min。系统中除液压泵、滤油器、安全阀、阀组外，油箱和其他液压元件都可装在可回转的上车部分，兼作配重，上车和下车部分油路通过中心回转接头 22 连通。

系统采用了串联油路，在空载或轻载吊重作业时，各机构可以任意组合同时动作。

4. Q_2—8 型汽车起重机的常见故障诊断与排除方法

起重机在吊重作业中出现故障时应进行全面的检查和分析，找出故障的真正原因，采取恰当的方法去消除。常见故障及排除方法见表 6－9。

表 6-9　常见故障及排除方法

故障现象	产生原因	排除方法
油路漏雨(滴油现象)	(1) 管接头松动； (2) 密封件损坏； (3) 管道破裂； (4) 铸件有砂眼	(1) 拧紧接头； (2) 更换密封件； (3) 补焊或更换； (4) 补焊或更换
油压升不起来(达不到规定压力值)	(1) 油箱压力过低或油管堵塞； (2) 溢流阀开启压力过低； (3) 液压泵排量不足； (4) 压力管路与回路管串通或元件泄漏过大； (5) 液压泵损坏或泄漏过大	(1) 加油或检查吸油管； (2) 调整溢流阀； (3) 加大发动机转速； (4) 检修油路，特别注意各个阀、中心回转接头、油电动机处； (5) 检查或更换液压泵
油路噪声严重	(1) 管道内存有空气； (2) 油温太低； (3) 管路及元件没有紧固； (4) 单向阀或溢流阀堵塞； (5) 滤油器堵塞； (6) 油箱油液不足	(1) 多动作几次，以排除元件内部气体，检修液压泵吸油管不得漏气； (2) 低速运转液压泵，将油加温或换油； (3) 紧固； (4) 找出振源进行修复或检修； (5) 清洗或更换； (6) 加油
液压油发热严重(超过 80℃)	(1) 内部泄漏过大； (2) 压力过高； (3) 环境温度过高； (4) 平衡阀失灵； (5) 顺序阀卡死	(1) 检修元件； (2) 调整溢流阀； (3) 停车冷却或对油箱进行适当方法冷却； (4) 检修平衡阀； (5) 检修顺序阀，使其正常工作
支腿收放失灵	(1) 双向液压锁工作不正常； (2) 液压泵输出压力过低； (3) 油管堵塞； (4) 滑槽与滑滚自锁	(1) 检修双向液压锁； (2) 调整溢流阀开启压力至 20.58 MPa(支腿全伸最大只需 15.68 MPa)； (3) 检修油管； (4) 将该支腿下的地面垫平
吊重时支腿自行收缩，支腿收起时定不住	(1) 双向液压锁中的单向阀密封性不好； (2) 支腿液压缸活塞及活塞杆密封件漏油	(1) 检修双向液压锁单向阀； (2) 检修活塞杆上的密封件

续表

故障现象	产生原因	排除方法
吊重停留时重物缓缓下降	制动器制动能力不够	调节制动片，便于制动轮接触面积小于70%；在与弹簧接触的制动片后加垫片；更换摩擦片(此时必须更换齿轮油)
变幅落臂压力过高或振动	(1) 缸筒内有空气； (2) 平衡阀阻尼孔堵死	(1) 空载时多启几次进行补气补油； (2) 清洗平衡阀
上车油门操纵调速不灵	(1) 主动作用缸和作用缸及管路中有空气； (2) 主动作用缸不能正常回位	(1) 从作用缸排除空气； (2) 检查或更换刹车油及密封件
快速操作扭不起作用	(1) 电路出故障； (2) 速度选择阀失灵	(1) 检查电磁阀、接头、电路； (2) 检查或维修速度选择阀
压力表指针不动	(1) 减摆器失灵； (2) 压力表损坏或进油堵死	(1) 检修或更换； (2) 检修或更换
先导阀操纵失灵	(1) 操作系统漏油过大； (2) 顺序阀卡在常通位置或减压阀失灵	(1) 检修操作系统油管； (2) 检修顺序阀或减压阀
起重臂伸缩时压力过高或震动现象(压力值超过规定值)	(1) 平衡阀阻尼堵死； (2) 固定部分和活动部分摩擦过大或有异物堵塞； (3) 润滑不良	(1) 清洗平衡阀； (2) 检修； (3) 涂润滑油
空载油压过高	(1) 整个管路系统有异物堵塞； (2) 高压油器堵塞	(1) 拧开接头排取异物； (2)更换高压油器芯子

二、挖掘机液压传动系统

1. 主机功能结构

挖掘机是目前国内外工程建设施工的主要工程机械机型，据统计，我国70%以上的土石方开挖离不开此类设备，包括有各种类型与功能的挖掘机。一般来说，单斗挖掘机不仅进行土石方的挖掘工作，而且可通过工作装置的更换，用作起重、装载、抓取、打桩、破碎钻孔等多种作业。

单斗液压挖掘机主要由工作装置、回转机构、行走机构和液压传动控制系统四大部分组成。工作装置包括斗杆油缸、动臂、液压管路、动臂油缸、铲斗、斗齿、侧齿、连杆、摇杆、铲斗油缸、斗杆等，如图 6-13 所示。

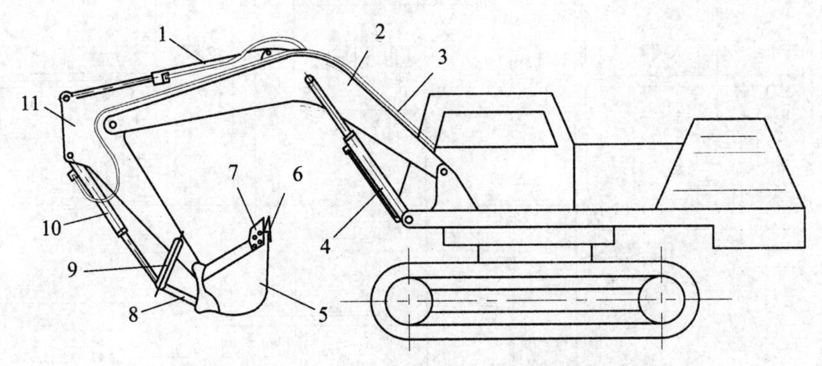

1—斗杆油缸；2—动臂；3—液压管路；4—动臂油缸；5—铲斗；6—斗齿；
7—侧齿；8—连杆；9—摇杆；10—铲斗油缸；11—斗杆

图 6-13　挖掘机结构示意图

2. EX400 型液压挖掘机液压系统及工作原理

图 6-14 所示是日本日立公司生产的 EX400 型全液压挖掘机液压传动系统工作原理。动力装置是一台四冲程六缸水冷带涡轮增压器的 206 kW 额定功率的柴油发动机。挖掘机铲斗容量为 1.82 m^3，整机工作装置包括动臂、斗杆、铲斗、回转及行走机构等部分。因此，整车的液压传动系统也是由各工作装置的液压控制系统所组成。整机液压系统属多泵变量系统。泵组 22 中包含三台液压泵，前后泵为主泵，是恒功率斜轴式轴向柱塞泵，主要用于向各工作装置回路供压力油；中间的是台辅助性齿轮泵，主要用于向各工作装置提供操作控制用液压油。下面分别就各工作装置液压回路进行介绍。

1）*主泵液压调节回路*

由两台主泵供油的两组多路换向阀出口油路端各设有一个固定节流阀 F、G，它的作用是可以调节液压泵在空载时的流量，使之流量减小。当各换向阀处中位不工作时，由于节流阀节流作用，阀前压力增大；此增大的压力油反馈进入变量泵控制调节缸内，推动调节缸移动，使斜轴泵倾斜角变小，从而减少了该泵的输出流量。只有当多路阀内任一换向阀工作时，节流阀前后压差增加不大，不影响或不改变泵斜轴斜倾角，从而使泵输出流量增加，以满足挖掘机各工况的速度要求。

2）*动臂液压回路*

动臂的动作由换向阀 26、46 联合供油，液动换向阀的控制由手动减压阀遥控操纵阀 30 控制，其控制油由辅助泵(齿轮泵)供给；当阀 30 向左操纵时，从辅助泵来的操纵压力油经单向阀 32 到达阀 30 及阀 26 的左端、阀 46 的右端，使阀 26 左位工作，阀 46 右位工作。从前泵来的液压油经换向阀 46 到达 A 点，从后泵来的压力油经换向阀 26 到达 B 点，共同流入动臂的无杆腔，使动臂举升，有杆腔的油分别经阀 26、46 回油箱。同理，当阀 30 向右操纵时，动臂下降。

动臂举升设定压力由过载阀 17 保证，设定压力为 32 MPa；动臂下降设定压力由过载阀 16 保证，设定压力为 30 MPa。

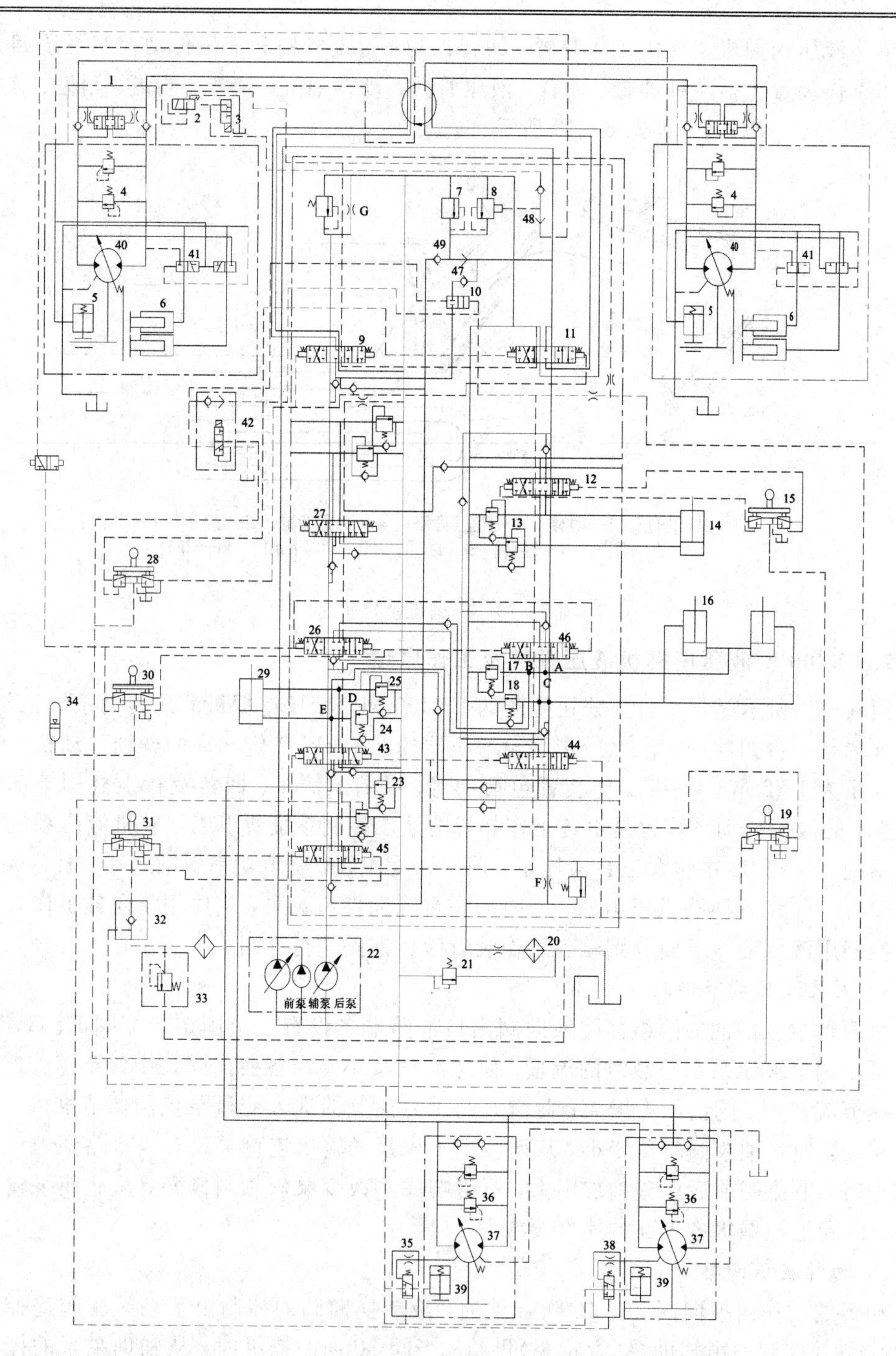

1—平衡阀；2—二位三通液动阀；3—二位三通电磁阀；4、36—过载阀；5—斜轴液压马达制动缸；6—斜轴液压马达转角控制缸；7—高压主安全阀；8—低压主安全阀；9、11、12、26、44、45、46—三位八通液控换向阀；10—液压开关液动阀；13、17、18、23、24、25—过载补油阀；14—铲斗液压缸；15、19、28、30、31—减压阀式远抗操纵阀；16—动臂液压缸；20—油温冷却器；21—背压阀；22—泵组（前泵、后泵、辅助泵）；27—三位九通液控换向阀；29—斗杆缸；32、47—单向阀；33—溢流阀；34—蓄能器；35、38—二位三通液控换向阀；37—回转液压马达；39—制动液压缸；40—斜轴式液压行走马达；41—速度调节阀；42—电液阀；43—液控三位十通换向阀；48、49—梭阀

图 6－14　EX400 型全液压挖掘机液压传动系统工作原理

3）斗杆液压回路

当手动减压阀式远控操纵阀 19 右位工作时，同上原理一样，斗杆换向阀 44 左位、43 右位工作，两主泵压力进油在 E 点处汇合进入斗杠缸 29 的无杆腔，斗杆伸出，有杆腔回油经换向阀回油箱。此工况过压阀 24 设定压力为 32 MPa。

当阀 19 左位工作时，换向阀 44 右位、43 左位工作，两主泵液压进油在 D 点汇合进入斗杆缸的有杆腔，斗杆缩回，无杆腔回油经各自换向阀直接回油箱。此工况过载阀 25 设定压力为 30 MPa。

4）铲斗液压回路

铲斗液压回路由手动减压阀式远控操纵阀 15、液动换向阀 12、铲斗液压缸 14 及前泵等组成。同上工作原理一样，减压阀式远控操纵阀 15 操纵在左、右侧不同位置时，换向阀 12 就在左位、右位不同工作位置，从而使铲斗缸大腔或小腔进压力油，铲斗就进行挖掘或卸料作业。挖掘时过载阀 13 设定压力为 30 MPa。

5）回转液压回路

回转液压回路由手动减压阀式远控操纵阀 31、回转换向阀 45、斜轴式回转液压马达 37、二位三通液动阀 38、制动液压缸 39 及后泵等组成。

当减压阀式远控操纵阀 31 处于左、右侧时，换向阀 45 就在右位或左位工作，从而使液压马达向左、向右转动。液压马达的过载及真空补油由各自回转液压马达回路上的过载阀 36 及单向阀解决。过载压力设定为 24.5 MPa，两个反向单向阀供真空补油用。

当换向阀 15 处于中位时，从辅助泵来的压力控制油流到二位三通液动阀液控端，使二位三通阀处于下位工作，此时从辅助泵来的压力油又进入刹车液压缸 39 的下腔(有杆腔)，压缩刹车液压缸上腔(无杆腔)弹簧，活塞上升，从而带动刹车机构装置抱紧液压马达，实现液压马达刹车停上运转。当换向阀 45 处于左、右位工作位置时，由于二位二通阀无控制液压油，阀处于上位工作，刹车控制缸处于不刹车的放松状态。

6）液压回路

履带行走液压回路由液压泵(前泵、后泵及辅助泵)、三位八通液动换向阀 9 与 11、平衡阀组 1、过载阀组 4、二位三通电磁阀 3、二位三通液动阀 2、二位二通液动阀 41、斜轴式液压行走马达 40、斜轴液压马达转角控制缸 6、斜轴液压马达制动缸 5、高低压力安全阀 7 与 8、梭阀及减压阀式手动远控操纵阀 28 等组成。

当操纵手动减压阀式远控操纵阀 28 处于左、右不同位置时，液动换向阀 9、11 也同时处于右、左不同工作位置，后、前泵来的压力油经液动换向阀到达左、右行走液压马达，驱动履带朝前或朝后运动。

液压回路中，为了限速、平衡、调速、制动等，设立了较多的控制阀或阀纽。它们的简要工作原理及作用介绍如下：

为了使行走马达能实现限速、真空补油，设有液压平衡阀组 1(含单向阀及液控三位四通平衡阀)；为了能选择回路压力，设有二位三通电磁阀 3，以便通过梭阀能实现选择高压安全阀 7 及低压安全阀 8 的控制；为了能实现制动液压马达及控制斜轴液压马达的倾斜转角，回路中设置了二位三通液控阀 2、41，制动缸 5 及斜轴转角控制缸 6。

整车液压系统内的许多回路，可以实现合流复合操作。它们包括动臂回路与斗杆回路的合流复合操作、回转回路与行走回路的合流复合操作、动臂回路与行走回路的合流复合操作、斗杆回路与行走回路的合流复合操作、铲斗回路与行走回路的合流复合操作。

动臂回路与斗杆同路的合流复台动作是通过阀 30、19 左位工作，以实现动臂、斗杆的上举及外伸；回转回路与行走回路的合流复合动作是通过阀 31 的操作，使阀 45 处左、右工作位后，可使二位二通液动阀 10 右位工作，从而使既要供回转回路又要供左行走液压马达的负荷大的后泵得到了由前泵通过阀 9 来的补充流量；动臂回路与行走回路的合流复合动作、斗杆回路与行走回路的合流复合动作以及铲车回路与行走回路的合流复合动作，其基本工作原理与上述相同。

3. 技术特点

此挖掘机采用定量型双泵双回路液压系统。

无干扰动作：多路阀Ⅰ、Ⅱ分别由三个手动换向阀组成串联回路，泵 1、2 分别向多路阀Ⅰ、Ⅱ控制的液动机供油，从而供给两回路中的任意两机构，在轻载及重载下都能实现无干扰的同时动作。

快速动作：一般挖掘机的动臂、斗杆机构常需要快速动作，因此设置了合流阀 13。当阀 13 左位工作时，两泵并联合流，共同向动臂、斗杆缸 16 与 15 供油。此挖掘机的生产效率比其他挖掘机的功率利用率高。左、右行走马达 5、6 也分别属于两回路，因此，即使左、右行走机构的阻力不等，也易保证挖掘行走的直线性。

快慢速转换：左、右行走马达均为双排柱塞的内曲线马达，阀 7 可使两排柱塞实现串、并联的转换，从而达到快、慢两档速度的转换。

制动：在各换向阀与相应液压动机之间皆装有缓冲阀 23，作为各分支回路的安全、制动阀用。行走、回转机构的惯性很大，制动时经装在相应液压马达附近的单向阀补油，为保证可靠补油，还装有背压阀 19，调整压力为 0.7 MPa。动臂、斗杆和铲斗机构中还装有单向节流阀 17，防止这些机构在自重作用下超速下降。限速阀 10 用以防止挖掘机下坡时超速溜坡。溢流阀 11、18 用以限制泵 1、2 的最大工作压力。在马达壳体(渗漏腔)上引出两个油口(参见马达 3 的油路)，一油口通过阻尼 20 与有背压回油路相通，另一油口直接与油箱相通(无背压)防止马达运转时热冲击的发生。使用了阀 20，使系统的背压回路仍维持一定背压。

4. EX400 型液压挖掘机故障诊断与排除方法

EX400 型液压挖掘机故障诊断与排除方法见表 6 - 10。

表 6 - 10　EX400 型液压挖掘机故障诊断与排除方法

故障现象	产 生 原 因	排 除 方 法
挖掘机无回转	(1) 先导压力较低，不能打开主操纵阀； (2) 回转主操纵阀的阀芯卡住； (3) 回转马达损坏； (4) 马达配流盘接触面有划痕，使进回油路相通； (5) 伺服阀内泄、阀杆卡住或损坏； (6) 回转马达损坏	(1) 调大先导压力； (2) 修复被卡阀表面或更换阀； (3) 修复或更换； (4) 拆卸马达进行检查； (5) 修复或更换； (6) 修理、更换损坏的齿轮

续表一

故障现象	产生原因	排除方法
挖掘机行走跑偏	(1) 脏物进入机器一侧的停车制动油路中的平衡阀； (2) 中心回转接头密封圈损坏； (3) 污物堵塞终传动系统的平衡阀的小孔； (4) 行走马达安全阀漏油； (5) 机器偏转一侧的行走主阀阀芯动作失灵； (6) 左右履带松紧不一	(1) 清洗平衡阀，定期更换符合要求的液压油及滤芯； (2) 更换中心回转接头油封，更换液压油和滤芯； (3) 清洗平衡阀； (4) 更换已损坏的行走马达安全阀； (5) 检查行走主阀是否损坏，如损坏应修理或更换； (6) 调整履带松紧
大臂举升缓慢或无力	(1) 油泵泄漏量增大或机械摩擦损失增大； (2) 液压油缸活塞密封圈损坏、油缸盖密封圈损坏； (3) 油路泄漏； (4) 油路堵塞； (5) 供油量严重不足； (6) 油液气泡过多； (7) 油温过高	(1) 更换液压泵； (2) 更换密封圈； (3) 顺油迹查明漏油处，并予以排除； (4) 清理机械杂质； (5) 加注油液； (6) 应更换回转接头密封圈； (7) 应予以冷却
全车无动作或动作迟缓无力	(1) 液压油箱油量不够，主泵吸空； (2) 吸油滤清器堵死； (3) 发动机联轴器损坏； (4) 安全阀调定压力过低或卡死； (5) 发动机转速过低； (6) 主泵供油不足，提前变量； (7) 主泵内泄严重； (8) 行走马达、回转马达均有不同程度的磨损，产生内泄； (9) 发动机滤清器堵塞，造成加载转速降速严重，甚至熄火	(1) 加足液压油； (2) 更换滤清器，清洗系统； (3) 更换联轴器； (4) 调整到正常压力，如调不上压力，则拆卸清洗；如弹簧疲劳可加垫或更换； (5) 调整发动机转速； (6) 调整主泵变量点调节螺栓； (7) 更换主泵或修复； (8) 更换或修复磨损件； (9) 更换滤芯
左右行走无动作（其他正常）	(1) 行走操纵阀高压腔与低压腔击通； (2) 左右行走减速器有故障； (3) 左右行走马达有故障； (4) 油管爆裂	(1) 更换操纵阀； (2) 修复； (3) 修复； (4) 更换油管

续表二

故障现象	产生原因	排除方法
液压油油温过高	(1) 没有正确使用挖掘机要求的标号液压油； (2) 液压油冷却器外表油污、泥土多，通风孔堵塞； (3) 发动机风扇皮带打滑或断开； (4) 液压油油箱油位过低	(1) 更换液压油； (2) 清洗； (3) 调整皮带松紧度或更换； (4) 加足液压油
油泵系统不供油或供油不足	(1) 发动机转速太低； (2) 主泵有故障； (3) 油箱油量不足； (4) 先导阀压力不足； (5) 油管破裂，油管接头松动，O形圈损坏	(1) 调整到正常转速； (2) 更换； (3) 补油； (4) 调整； (5) 更换

6-4 伺服液压系统

一、铝箔轧机电液伺服系统

1. 主机功能结构

铝箔粗、精轧机组是铝箔轧制设备。机组采用了四辊不可逆、恒轧制力及有辊缝和无辊缝两种轧制工艺，最终生产出 $B=1.55$ m，$\delta=2\times6$ μm 的铝箔。全机组采用了多种先进的液压控制技术，以实现高精度、高质量的铝箔产品生产，尤其是轧机液压推上系统采用了美国伺服公司(SCA)的液压伺服控制技术，用电液伺服阀来控制轧机轧辊的推上，是在电动液压控制、机械伺服阀控制的基础上发展起来的全液压结构。

2. 电液伺服控制系统及其工作原理

图 6-15 所示为轧机电液伺服控制系统的原理图。系统的油源为两台径向柱塞变量液压泵 5 和 6，泵的出口设置的溢流阀 7 用来设定液压系统的最高工作压力，防止液压泵过载；系统最低压力由压力继电器 8 控制，带污染报警压差继电器的精密过滤器 9 用以防止电液伺服阀 11 因油液污染而堵塞。系统采用不锈钢油箱 1，油箱设有油温控制调节器 3 和液位控制器 4；独立于主系统的定量液压泵 2 用于系统的离线冷却循环过滤。系统有两个传动侧，A 侧和 B 侧的压下缸采用电液伺服阀控制(图中未画出)。SCA 系统的执行器是装在轧机下支承辊轴承座下面机架窗口处的两个既有油路联系又能独立工作的活塞式液压缸 20，主要由电液伺服阀 11 控制；A、B 侧回路中各有一套皮囊式蓄能器 16；B1、B2 为 A、B 侧检测液压缸 20 带动工作辊位移的位置传感器；A、B 侧凹路中的压力传感器 17 用以检测液压缸 20 在轧制工作中的工作压力。

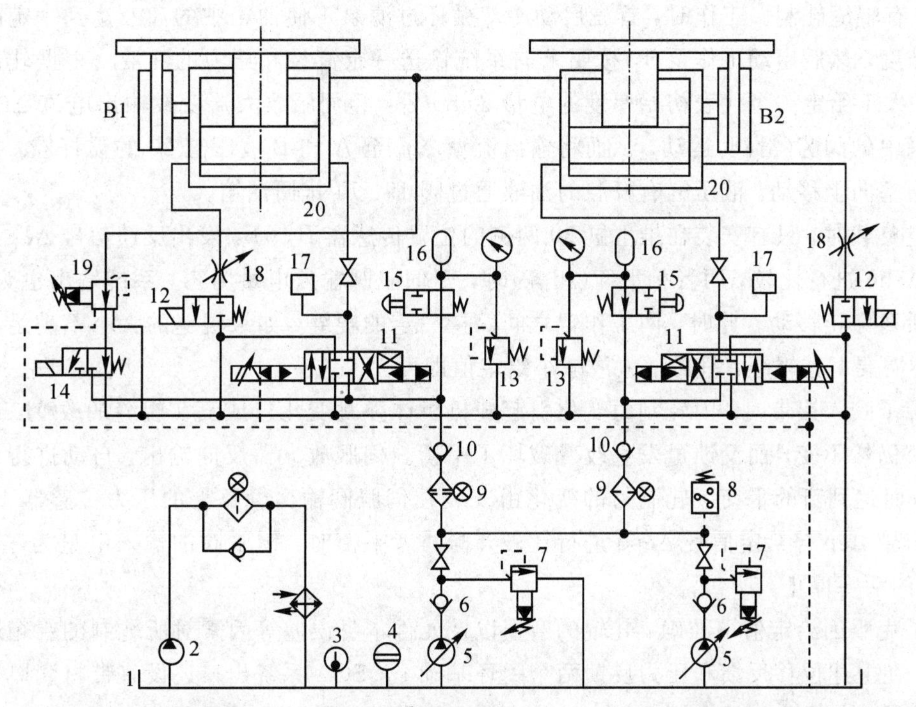

1—油箱；2—定量液压泵；3—油温控制调节器；4—液位控制器；5—径向柱塞变量液压泵；6、10—单向阀；7—溢流阀；8—压力继电器；9—精密过滤器；11—电液伺服阀；12—二位二通电磁换向阀；13—溢流阀；14—二位三通电磁换向阀；15—二位二通手动换向阀；16—皮囊式蓄能器；17—压力传感器；18—节流阀；19—双作用三通压力阀；20—推上活塞缸；B1～B4—位置传感器

图 6-15　轧机电液伺服系统原理图

图 6-16 所示为 SCA 系统的控制原理方块图，其功能包括工作辊的位置控制、轧制力控制、两个工作辊辊缝开合调节控制及轧辊倾斜度控制。

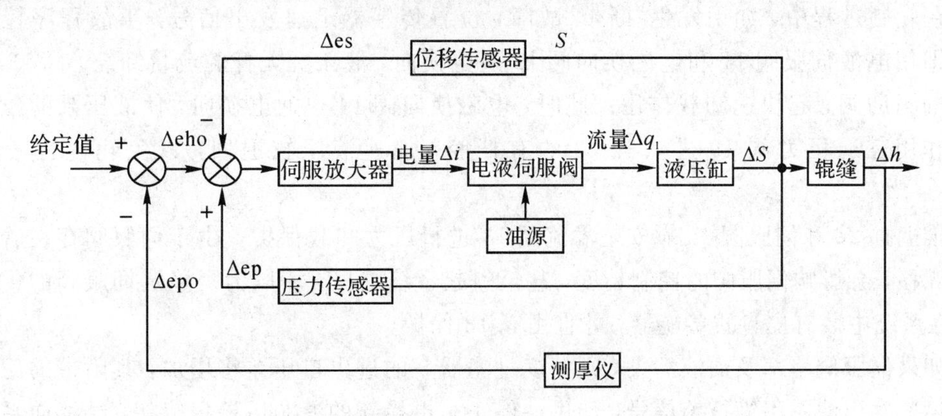

图 6-16　SCA 系统的控制原理方块图

根据原料厚度不同，铝箔的轧制分为两个不同的轧制工艺：原料厚度由 0.5 mm 到 0.15 mm 的轧制过程采用有辊缝、恒轧制力轧制；由 0.15 mm 到 12 μm(两层)的轧制过程采用无辊缝、恒轧制力轧制。无论是有辊缝还是无辊缝轧制，在初调时，辊缝、轧制力、轧辊的倾斜度的给定值均被设定为零，并输入计算机进行储存。

(1) 有辊缝轧制。工作时，首先启动冷却循环过滤泵1使油箱中的油液达到一定的温度和清洁度，然后启动工作泵5，按要求向系统输送一定流量和压力的油液。根据轧制工艺要求，人工给定一个代表初始厚度的电量Δeho后，经伺服放大器变成输出电流Δi，电液伺服阀中的阀芯(滑阀)运动，从而将输出流量Δq_1至A和B液压缸20的无杆腔，推动液压缸活塞向上移动，液压缸有杆腔的油液通过阀19、14排回油箱。

当空负载时，只有安装在推上缸20两侧的位置传感器B_1、B_2发出反馈信号Δes与给定信号Δeho进行比较，两者相平衡(相等)时，则伺服阀输入电量为零，系统输出也为零，液压缸活塞停止移动。此时，两工作辊之间保持一定的辊缝，如果辊缝的大小不满足工艺要求，还需要调整辊缝，只需增大或减小给定值即可。

当辊子咬入铝带时，因轧制力变化引起轧机机体弹跳变化造成真实辊缝的改变，此时的给定值仍然不变，而反馈量发生改变破坏了平衡。伺服放大器反向输出，自动进行纠偏调节，从而达到新的平衡。轧制力的变化由安装在伺服阀输出管路上的压力传感器17发出反馈信号Δep与给定信号Δepo进行比较，当两者平衡时，伺服阀的输入电量为零，液压缸20的活塞停止。

为了克服因给定值不准确、轧辊的磨损以及元件本身误差等因素对所轧制的铝箱厚度的影响，在上述位移反馈和压力反馈两个闭环基础上，SCA系统出口还设有带材测厚仪反馈检测环节(外闭环)，用以测出厚度差，其反馈信号和初始的给定量叠加，修正出精确的辊缝，进一步提高控制精度，使产品质量达到要求。

(2) 无辊缝轧制。无辊缝轧制时，靠轧辊的弹性变形来轧制。与有辊缝轧制相同的是，辊缝和轧制力的调节仍然依靠位置传感器B_1、B_2和压力传感器2所测的实际值作为反馈，与给定值进行比较后，输给伺服阀进行调节，以满足工艺要求，但出口带材的厚度不是由SCA系统控制，而是靠改变卷曲机的张力和轧制速度来实现的。

在轧制过程中，如果发生“断带”故障，位置传感器迅速发出信号，事故程序控制系统立即使电液伺服阀11和电磁换向阀12通电换向，液压缸无杆腔流量卸载，阀12是伺服阀的辅助阀，起快速卸载作用。此时，电磁换向阀14也通电换向，使液压泵的压力油经双作用三通压力阀19进入缸20的有杆腔，加速液压缸退回，以免轧辊在断带时烧损。

推上缸20和伺服阀11靠安全溢流阀13进行压力卸载保护。由于伺服阀存在着压力零位漂移，会影响伺服阀的控制精度，甚至引起系统共振，所以为了稳定伺服阀的供油压力，在系统中装有皮囊式蓄能器，并且由阀13保护。

如果伺服阀堵塞及油液污染，则精度过滤器9的进出口压差将增加，其附带的压差继电器迅速发出滤芯污染报警信号，使供油停止。更换新的滤芯后警报解除，继续向系统供油，以高清洁度的油液保证伺服阀正常工作。

3. 技术特点

1) 优点

(1) 该铝箔轧机采用了先进的电液伺服控制技术、传感技术和计算机控制技术。其结构和控制方式与电动液压推上机械伺服阀控制的液压推上系统相比更简单、更稳定、更可靠，精度更高。所以被国际上公认为最理想的轧机推上控制方式。西欧各国在铝箱轧机上基本都采用了这种结构和控制方式。

(2) 用电液伺服阀来控制轧机轧辊的推上，由高精度的辊缝位移传感器、压力传感器和测厚仪组成闭环反馈控制，响应快，精度高，保证了铝箱产品的轧制质量。

(3) 液压系统的压力、流量、温度及油液清洁度等采用了程序控制和措施，如轧制过程断带出现时的快速卸载、系统的离线冷却循环过滤等，是系统正常运行的可靠保证。

2) 缺点

(1) 油源供油压力高，要选用高压泵。

(2) 对油液的清洁度要求苛刻，一般为 NAS4 级以上，油液稍有污染，就会造成阀件堵塞。

(3) 对环境要求苛刻，工作环境条件的变化会引起电液伺服阀零位漂移，使系统出现误差。

(4) 电液伺服阀的精度比较高，因而维护、检修等比较困难。

二、带钢光液伺服跑偏控制系统

1. 主机功能结构

带钢经过连续轧制或酸洗等一系列加工后须卷成一定尺寸的钢卷。由于辊系的偏差及带材厚度不均和板型不齐等种种原因，使带材在作业线上产生随机偏离现象(称为跑偏)。跑偏使卷取机卷成的钢卷边缘不齐，直接影响包装、运输或降低成品率。卷取机采用跑偏控制装置后可使卷取机精度在允许的范围内。

这里介绍的跑偏控制系统为光电液伺服控制系统，是利用液压流体动力的反馈控制原理工作的。它通过反馈比较得到偏差信号，再利用偏差信号去控制动力源输入到执行元件的能量(压力或流量)，使被控对象向着偏差减小的方向变化，从而使系统的实际的输出与希望值相符。其优点是响应速度快，控制精度高；电反馈和校正方便，信号处理灵活；光电检测器的发射与接收器之间的距离可达 1 m 左右，宜直接方便地装在卷取机旁。

2. 带钢光电液伺服跑偏控制系统及工作原理

图 6-17 所示为带钢光电液伺服跑偏控制系统图，图 6-18 为其系统方框图。卷取机的卷筒 1 将连续运动的带钢 2 卷取成钢卷，带钢在卷取机前产生随机跑偏量 Δx。卷取机及其传动装置安装在平台 3 上，在伺服液压缸 4 的驱动下平台 3 沿导轨 5 在卷筒轴线方向产生的轴向位移为 Δx_p，跑偏量 Δx 在光电检测器 6 感受后产生相应的电信号输入液压控制系统，使卷筒产生相应的位移即纠偏量 Δx_p，Δx_p 跟踪 Δx，以保证卷取钢卷的边缘整齐。伺服液压缸 4 和辅助液压缸 7 都由电液伺服阀 8 控制。双向液压锁 9、10 及换向阀 11 组成转换回路，12 为油源。系统投入工作前先使辅助液压缸 7 与电液伺服阀 8 相通，拖动光电检测器使其自动调整对准带边，然后转换油路使伺服液压缸 4 与电液伺服阀 8 相通，系统投入正常工作。双向液压锁用来锁紧液压缸，防止卷取机和检测器的滑动。

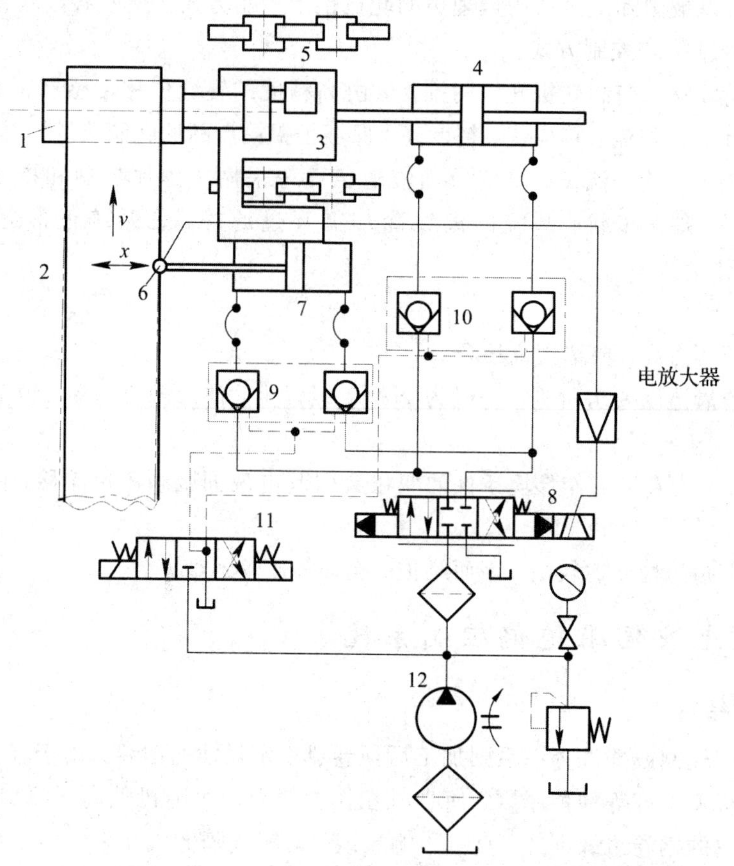

1—卷筒；2—带钢；3—平台；4—伺服液压缸；5—导轨；6—光带边缘检测器；7—辅助液压缸；8—电液伺服阀；9、10—双向液压锁；11—电磁换向阀；12—油源

图 6－17　带钢光电液伺服跑偏控制系统图

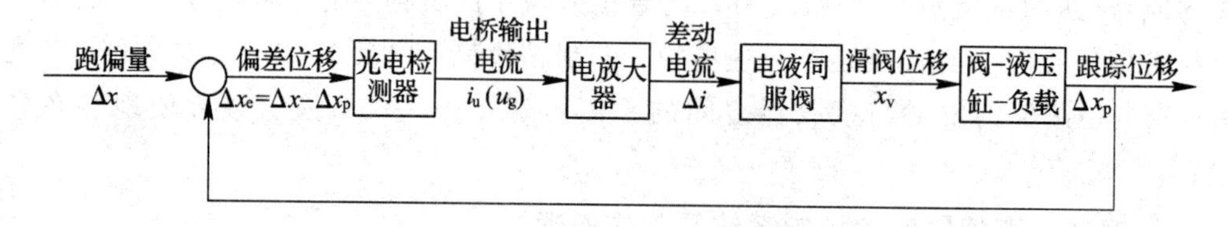

图 6－18　系统方框图

如图 6－19 所示，光电检测器由光源和光电二极管接收器组成，光电管作为电放大器的输入桥。带钢正常卷取时，将光电检测器光源的光照遮去一半，光电二极管接受一半光照，其电阻为 R_1；调整电桥电阻，使 $R_1R_3=R_2R_4$，电桥平衡无输出。因此，电液伺服阀感应线圈无电信号输入，阀芯处于中心，伺服液压缸两腔不通压力油，活塞停止不动。当轧制传送来的钢带跑偏，带边偏离检测器中央，如向左偏离时，光电二极管接收的光照增大，电阻值 R_1 随之减小，电桥失去平衡，形成调节偏差信号 u_g。此信号经电放大器放大后在伺服阀差动连接的线圈上产生差动电流 Δi，于是伺服阀阀芯向右产生相应的位移量，输出正比于差动电流 Δi 的流量，使伺服阀液压缸拖动卷取机的卷筒向跑偏方向跟踪，实现带钢自动卷齐。由于检测器安装在卷取机移动部件上，随同卷筒跟踪实现位置反馈，很

快使检测器中央又对准边带，于是电桥再次平衡无输出，伺服阀阀芯回到中位，伺服缸停止动作，完成一次自动纠偏过程。

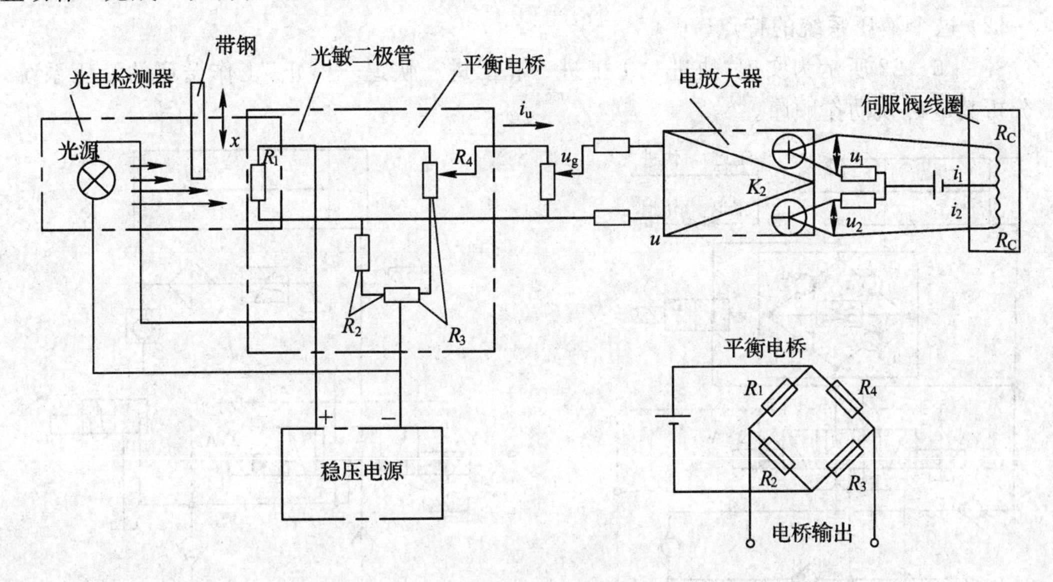

图 6-19　光电液伺服跑偏控制系统电路简图

习　题

1. 试写出图 6-20 所示的液压系统的动作循环表，并叙述这个液压系统的特点和说明桥式油路结构的作用。

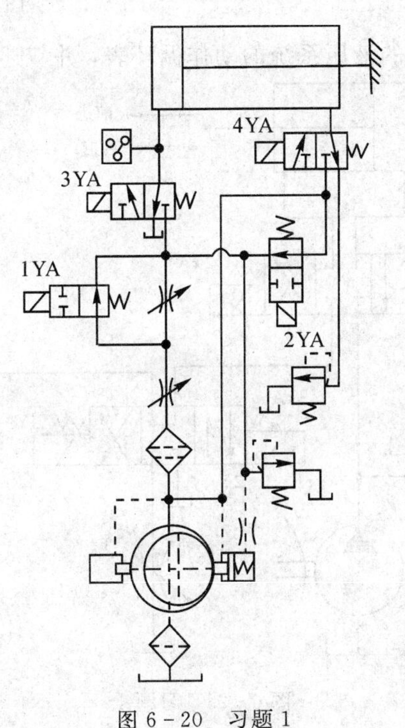

图 6-20　习题 1

2. 试读懂图 6-21 所示的液压系统，并说明：

(1) 快进时油液流动路线。

(2) 这个液压系统的特点。

3. 图 6-22 所示为实现“快进—Ⅰ工进—Ⅱ工进—快退—停止”工作循环的液压系统。试分析其电磁铁动作顺序。

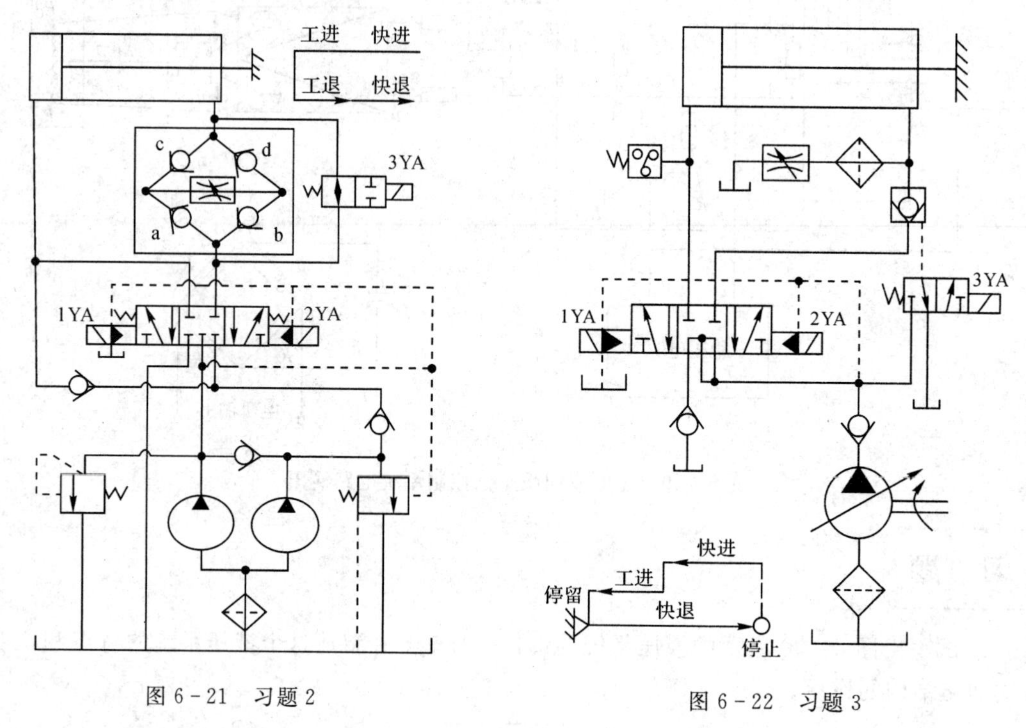

图 6-21　习题 2

图 6-22　习题 3

4. 试写出图 6-23 所示的液压系统的动作循环表，并叙述这个液压系统的特点。

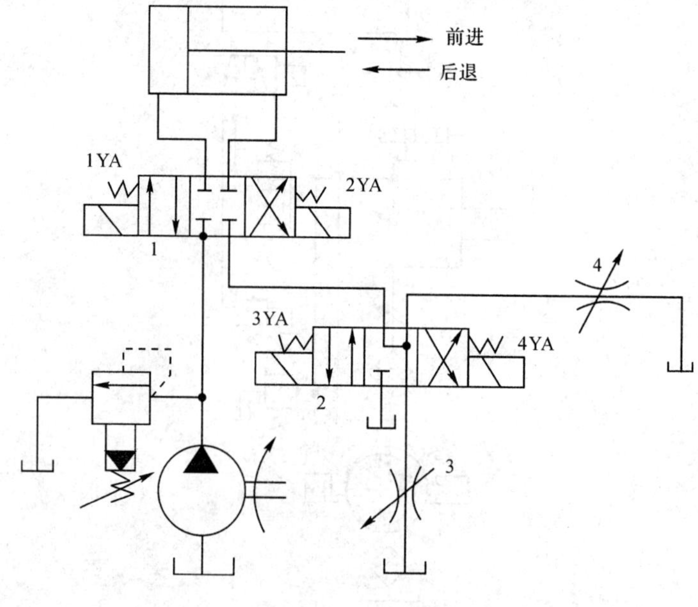

图 6-23　习题 4

5. 图 6-24 所示的压力机液压系统能实现“快进—慢进—保压—快退—停止”的动作循环。试读懂此系统图，并写出包括油路流动情况的动作循环表。

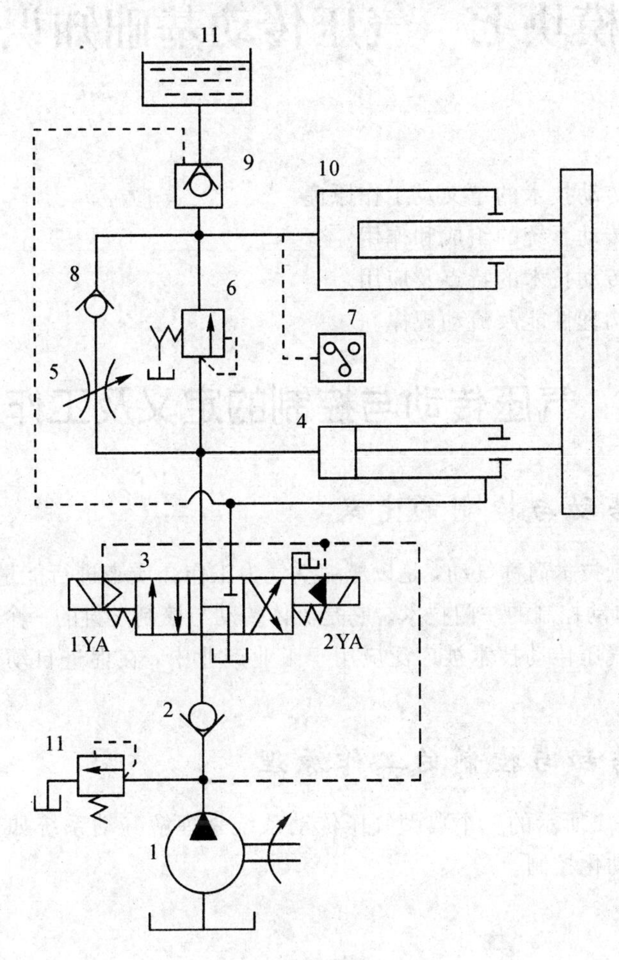

图 6-24　习题 5

模块七　气压传动基础知识

【学习目标】

(1) 掌握气压传动技术的定义及工作原理。
(2) 掌握气压传动系统的组成和作用。
(3) 了解气压传动技术的特点及应用。
(4) 了解气体物理性能及流动规律。

7-1　气压传动与控制的定义及工作原理

一、气压传动与控制的定义

气压传动与控制技术简称气动，是以压缩空气为工作介质来进行能量与信号的传递，实现各种生产过程、自动控制的一门技术。它是流体传动与控制学科的一个重要组成部分。

近几十年来，气压传动技术被广泛应用于工业产业中，在促进自动化的发展中起到了极为重要的作用。

二、气压传动与控制的工作原理

下面通过图7-1所示的一个典型气压传动系统来理解气动系统如何进行能量与信号传递，如何实现自动化控制。

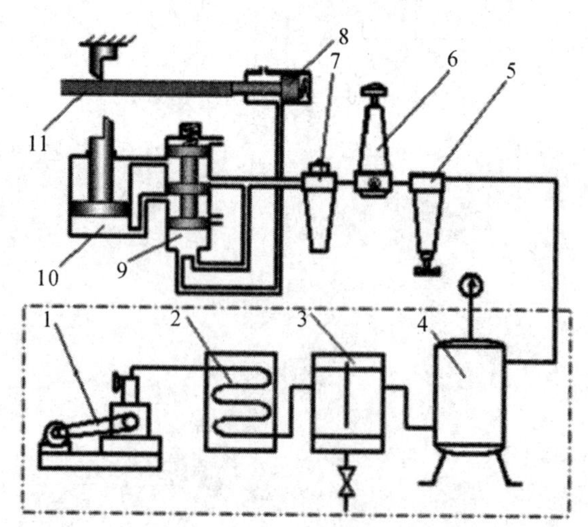

1—空气压缩机；2—后冷却器；3—分水排水器；4—储气罐；5—分水滤气器；6—减压阀；7—油雾器；8—行程阀；9—气控换向阀；10—气缸；11—工料

图7-1　气动剪切机的气压传动系统

图 7 - 1 所示为气动剪切机的工作原理图，图示位置为剪切前的情况。空气压缩机 1 产生的压缩空气经后冷却器 2、分水排水器 3、储气罐 4、分水滤气器 5、减压阀 6、油雾器 7 到达气控换向阀 9，部分气体经节流通路进入气控换向阀 9 的下腔，使上腔弹簧压缩，此时气控换向阀 9 阀芯位于上端。大部分压缩空气经气控换向阀 9 后进入气缸 10 的上腔，而气缸的下腔经换向阀与大气相通，故气缸活塞处于最下端位置。当上料装置把工料 11 送入剪切机并到达规定位置时，工料压下行程阀 8，此时气控换向阀 9 阀芯下腔压缩空气经行程阀 8 排入大气，在弹簧的推动下，气控换向阀 9 阀芯向下运动至下端，压缩空气则经气控换向阀 9 后进入气缸的下腔，上腔经气控换向阀 9 与大气相通，气缸活塞向上运动，带动剪刀上行剪断工料。工料剪下后，即与行程阀 8 脱开。行程阀 8 阀芯在弹簧作用下复位，出路堵死。气控换向阀 9 阀芯上移，气缸活塞向下运动，又恢复到剪断前的状态。气动剪切机系统的图形符号如图 7 - 2 所示。

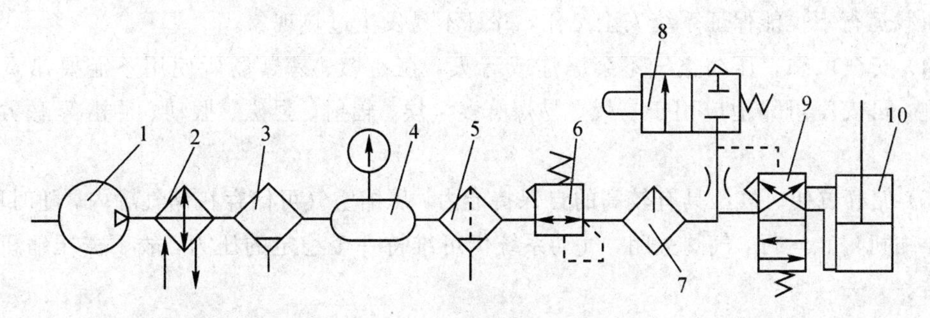

1—空气压缩机；2—后冷却器；3—分水排水器；4—储气罐；5—分水滤气器；6—减压阀；
7—油雾器；8—行程阀；9—气控换向阀；10—气缸

图 7 - 2　气动剪切机系统的图形符号

在气压传动系统中，根据气动元件和装置的不同功能，可将气压传动系统分成以下四个组成部分，如图 7 - 1 所示。

(1) 气源装置。气源装置将原动机提供的机械能转变为气体的压力能，为系统提供压缩空气。它主要由空气压缩机构成，还配有储气罐、气源净化装置等附属设备。

(2) 执行元件。执行元件起能量转换作用，把压缩空气的压力能转换成工作装置的机械能，主要形式有气缸输出直线往复式机械能、摆动气缸和气马达分别输出回转摆动式和旋转式的机械能。对于以真空压力为动力源的系统，采用真空吸盘以完成各种吸吊作业。

(3) 控制元件。控制元件用来对压缩空气的压力、流量和流动方向进行调节和控制，使系统执行机构按功能要求的程序和性能工作。根据完成功能不同，控制元件种类有很多种，气压传动系统中一般包括压力、流量、方向和逻辑等四大类控制元件。

(4) 辅助元件。辅助元件是用于元件内部润滑、排气噪声、元件间的连接以及信号转换、显示、放大、检测等所需的各种气动元件，如油雾器、消声器、管件及管接头、转换器、显示器、传感器等。

7-2 气压传动的优缺点及发展应用

一、气压传动的优点

气压传动具有以下优点：

(1) 使用方便。空气作为工作介质，来源方便，到处都有，用过以后直接排入大气，不会污染环境，可少设置或不必设置回气管道。

(2) 系统组装方便。使用快速接头可以非常简单地进行配管，因此系统的组装、维修以及元件的更换比较简单。

(3) 快速性好。动作迅速，反应快，可在较短的时间内达到所需的压力和速度。在一定的超载运行下也能保证系统安全工作，并且不易发生过热现象。

(4) 安全可靠。压缩空气不会爆炸或着火，在易燃、易爆场所使用不需要昂贵的防爆设施，可安全可靠地应用于易燃、易爆、多尘埃、辐射、强磁、振动、冲击等恶劣的环境中。

(5) 储存方便。气压具有较高的自保持能力，压缩空气可储存在储气罐内，随时取用。即使压缩机停止运行，气阀关闭，气动系统仍可维持一个稳定的压力，故不需压缩机的连续运转。

(6) 可远距离传输。由于空气的黏度小，因此流动阻力小，管道中空气流动的沿程压力损失小，有利于介质集中供应和远距离输送。空气不论距离远近，极易由管道输送。

(7) 能过载保护。气动机构与工作部件可以超载而停止不动，因此无过载的危险。

(8) 清洁。基本无污染，对于要求高净化、无污染的场合，如食品、印刷、木材和纺织工业等，是极为重要的。气动具有独特的适应能力，优于液压、电子、电气控制。

二、气压传动的缺点

气压传动存在以下缺点：

(1) 速度稳定性差。由于空气可压缩性大，因此气缸的运动速度易随负载的变化而变化，稳定性较差，给位置控制和速度控制精度带来了较大影响。

(2) 需要净化和润滑。压缩空气必须有良好的处理，去除含有的灰尘和水分。空气本身没有润滑性，系统中必须采取措施对元件进行供油润滑，如加油雾器等装置进行供油润滑。

(3) 输出力小。由于工作压力低(一般低于 0.8 MPa)，因而气动系统输出力小。在相同输出力的情况下，气动装置比液压装置尺寸大，输出力限制在 20～30 kN 之间。

(4) 噪声大。排放空气的声音很大，需要加装消音器，现在这个问题已因吸音材料和消音器的发展而大部分得以解决。

(5) 难以实现精确定位。

气压传动与其他传动的性能比较见表 7-1。

表 7－1　气压传动与其他传动的性能比较

类　型		操作力	动作快慢	环境要求	构造	负载变化影响	操作距离	无级调速	工作寿命	维护	价格
气压传动		中等	较快	适应性好	简单	较　大	中距离	较好	长	一般	便宜
液压传动		最大	较慢	不怕振动	复杂	有一些	短距离	良好	一般	要求高	稍贵
电传动	电气	中等	快	要求高	稍复杂	几乎没有	远距离	良好	较短	要求较高	稍贵
	电子	最小	最快	要求特高	最复杂	没有	远距离	良好	短	要求更高	最贵
机械传动		较大	一般	一般	一般	没有	短距离	较困难	一般	简单	一般

三、气压传动的发展应用

1. 气动控制装置的应用

（1）机械制造业。机械制造业方面的应用包括机械加工生产线上工件的装夹及搬送，铸造生产线上的造型、捣固、合箱等，以及汽车制造中汽车自动化生产线、车体部件自动搬运与固定、自动焊接等。

（2）电子 IC 及电器行业。电子 IC 及电器行业方面的应用包括用于硅片的搬运、元器件的插装与锡焊、家用电器的组装等。

（3）石油、化工业。用管道输送介质的自动化流程绝大多数采用气动控制，如石油提炼加工、气体加工、化肥生产等。

（4）轻工食品包装业。轻工食品包装业方面的应用包括各种半自动或全自动包装生产线，如酒类、油类、煤气罐装、各种食品的包装等。

（5）机器人。装配机器人，喷漆机器人，搬运机器人以及爬墙、焊接机器人等均应用了气动控制装置。

（6）其他。其他方面的应用包括车辆刹车装置、车门开闭装置、颗粒物质的筛选、鱼雷导弹自动控制装置等。目前，各种气动工具的广泛使用，也是气动技术应用的一个组成部分。

2. 气动产品的发展趋势

（1）小型化、集成化。有限的空间要求气动元件外形尺寸尽量小，小型化是主要发展趋势。

（2）组合化、智能化。最常见的组合是带阀、带开关气缸。在物料搬运中，还使用了气缸、摆动气缸、气动夹头和真空吸盘的组合体，同时配有电磁阀、程控器，结构紧凑，占用空间小，行程可调。

（3）精密化。目前，开发了非圆活塞气缸、带导杆气缸等可减小普通气缸活塞杆工作时的摆转。为了使气缸精确定位，开发了制动气缸等；为了使气缸的定位更精确，使用了传感器、比例阀等实现反馈控制，定位精度达 0.01 mm。在精密气缸方面已开发了

0.3 mm/s 低速气缸和 0.01N 微小载荷气缸。在气源处理中，过滤精度为 0.01 mm、过滤效率为 99.9999%的过滤器和灵敏度为 0.001 MPa 的减压阀也已开发出来。

(4) 高速化。目前，气缸的活塞速度范围为 50～750 mm/s。为了提高生产率，自动化的节拍正在加快，今后要求气缸的活塞速度提高到 5～10 m/s。与此相应，阀的响应速度也将加快，要求由现在的 1/100 秒级提高到 1/1000 秒级。

(5) 无油、无味、无菌化。由于人类对环境的要求越来越高，不希望气动元件排放的废气带油雾而污染环境，因此无油润滑的气动元件将会普及。此外，还有一些特殊行业，如食品、饮料、制药、电子等，对空气的要求更为严格，除无油外，还要求无味、无菌等，这类特殊要求的过滤器将被不断开发出来。

(6) 高寿命、高可靠性和智能诊断功能。气动元件大多用于自动化生产中，元件的故障往往会影响设备的运行，使生产线停止工作，造成严重的经济损失。因此，对气动元件的工程可靠性提出了更高的要求。

(7) 节能、低功耗。气动元件的低功耗能够节约能源，并能更好地与微电子技术相结合。功耗小于等于 0.5 W 的电磁阀已开发和商品化，可由计算机直接控制。

(8) 机电一体化。为了精确达到预定的控制目标，应采用闭路反馈控制方式。为了实现这种控制方式，要解决计算机的数字信号、传感器反馈模拟信号和气动控制气压或气流量三者之间的相互转换问题。

(9) 应用新技术、新工艺、新材料。在气动元件制造中，型材挤压、铸件浸渗和模块拼装等技术已在国内广泛应用；压铸新技术(液压抽芯、真空压铸等)目前已在国内逐步推广；压电技术、总线技术、新型软磁材料、透析滤膜等正在被应用。

7-3 空气的物理性质

要了解和正确设计气压传动系统，首先必须了解空气的性质，掌握气压传动的基本概念及计算。

一、空气的组成成分

大气中的空气主要是由氮、氧、氩、二氧化碳、水蒸气等若干种气体混合组成的。含有水蒸气的空气为湿空气。大气中的空气基本上都是湿空气。通常把不含有水蒸气的空气称为干空气。在距地面 20 km 以内，空气组成几乎相同。在基准状态(0℃，绝对压力为 101325 Pa，相对湿度为 0)下，地面附近的干空气的组成见表 7-2。

表 7-2 空气的组成

空气的主要组成	N_2	O_2	Ar	CO_2	备注
质量组成/%	75.5	23.1	1.28	0.045	其他气体约占 0.075
容积组成/%	78.09	20.95	0.93	0.03	
相对分子质量	28	32	40	44	

空气中氮气所占比例最大，由于氮气的化学性质不活泼，具有稳定性，不会自燃，所以空气作为工作介质可以用在易燃、易爆场所。

二、空气的密度

单位体积空气的质量称为空气的密度 ρ(单位为 kg/m^3)，其公式为

$$\rho=\frac{m}{V} \tag{7-1}$$

式中：ρ 为空气密度；m 为空气的质量，单位为 kg；V 为空气的体积，单位为 m^3。

气体密度与气体压力和温度有关，压力增加，密度增加，而温度上升，密度减少。在基准状态下，干空气的密度为 1.293 kg/m^3，在温度 t(℃)、压力 P(MPa)下干空气的密度可用下式计算：

$$\rho=\rho_0\frac{273}{273+t}\times\frac{P}{0.1013} \tag{7-2}$$

式中：ρ_0 为基准状态下的干空气密度；P 为绝对压力，单位为 MPa；ρ 为干空气的密度；t 为温度℃，$273+t$ 为绝对温度(K)。

对于湿空气的密度，可用下式计算：

$$\rho'=\rho_0\frac{273}{273+t}\times\frac{P-3.78\phi P_b}{1.013} \tag{7-3}$$

式中：ρ'为湿空气的密度；P 为湿空气的全压力，单位为 MPa；ϕ 为空气的相对湿度(%)；P_b 为温度为 t℃时饱和空气中水蒸气的分压力，单位为 MPa。

三、空气的黏性

空气在流动过程中产生的内摩擦阻力的性质叫做空气的黏性，用黏度表示其大小。空气的黏度受压力的影响很小，一般可忽略不计。随温度的升高，空气分子热运动加剧，因此，空气的黏度随温度的升高而略有增加。黏度随温度的变化关系见表 7-3。

表 7-3　空气的运动黏度 ν 随温度的变化值(压力为 0.1 MPa)

t/℃	0	5	10	20	30	40	60	80	100
$\nu/(\times10^{-4}\ m^2/s)$	0.133	0.142	0.147	0.157	0.166	0.176	0.196	0.21	0.238

四、空气的压缩性和膨胀性

气体与液体和固体相比，具有明显的压缩性和膨胀性。空气的体积较易随压力和温度的变化而变化。例如，对于大气压下的气体等温压缩，压力增大 0.1 MPa，体积减小为原来的一半；而将油的压力增大 18 MPa，其体积仅缩小 1%。在压力不变、温度变化 1℃时，气体体积变化约 1/273，而水的体积只改变 $1/2\times10^4$，空气体积变化的能力是水的 73 倍。气体体积在外界作用下容易产生变化，气体的可压缩性导致气压传动系统刚度差，定位精度低。

气体体积随温度和压力的变化规律遵循气体状态方程。

五、空气的湿度

由于地球上的水不断地蒸发到空气中，空气中含有水蒸气，我们把含有水蒸气的空气称为湿空气。自然界中的空气基本上都是湿空气。由湿空气生成的压缩空气对气动系统的稳定性和寿命有不良的影响。如湿度大的空气会使气动元件腐蚀生锈，使润滑剂稀释变质等。为保证气动系统正常工作，在压缩机出口处要安装冷却器，把压缩空气中的水蒸气凝结析出，再在储气罐出口处安装空气干燥器，进一步消除空气中的水分。

根据达尔顿(Dalton)法则，混合在一起的各种气体相互之间不发生化学反应时，各气体将互不干涉地单独运动。混合气体的压力(全压)等于各种气体的分压之和。因此，湿空气的压力 P 应为干空气的分压力 P_g 与水蒸气的分压力 P_s 之和，即

$$P = P_g + P_s \tag{7-4}$$

要确定空气的干湿程度，首先需了解几个衡量湿空气性质的物理量。

1. 绝对湿度

每一立方米的湿空气中，含有水蒸气的质量称为湿空气的绝对湿度，用 x 表示：

$$x = \frac{m_s}{V} \tag{7-5}$$

式中：m_s 为水蒸气的质量，单位为 kg；V 为湿空气的体积，单位为 m^3。

在一定的压力和温度下，含有最大限度水蒸气量的空气叫做饱和湿空气。1 m^3 饱和湿空气中所含水蒸气的质量称为饱和湿空气的绝对湿度，用 x_b 表示，其计算式为

$$x_b = \frac{P_b}{R_s \cdot T} = \rho_b \tag{7-6}$$

式中：x_b 为饱和绝对湿度，单位为 kg/m^3；ρ_b 为饱和湿空气中水蒸气的密度，单位为kg/m^3；P_b 为饱和水蒸气分压，单位为 Pa；R_s 为水蒸气的气体常数，$R_s=462.05$ J/(kg·K)；T 为绝对温度，单位为 K。

2. 相对湿度

在同一温度下，湿空气中水蒸气分压 P_s 和饱和水蒸气分压 P_b 的比值称为相对湿度，用 ϕ 表示：

$$\phi = \frac{P_s}{P_b} \times 100\% \tag{7-7}$$

式中：P_s 为饱和湿空气中水蒸气的分压力，单位为 Pa。

通常湿空气大多处于未饱和状态，所以应了解它继续吸收水分的能力和离饱和状态的远近。引入相对湿度的概念，即可清楚地说明这个问题。

当空气绝对干燥时，$P_s=0$，则 $\phi=0$。

当湿空气饱和时，$P_s=P_b$，则 $\phi=100\%$，称此时的空气为绝对湿空气。

一般 ϕ 在 0～1 之间变化，当空气的相对湿度 ϕ 为 60%～70%时，人感觉舒适，而气动系统中元件使用的工作介质的相对湿度不得大于 90%，当然希望越小越好。

相对湿度既反映了湿空气的饱和程度，也反映了湿空气离饱和程度的远近。

有时 ϕ 也用同一温度下湿空气的绝对湿度与饱和绝对湿度之比来确定，即

$$\phi=\frac{x}{x_b} \tag{7-8}$$

3. 空气的含湿量

除了用绝对湿度、相对湿度表示湿空气中所含水蒸气的多少外，还可以用空气的含湿量 d 来表示。

空气的含湿量是指在质量为 1 kg 的湿空气中，混合的水蒸气质量与绝对干空气质量的比，即

$$d=\frac{m_s}{m_g} \tag{7-9}$$

式中：m_s 为水蒸气的质量，单位为 kg；m_g 为干空气的质量，单位为 kg。

用单位体积干空气中混合的水蒸气质量表示的含湿量，称为容积含湿量，以 d' 表示，即

$$d'=\frac{m_s}{V_g}=\frac{d\cdot m_g}{V_g}=d\cdot\rho_g \tag{7-10}$$

式中：d' 为容积含湿量，单位为 kg/m^3；ρ_g 为干空气的密度；V_g 为干空气的体积。

含湿量大小取决于温度 t、相对湿度 ϕ 和全压力 P。若 P 不变，$\phi=1$，则含湿量达到最大值。

六、压缩空气的品质

1. 压缩空气的污染及其影响

空气污染是指空气中混入或产生某些污染物质，主要污染物有水分、固体杂质和油分等。其主要来源如下：由压缩机吸入的空气所包含的水分、粉尘、烟尘等；由系统内部产生的压缩机润滑油、元件磨损物、冷凝水、锈蚀物等；安装、装配或维修时混入的湿空气、异物等。

污染物对气动系统的工作会造成许多不良影响。例如，水分会造成管道及金属零件锈蚀，导致管道及元件流量不足，压力损失增大，甚至导致阀的动作失灵；水分混入润滑油中会使润滑油变质，液态水会冲洗掉润滑脂，导致润滑不良；在寒冷地区以及元件内的高速流动区，水分会结冰，造成元件动作不良，管道冻结或冻裂。

润滑油变质后黏度增大，并与其他杂质混合形成油泥。它会使橡胶及塑料材料变质或老化，堵塞元件内的小孔，影响元件性能，造成元件动作失灵。

粉尘和锈屑、磨损产生的固体颗粒会使运动件磨损，造成元件动作不良，甚至卡死，同时加速了过滤器滤芯的堵塞，增大了流动阻力。

2. 压缩空气的质量等级

不同的应用对象对气动装置及作业环境的洁净度要求各有不同，相应地气动系统对压缩空气质量的要求也不同。ISO 85731 标准根据对压缩空气中的固体尘埃颗粒度、含水率（以压力露点形式要求）和含油率的要求划分了压缩空气的质量等级。

7－4　气体状态方程

一、理想气体的状态方程

理想气体是一种假想没有黏性的气体，忽略气体分子之间比较小的相互作用力，把气体分子看成是一些有弹性、不占据体积空间的质点，分子间除了碰撞外没有相互吸引力和排斥力。在实际应用中，除在高压($P>20$ MPa)和极低温($T<253$ K)情况下需修正外，其余均可按理想气体考虑。

一定质量的理想气体，在状态变化的某一平衡状态的瞬时，有以下气体状态方程；

$$Pv=RT \tag{7-11}$$

$$\frac{P}{\rho}=RT \tag{7-12}$$

$$\frac{PV}{T}=\text{常数} \tag{7-13}$$

式中：P 为绝对压力；v 为比容，单位为 m^3/kg；V 为气体体积；T 为热力学温度，单位为K；R 为气体常数，单位为 J/(kg·K)。

气体常数 R 的物理意义是：把 1 kg 的气体在等压下加热，当温度上升 1℃时气体膨胀所做的功。干空气的气体常数 $R=287.1$ J/(kg·K)，水蒸气的气体常数 $R=462.05$ J/(kg·K)。

将 P、v 和 T 称为气体的三个状态参数。从式 (7－11)中可以看出，只要其中两个参数确定就可以确定气体的状态。

二、气体状态变化过程

气体(空气)作为气动系统的工作介质，在能量传递过程中其压力 p、比容 v、温度 T 三状态是要发生变化的。实际过程是很复杂的，一般将气体由状态变化简化为有附加限制条件的四种过程，即等压过程、等容过程、等温过程、绝热过程，而把不附加条件限制、往往更接近实际的变化过程称为多变过程。

1. 等压过程

某一质量的气体在压力保持不变时从某一状态变化到另一状态的过程，称为等压过程。

如图 7－3 所示，设气体从状态 1 变化到状态 2，气体在保持压力 P 不变的条件下，根据理想气体状态方程 $Pv=RT$，可得

$$P_1v_1=RT_1,\quad P_2v_2=RT_2$$

由于等压过程 $P_1=P_2$，因此

$$\frac{v_1}{T_1}=\frac{v_2}{T_2}=\frac{R}{P}=\text{常数} \tag{7-14}$$

或

$$\frac{V}{T}=\text{常数} \tag{7-15}$$

式(7－14)和式(7－15)说明，压力不变时，体积(或质量体积)和温度成正比，气体温度上升，体积膨胀，温度下降，体积缩小。

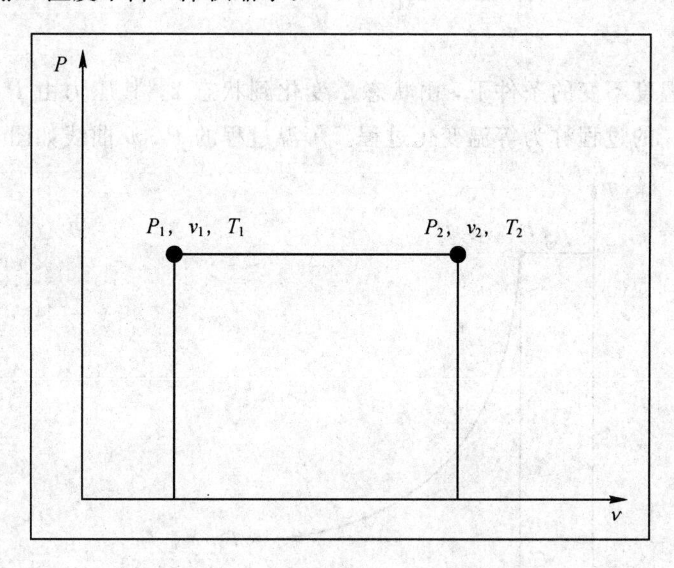

图 7－3　等压过程 $P-v$ 曲线

2. 等容过程

气体在容积保持不变的条件下，由状态 1 变化到状态 2，其温度由 T_1 变化到 T_2，压力由 P_1 变化到 P_2 称为等容变化过程。等容过程的 $P-v$ 曲线如图 7－4 所示。

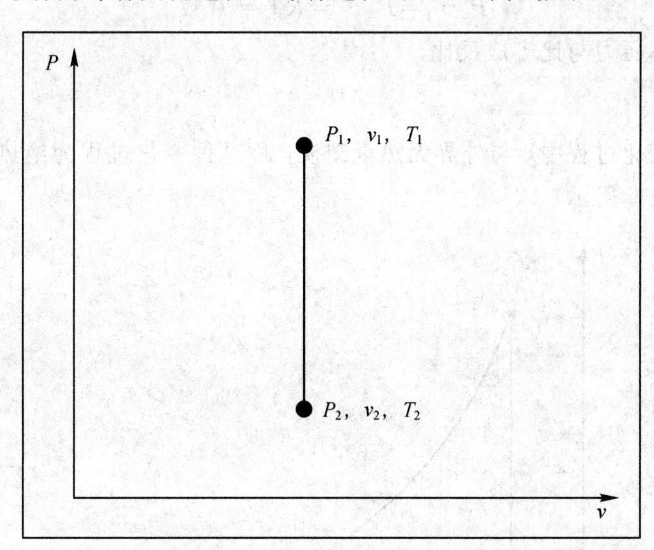

图 7－4　等容过程 $P-v$ 曲线

由于等容过程中 $v_1=v_2$，所以 P、v、T 间的关系由下式给出：

$$\frac{P_1}{T_1}=\frac{P_2}{T_2}=\frac{R}{v}=\text{常数} \tag{7-16}$$

或

$$\frac{p}{T}=\text{常数} \tag{7-17}$$

即压力和绝对温度成正比，气体温度随压力增加而增加，随压力下降而下降。

3. 等温过程

气体在保持温度不变的条件下，由状态1变化到状态2，其压力由 P_1 变化到 P_2，比容由 v_1 变化到 v_2 的过程称为等温变化过程。等温过程的 $P-v$ 曲线如图7-5所示。

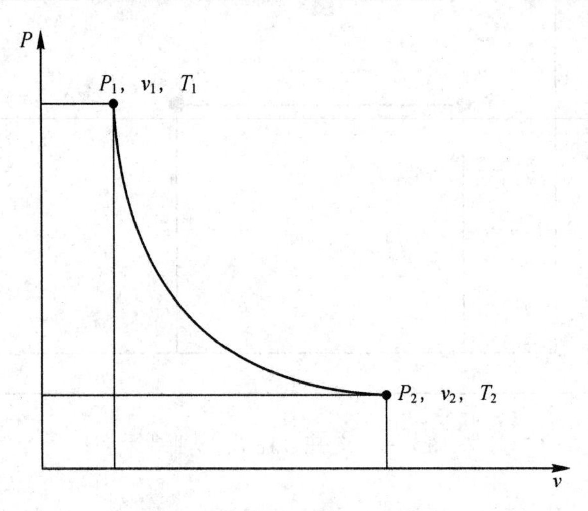

图7-5　等温过程 $P-v$ 曲线

由于在等温过程中，$T_1=T_2$，因此由气体状态方程可得

$$P_1v_1=P_2v_2=RT=\text{常数} \tag{7-18}$$

即等温过程中气体压力与比容成反比。

4. 绝热过程

气体在状态变化过程中，与外界无热量交换，称这种变化过程为绝热过程。绝热过程 $P-v$ 曲线如图7-6所示。

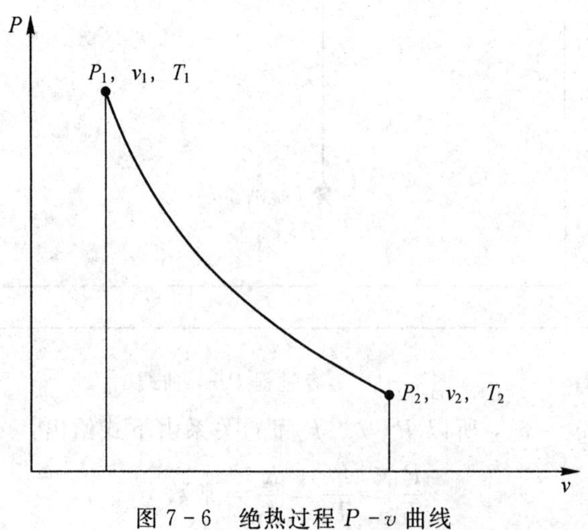

图7-6　绝热过程 $P-v$ 曲线

在绝热过程中，气体状态参数 P、v、T 均为变量，将理想状态方程 $Pv=RT$ 微分得

$$P\mathrm{d}v+v\mathrm{d}P=R\mathrm{d}T$$

由图 7-6 所示的绝热过程 $P-v$ 曲线得

$$\mathrm{d}T=\frac{P\mathrm{d}v+v\mathrm{d}P}{R} \tag{7-19}$$

因变化过程中无热量交换，即 $\mathrm{d}q=0$，由热力学第一定律可得

$$0=c_{\mathrm{v}}\mathrm{d}T+AP\mathrm{d}v \tag{7-20}$$

式中：c_{v} 为比定容热容，单位为 J/(kg·K)；A 为热功当量。

将式(7-20)代入下式，并由 $c_{\mathrm{p}}=c_{\mathrm{v}}+AR$，经整理得

$$\frac{c_{\mathrm{p}}}{c_{\mathrm{v}}}\cdot\frac{\mathrm{d}v}{v}+\frac{\mathrm{d}P}{P}=0 \tag{7-21}$$

式中：c_{p} 为比定压热容，单位为 J/(kg·K)。

令 $c_{\mathrm{p}}/c_{\mathrm{v}}=k$，解微分方程(7-21)得

$$Pv^{k}=\text{常数} \tag{7-22}$$

式中：k 为绝热指数，对不同的气体有不同的值，对于空气，$k=1.4$。

式(7-22)为绝热过程的绝热方程式。

7-5　气体流动规律

在气压传动中，气体在管内流动，可按一元定常流动来处理。当气体流速较低($v<$ 5 m/s)时，可视为不可压缩流体，气体流动规律和基本方程式形式与液体完全相同。因此，管路系统的基本计算方法可参照液压传动中有关方法。

当气体流速较高($v>$5 m/s)时，在流动特性上与不可压缩流体有较大不同，气体的压缩性对流体运动产生影响，必须视其为可压缩性流体。下面介绍在这种情况下气体流动的基本规律和特性。

一、气体流动的基本方程

气体在管道中做高速流动时，其密度和温度都会发生明显变化。对一元定常可压缩流动，除速度、压力变量外，还增加了密度和温度两个变量。求解气体高速流动问题，必须有以下四个基本方程。

1. 连续性方程

根据质量守恒定律，当气体在管道中做稳定流动时，同一时间流过每一通流断面的质量为一定值，即为连续性方程：

$$q_{\mathrm{m}}=\rho AV=\text{常数} \tag{7-23}$$

式中：q_{m} 为气体在管道中的质量流量，单位为 kg·m^3/s；ρ 为流管的任意截面上流体的密度，单位为 kg/m^3；A 为流管的任意截面面积，单位为 m^2；v 为该截面上的平均流速，单位为 m/s。

对式(7－23)微分得

$$\frac{\mathrm{d}A}{A}+\frac{\mathrm{d}v}{v}+\frac{\mathrm{d}\rho}{\rho}=0 \tag{7-24}$$

式(7－24)为连续性方程的另一表现形式。

2. 运动方程

根据牛顿第二定律或动量原理，可求出理想气体一元定常流动的运动方程为

$$v\mathrm{d}v+\frac{\mathrm{d}P}{\rho}=0 \tag{7-25}$$

式中：v 为气体平均流速，单位为 m/s；P 为气体压力，单位为 Pa；ρ 为气体密度，单位为 $\mathrm{kg/m^3}$。

3. 状态方程

根据式(7－25)，可得出气体状态方程的微分形式为

$$\frac{\mathrm{d}P}{P}=\frac{\mathrm{d}\rho}{\rho}+\frac{\mathrm{d}T}{T} \tag{7-26}$$

式中：P 为绝对压力；ρ 为气体的密度；T 为热力学温度，单位为 K。

4. 伯努利方程(能量方程)

在流管的任意截面上，根据能量守恒定律，单位质量稳定的气体的流动满足下列方程，即伯努利方程：

$$\frac{v^2}{2}+gH+\int\frac{\mathrm{d}P}{\rho}+gh_{\mathrm{f}}=\text{常数} \tag{7-27}$$

式中：P 为绝对压力；v 为平均流速；H 为位置高度；h_{f} 为流动中的阻力损失。

若不考虑摩擦阻力，且忽略位置高度的影响，则有

$$\frac{v^2}{2}+\int\frac{\mathrm{d}P}{\rho}=\text{常数} \tag{7-28}$$

因气体是可以压缩的，故对于可压缩气体绝热过程，有

$$\frac{v^2}{2}+\frac{k}{k-1}\cdot\frac{P}{\rho}=\text{常数} \tag{7-29}$$

式(7－29)为可压缩气体在绝热流动时的伯努利方程。与理想不可压缩流体伯努利方程比较可知，绝热变化使压力能增大 $k/(k-1)$ 倍；同时由于气体重度很小，因此忽略位能(或势能)对气体能量的影响。

如果在所研究的管道两通流断面 1、2 之间有流体机械(如压气机)对气体做功供以能量 E_k，则绝热过程能量方程变为

$$\frac{v_1^2}{2}+\frac{P_1}{\rho}\cdot\frac{k}{k-1}+E_k=\frac{v_2^2}{2}+\frac{P_2}{\rho}\cdot\frac{k}{k-1}$$

即

$$E_k=\frac{k}{k-1}\cdot\frac{P_1}{\rho}\left[\left(\frac{P_2}{P_1}\right)^{\frac{k}{k-1}}-1\right]+\frac{v_2^2-v_1^2}{2} \tag{7-30}$$

式中：P_1、ρ_1、v_1 分别为通流断面 1 的压力、密度和速度；P_2、ρ_2、v_2 分别为通流断面 2

的压力、密度和速度；k 为绝热指数。

二、声速与马赫数

声速是指声波在空气中传播的速度。声波是一种微弱的扰动波，在传递过程中只有压力波的变化而引起传递介质疏密程度的变化产生的振动，并没有物质的交换。

气体在管道中流动时，某点声速的表达式为

$$c=\sqrt{\frac{\mathrm{d}P}{\mathrm{d}\rho}} \tag{7-31}$$

式中：c 为声速，单位为 m/s；P 为气体压力，单位为 Pa；ρ 为气体密度，单位为 $\mathrm{kg/m^3}$。

由于声波传播速度很快，传播过程可以看做绝热过程，对于理想气体，$P/\rho^k=$常数，因此声速的表达式为

$$c=\sqrt{k\cdot\frac{P}{\rho}}=\sqrt{k\cdot RT}\approx 20.1\sqrt{T} \tag{7-32}$$

式中：k 为绝热指数，$k=1.4$；R 为气体常数 287.13，单位为 J/(kg · K)；T 为绝对温度，单位为 K。

由此可见，声速只与温度有关，而与压力无关。

气流速度 v 与声速 c 之比定义为马赫数 Ma，即

$$Ma=\frac{v}{c} \tag{7-33}$$

根据马赫数不同，把气流分为三种流动状态：当 $Ma>1$ 时，称为超声速流动；当 $Ma<1$ 时，称为亚声速流动；当 $Ma=1$ 时，称为临界状态或声速流动。

在工程实际中，为使问题简化，把气体看成不可压缩流体而带来的密度、压力及温度的相对误差是随着气流速度增加而增加的。通常在气流速度 $v<50$ m/s 或 $Ma<0.2$ 时，把气体当作不可压缩流体来处理。此时，其密度及压力的相对误差均在 1%以下。

三、气体通过变截面管的流动特性

1. 管道截面变化与气流速度的关系

气体流经变截面管道时，其流速变化的快慢取决于管道截面变化及进、出口之间的压力差。

对伯努利方程(7-29)微分，得

$$v\cdot\mathrm{d}v+\frac{k}{k-1}\frac{\mathrm{d}\rho}{\rho}\left(\frac{\mathrm{d}P}{\mathrm{d}\rho}-\frac{P}{\rho}\right)=0 \tag{7-34}$$

将式(7-24)代入式(7-34)，整理得

$$\frac{\mathrm{d}v}{v}=-\frac{1}{1-\left(\frac{v}{a}\right)^2}\cdot\frac{\mathrm{d}A}{A}=-\frac{1}{1-Ma^2}\cdot\frac{\mathrm{d}A}{A} \tag{7-35}$$

由式(7-35)可得表 7-4 所列出的结论。

表 7－4　不同变截面管道对流速的影响

马赫数	几何条件	管子轴向截面		结　论
		加速管	减速管	
$Ma<1$	$\dfrac{dA}{A}\propto-\dfrac{dv}{v}$			A 增加、v 减小 A 减小、v 增大
$Ma>1$	$\dfrac{dA}{A}\propto\dfrac{dv}{v}$			A 增大、v 增大 A 减小、v 减小
$Ma=1$	$\dfrac{dA}{A}=0$			临界状态 A 与 v 不变化

表 7－4 的结论表明，气体以亚声速及超声速流动时，不同变截面管道对流速的影响不一样。要使气体由低速达到声速或超声速，管道进、出口的压差还必须具备一定的条件。

2. 气流达到声速的临界压力比

当气流通过气动元件，使进口压力 P_1 保持不变时，速度为 v_1，经过收缩形变截面管道(或喷嘴)排气，出口压力为 P_2，速度为 v_2。如图 7－7(a)所示，气流将被加速，故 v_2 远大于 v_1。根据理想气体绝热流动的方程式，并假设 $v_1=0$ 及 $v_2=$a(声速)，可得出

$$\frac{P_1}{P_2}=\left(\frac{k+1}{2}\right)^{\frac{k}{k-1}}=1.893 \tag{7-36}$$

或

$$\frac{P_2}{P_1}=\left(\frac{2}{k+1}\right)^{\frac{k}{k-1}}=0.528 \tag{7-37}$$

式中，P_1/P_2 或 P_2/P_1 称为临界压力比，它是判断气流速度的重要依据。

当 $P_1>1.893P_2$ 或 $P_2<0.528P_1$ 时，气流速度达到声速。如采用如图 7－7(b)所示的拉瓦尔管，则气流可达超声速。

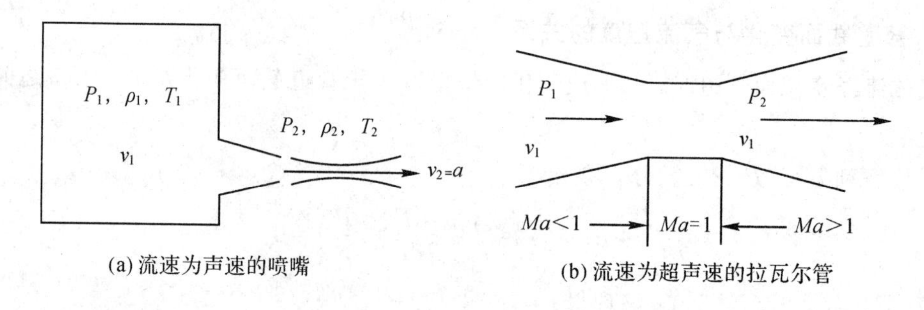

(a) 流速为声速的喷嘴　　(b) 流速为超声速的拉瓦尔管

图 7－7　气体经喷嘴的流动

四、通流能力

气动元件或气动回路都是由各种截面尺寸的管路或阀口组成的，其通过的流量与截面

积有关，气动元件和管路的通流能力可以用有效截面积 S 来表示，也可以用流量 q 来表示。

1. 有效截面积 *S*

气体流过节流孔如阀口时，由于实际流体存在黏性，其流束的收缩比节流孔口实际面积还小，此最小截面积称为有效截面积 S，它代表了节流孔的通流能力，如图 7－8 所示。

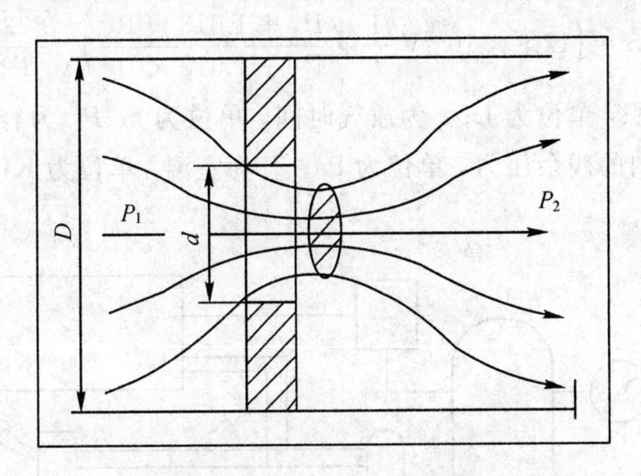

图 7－8　节流阀的有效截面积

节流阀、气阀等的有效截面积可采用简化计算。节流阀有效截面积可用下式计算：

$$S=\alpha\frac{\pi d^2}{4} \tag{7-38}$$

式中，α 为收缩系数。

α 值在确定节流孔直径 d 对节流孔上端直径 D 的比值的二次方 $\beta=(d/D)^2$ 之后，可根据图 7－9 查出。

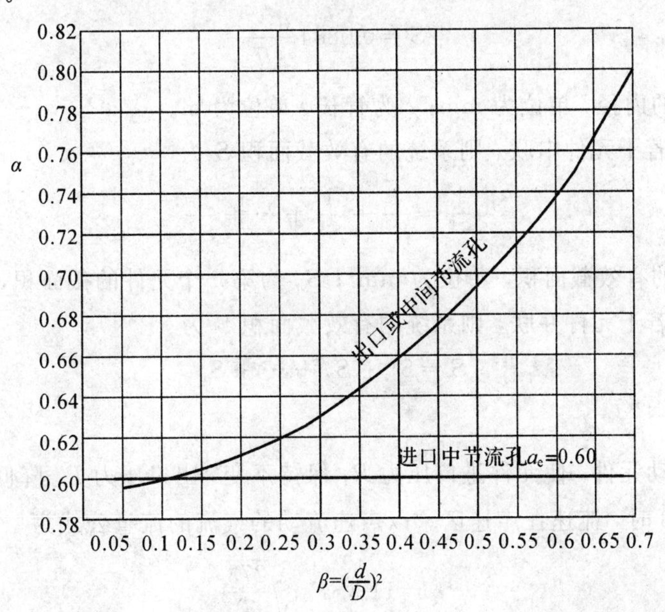

图 7－9　节流孔的收缩系数

实际的气动元件的内部结构复杂，可设想有一截面积为 S 的薄壁节流孔，当节流孔与被测元件在相同压差条件下通过的空气流量相等时，此设想的节流孔的截面积 S 值即为被测元件的有效截面积。

单个气动元件的有效截面积 S 可用声速排气法(如图 7－10 所示)测量，并用下式计算：

$$S=\left(12.9\times10^{-3}V\frac{1}{t}\lg\frac{P_1+1.013\times10^5}{P_2+1.013\times10^5}\right)\sqrt{\frac{273}{T}} \qquad (7-39)$$

式中：V 为容器的容积，单位为 L；t 为放气时间，单位为 s；P_1 为容器内的初始压力，单位为 Pa；P_2 为容器内的残余压力，单位为 Pa；T 为室温，单位为 K；S 为有效截面积，单位为 mm^2。

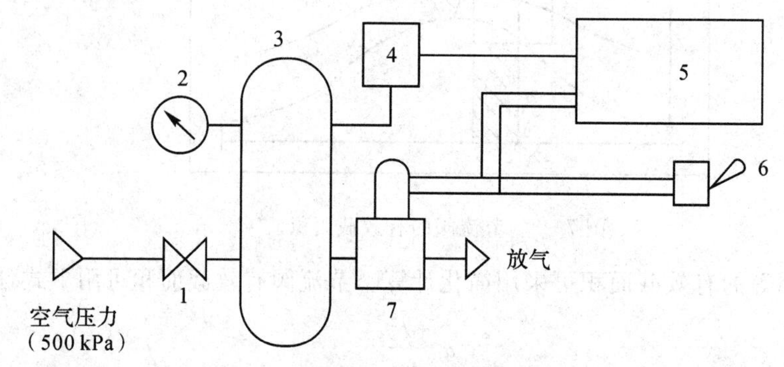

1—截止阀；2—压力表；3—储气罐；4—压力传感器；5—示波器；6—开关；7—电磁阀

图 7－10　有效截面积的测试回路

对于一定长度的管路，其有效截面积可用下式计算：

$$S=0.0884\frac{d^{2.655}}{\sqrt{l}} \qquad (7-40)$$

式中：d 为管路的内径，单位为 mm；l 为管长，单位为 m。

系统中若有若干元件串联，则系统的有效截面积 S 为

$$\frac{1}{S^2}=\frac{1}{S_1^2}+\frac{1}{S_2^2}+\cdots+\frac{1}{S_n^2} \qquad (7-41)$$

式中：S 为系统的有效截面积，单位为 mm^2；S_n 为第 n 个元件的截面积，单位为 mm^2。

系统中若有若干元件并联，则系统的有效截面积 S 为

$$S=S_1+S_2+\cdots+S_n \qquad (7-42)$$

2. 流量 q

气流通过气动元件，使元件进口压力 P_1 保持不变，出口压力 P_2 降低。当气流压力之比 $P_1/P_2>1.893$ 时，流速在声速区。以声速流动的气流的流量公式为

$$q=11.3SP_1\sqrt{\frac{273}{T}} \qquad (7-43)$$

当 $P_1/P_2<1.893$ 时，流速在亚声速区。以亚声速流动的气流的流量公式为

$$q = 22.7S\sqrt{P_1(P_1 - P_2)} \tag{7-44}$$

以上两式中，S 为管路的有效截面积，单位为 mm^2；P_1、P_2 为节流孔前后的压力，单位为 Pa；T 为节流孔前的温度，单位为 K；q 为体积流量，单位为 L/min。

习　题

1. 按气动元件和装置的不同功能，气压传动系统可分成哪些组成部分？每部分的作用是什么？

2. 气压传动主要有何优缺点？

3. 气压传动中，主要考虑空气的哪些物理性质？什么是空气的绝对湿度与相对湿度？

4. 简述气体流动的四个基本方程。

模块八　气动元件

【学习目标】

(1) 掌握气压传动的气源装置、控制元件、执行元件以及辅助元件的结构及工作原理。

(2) 掌握常见气压回路及其应用。

8-1　气源装置及辅件

气压传动系统中的气源装置为气动系统提供满足一定要求的压缩空气，是气压传动系统的重要组成部分。气源装置一般由气压发生装置和气动辅助装置组成。

一、空气压缩机

气动系统最常用的气压发生装置是往复活塞式空气压缩机，其工作原理如图8-1所示。当活塞5向右运动时，气缸的容积增大，形成部分真空，外界空气在大气压力 P_a 的作用下推开吸气阀2进入气缸，这就是吸气过程；当活塞5向左运动时，吸气阀2在缸内压缩气体的作用下关闭，随着活塞的左移，缸内气体受到压缩使压力升高，这就是压缩过程；当气缸内压力略高于输气管路内压力 P 时，排气阀1打开，压缩空气排入输气管路内，这就是排气过程。曲柄9旋转一周，活塞往复行程一次，即完成"吸气—压缩—排气"一个工作循环。活塞的往复运动由电动机带动曲柄9转动，通过连杆8、滑块7、活塞杆6转化成直线往复运动。图8-1所示只表示一个活塞一个气缸的空气压缩机，而大多数空气压缩机是多缸多活塞的组合。

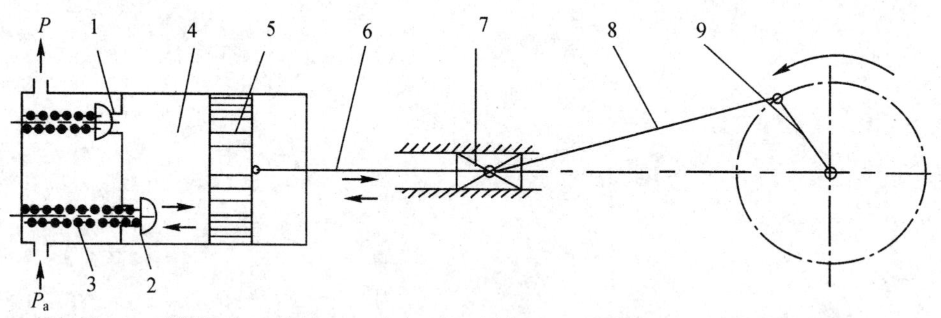

1—排气阀；2—吸气阀；3—弹簧；4—气缸；5—活塞；6—活塞杆；7—滑块；8—连杆；9—曲柄

图8-1　往复活塞式空气压缩机工作原理

空气压缩机的种类很多，分类形式也有数种，如按其工作原理可分为容积型压缩机和速度型压缩机。容积型压缩机的工作原理是压缩气体的体积，使单位体积内气体分子的密度增大，以提高压缩空气的压力；速度型压缩机的工作原理是提高气体分子的运动速度，使气体的动能转化为压力能，以提高压缩空气的压力。空气压缩机按输出压力大小，可分为低压空压机(0.2～1 MPa)、中压空压机(1.0～10 MPa)、高压空压机(10～100 MPa)和超高压空压机(大于 100 Mpa)；按输出流量(排量)不同，可分为微型(不足 1 m^3/min)、小型(1～10 m^3/min)、中型(10～100 m^3/min)和大型(大于 100 m^3/min)空气压缩机。

二、气动辅助装置

气动辅助装置分为气源净化装置和其他辅助元件两大类。

1. 气源净化装置

压缩空气净化装置一般包括后冷却器、油水分离器、储气罐、干燥器、过滤器等。

1）后冷却器

后冷却器安装在空气压缩机出口处的管道上，其作用是将空气压缩机排出的压缩空气温度降低，使压缩空气中的油雾和水汽迅速达到饱和，并使其大部分析出且凝结成油滴和水滴，以便经油水分离器排出。后冷却器的结构形式有蛇形管式、列管式、散热片式、管套式；冷却方式有水冷和气冷两种。图 8-2 是蛇管式后冷却器的结构示意图及图形符号。

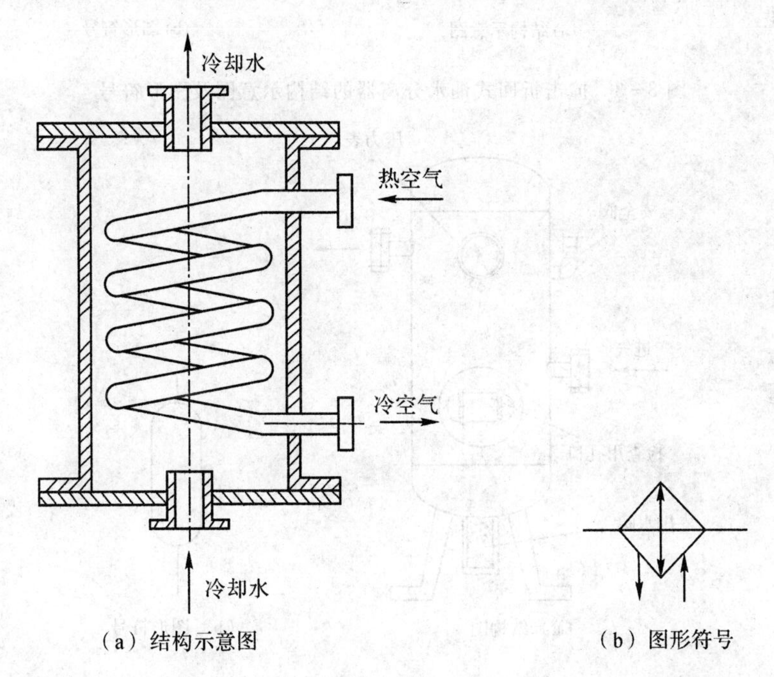

图 8-2 后冷却器的结构示意图及图形符号

2）油水分离器

油水分离器安装在后冷却器出口管道上，其作用是分离并排出压缩空气中凝聚的油分、水分和灰尘杂质等，使压缩空气得到初步净化。油水分离器的结构形式有环形回转式、撞击折回式、离心旋转式、水浴式以及以上形式的组合等。图 8-3 是撞击折回式油水分离器的结构示意图及图形符号。

3）储气罐

储气罐的结构图及图形符号如图 8-4 所示。

储气罐的主要作用如下：

(1) 储存一定数量的压缩空气，以备发生故障或临时需要应急使用。

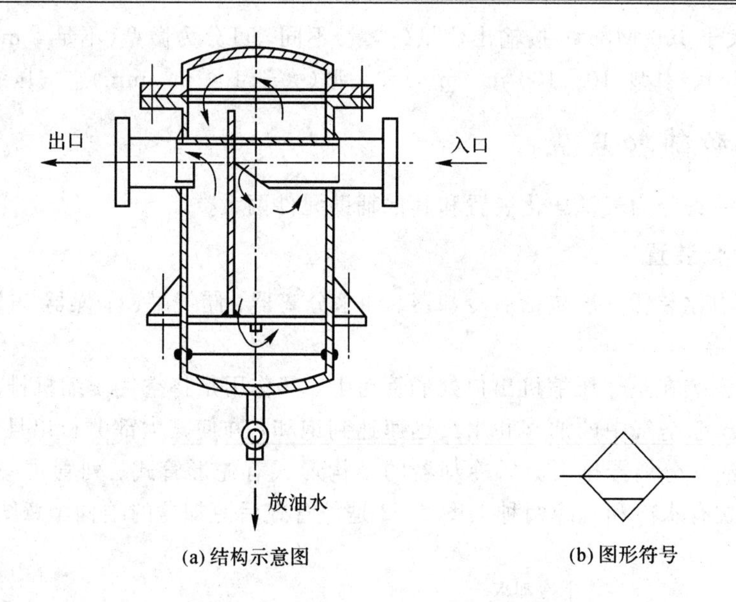

图 8-3　撞击折回式油水分离器的结构示意图及图形符号

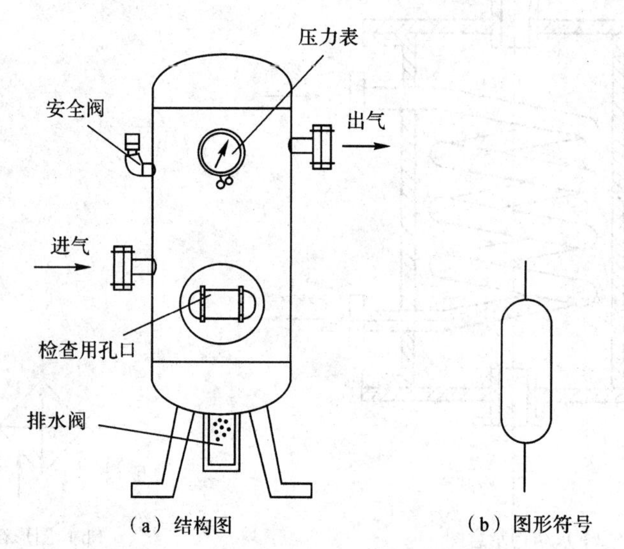

图 8-4　储气罐的结构图及图形符号

(2) 消除由于空气压缩机断续排气而对系统产生的压力脉动，以保证输出气流的连续性和平稳性。

(3) 进一步分离压缩空气中的油、水等杂质。

4) 干燥器

干燥器的作用是进一步去除压缩空气中含有的水分、油分、颗粒杂质等，以便用于对气源质量要求较高的精密气动装置、气动仪表等。压缩空气的干燥方法主要采用吸附法和冷却法。吸附法是利用具有吸附性能的吸附剂(如硅胶、铝胶或分子筛等)来吸附压缩空气中含有的水分而使其干燥；冷却法是利用制冷设备使空气冷却到一定的露点温度，析出空气中超过饱和水蒸气部分的多余水分，从而达到所需的干燥度。吸附法是干燥处理方法中应用最为普遍的一种方法，图 8-5 是吸附式干燥器的结构示意图及图形符号。

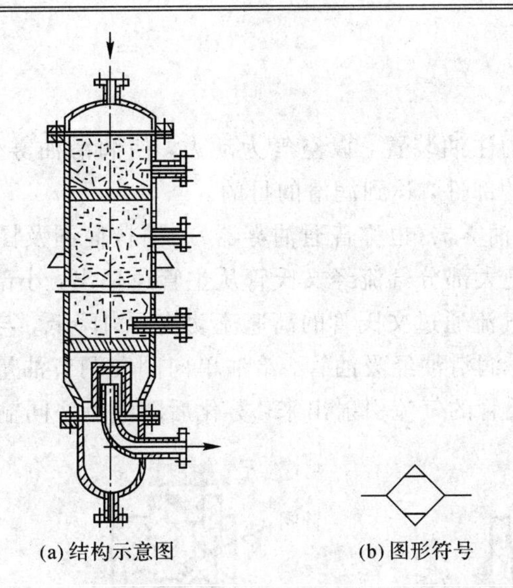

(a) 结构示意图　　　　(b) 图形符号

图 8-5　吸附式干燥器的结构示意图及图形符号

5）过滤器

过滤器的作用是进一步滤除压缩空气中的杂质，以满足不同场合对压缩空气的要求。常用过滤器有一次过滤器和二次过滤器。一次过滤器又称简易过滤器，常用滤网、毛毡、硅胶、焦炭等材料起吸附过滤作用，其滤灰效率为 50%～70%。二次过滤器又称分水滤气器，在气压系统中应用最广泛，其滤灰效率为 70%～99%。在要求高的场合，还可使用高效率的过滤器(滤灰效率大于 99%)。图 8-6(a)是一次过滤器的结构示意图，图 8-6(b)是普通分水滤气器的结构示意图。

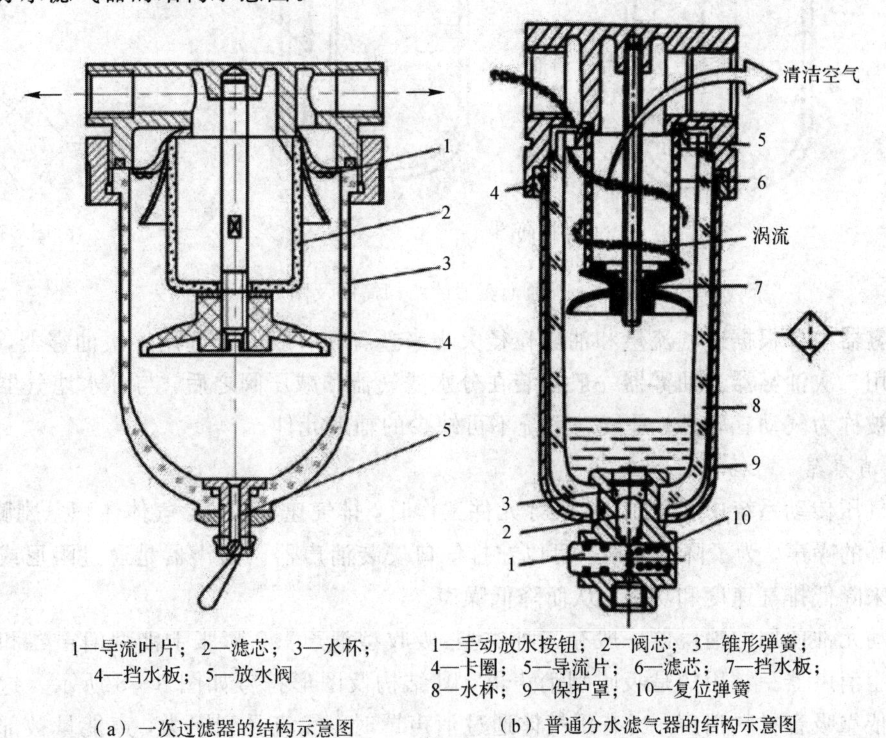

1—导流叶片；2—滤芯；3—水杯；
4—挡水板；5—放水阀

(a) 一次过滤器的结构示意图

1—手动放水按钮；2—阀芯；3—锥形弹簧；
4—卡圈；5—导流片；6—滤芯；7—挡水板；
8—水杯；9—保护罩；10—复位弹簧

(b) 普通分水滤气器的结构示意图

图 8-6　过滤器的结构示意图

2. 其他辅助元件

1）油雾器

油雾器是一种特殊的注油装置，以空气为动力，使润滑油雾化后，注入到空气流中，并随空气进入需要润滑的部件，达到润滑的目的。

图 8－7 所示是一次油雾器(也称普通油雾器)的结构简图及图形符号。压缩空气从入口进入油雾器后，其中绝大部分气流经文氏管从主管道输出，小部分通过特殊单向阀流入油杯使油面受压。由于气流通过文氏管的高速流动使压力降低，与油面上的气压之间存在着压力差。在此压力下，润滑油经吸油管、给油单向阀和调节油量的针阀滴入透明的视油器内，并顺着油路被文氏管的气流引射出来，雾化后随气流一同输出。

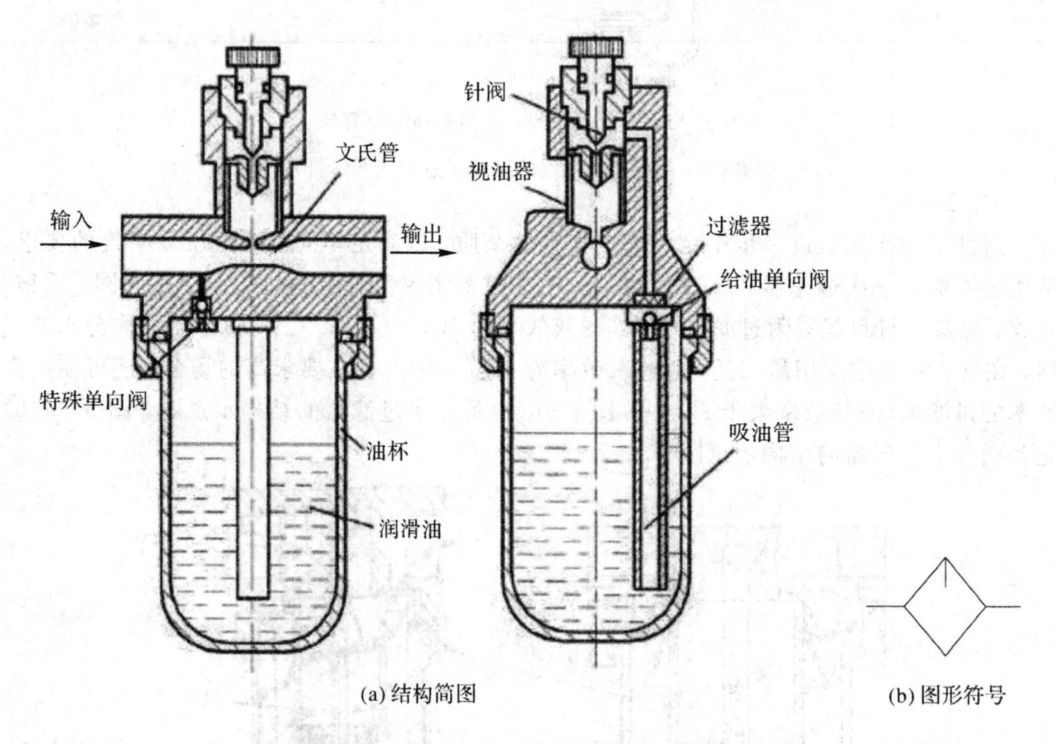

图 8－7　普通油雾器的结构简图及图形符号

油雾器主要根据通气流量和油雾粒径大小来选择，一般场合选用一次油雾器，特殊场合可选用二次油雾器。油雾器一般安装在分水滤气器和减压阀之后，与分水滤气器和减压阀一起被称为气动三联件，是气动系统不可缺少的辅助元件。

2）消声器

在气压传动系统中，气缸、气阀等元件工作时，排气速度较高，气体体积急剧膨胀，会产生刺耳的噪声，为了降低噪声，可以在排气口安装消声器。消声器是通过阻尼或增加排气面积来降低排气速度和功率，从而降低噪声。

气动元件使用的消声器一般有三种类型：吸收型消声器、膨胀干涉型消声器和膨胀干涉吸收型消声器。常用的是吸收型消声器，其结构及图形符号如图 8－8 所示。这种消声器主要依靠吸音材料消声，当有压气体通过消声罩时，气流受到阻力，声能量被部分吸收而转化为热能，从而降低了噪声强度。消声罩为多孔的吸音材料，一般用聚苯乙烯或铜珠烧结而成。当消声器通径小于 20 mm 时，多用聚苯乙烯作消音材料制成消声罩。当消声器的通径大于 200 mm 时，消声罩多用铜珠烧结，以增加强度。

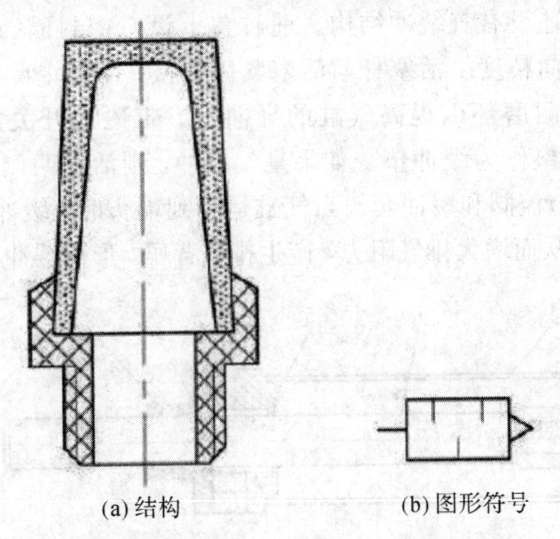

(a) 结构　(b) 图形符号

图 8－8　吸收型消声器的结构及图形符号

3）管件

管件包括管道和各种管接头。有了管道和各种管接头，才能把气动控制元件、气动执行元件以及辅助元件等连接成完整的气动控制系统。

管道可分为硬管和软管两种。如总气管和支气管等一些固定不动的、不需要经常装拆的地方，可使用硬管；连接运动部件和临时使用、希望装拆方便的管路应使用软管。硬管有钢管、紫铜管和 PVC 管等；软管有塑料管、尼龙管、橡胶管、金属编织塑料管以及挠性金属导管等。常用的是紫铜管和尼龙管。

气动系统中所使用的管接头的结构及工作原理与液压管接头基本相似，分为卡套式、扩口式、焊接式、卡箍式、插入快换式等。

8－2　气动执行元件

气动执行元件是将压缩空气的压力能转换为机械能的装置，包括实现直线往复运动或摆动的气缸和实现连续回转运动的气马达。

一、气缸

气缸能够实现直线往复运动并做功，是气动系统中使用最广泛的一种气动执行元件。除几种特殊气缸外，普通气缸及结构形式与液压缸基本相同。

气缸按压缩空气对活塞作用力的方向可分为单作用式和双作用式；按气缸的结构特征可分为活塞式、薄膜式、柱塞式和无杆气缸；按气缸的功能可分为普通气缸(包括单作用和双作用气缸)、薄膜气缸、冲击气缸、气液阻尼缸、缓冲气缸和摆动气缸等。

1. 普通气缸

普通气缸是目前应用最广泛的标准气缸，其结构和参数都已经系列化、标准化、通用化，一般应用于包装机械、食品机械、加工机械等设备上。图 8－9 所示是单杆双作用普通气缸的结构，它由缸筒、前后缸盖、活塞、活塞杆、密封件和紧固件等零件组成。缸筒在前后缸盖之间固定连接，有活塞杆侧的缸盖为前缸盖，缸底侧则为后缸盖。一般在缸盖上开有进气排气通口，有的还设有气缓冲结构。前缸盖上设有密封圈、防尘圈，同时还设有导向套，以提高气缸的导向精度。活塞杆与活塞紧固连接，活塞上除有密封圈防止活塞左右两腔相互串气外，还有耐磨环以提高气缸的导向性。带磁性开关的气缸，活塞上装有磁环。活塞两侧常装有胶垫作为缓冲垫。如果是气缓冲，则活塞两侧沿轴线方面设有缓冲柱塞，同时缸盖上有缓冲节流阀和缓冲套。当气缸运动到端头时，缓冲柱塞进入缓冲套，气缸排气需要经缓冲节流阀从而增大排气阻力，产生排气背压，形成缓冲气垫，起到缓冲作用。

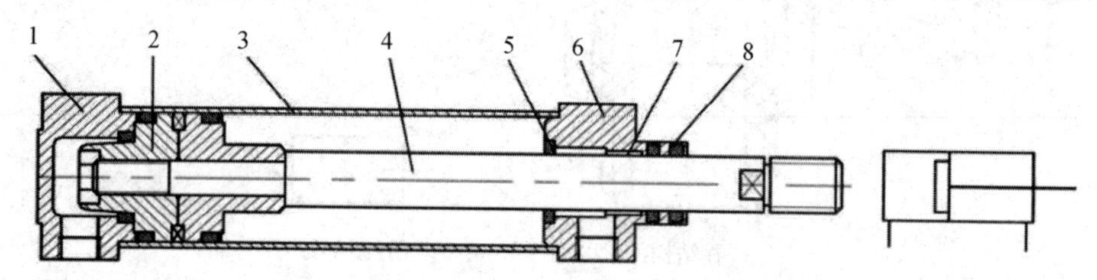

1—后缸盖；2—活塞；3—缸筒；4—活塞杆；5—缓冲密封圈；6—前缸盖；7—导向套；8—防尘圈

图 8-9　单杆双作用普通气缸的结构

2. 气液阻尼缸

普通气缸工作时，由于气体的压缩性，当外部载荷变化较大时，会产生“爬行”或“自走”现象，使气缸的工作不稳定。为了使气缸运动平稳，普遍采用气液阻尼缸。

气液阻尼缸由气缸和油缸组合而成，以压缩空气为能源，并利用油液的不可压缩性和控制油液流量来获得活塞的平稳运动和调节活塞的运动速度。其工作原理如图 8-10 所示。气液阻尼缸将气缸和油缸串联成一个整体，两个活塞固定在一根活塞杆上。当气缸右端供气时，气缸克服外负载并带动油缸同时向左运动，此时油缸左腔排油，单向阀关闭，油液只能经节流阀缓慢流入油缸右腔，对整个活塞的运动起到阻尼作用。调节节流阀的阀口大小就能达到调节活塞运动速度的目的。当压缩空气从气缸左腔进入时，油缸右腔排油，此时因单向阀开启，活塞能快速返回原来位置。

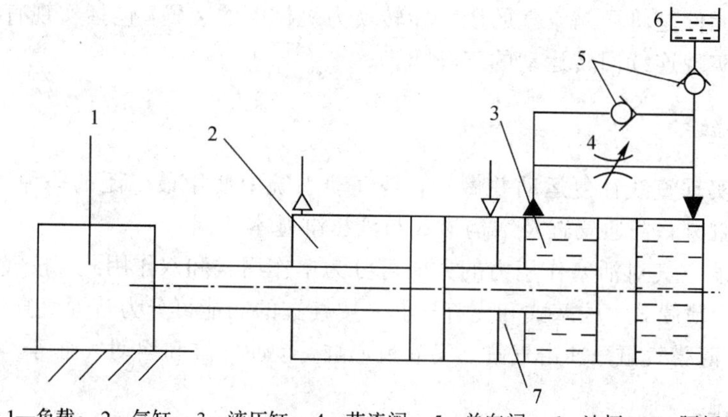

1—负载；2—气缸；3—液压缸；4—节流阀；5—单向阀；6—油杯；7—隔板

图 8-10　气液阻尼缸的工作原理图

这种气液阻尼缸的结构一般是将双杆活塞缸作为油缸，这样可使油缸两腔的排油量相等，此时油箱内的油液只用来补充因油缸泄漏而减少的油量，一般用油杯就足够了。

3. 薄膜式气缸

薄膜式气缸是一种利用压缩空气通过膜片推动活塞杆做往复直线运动的气缸，由缸体、膜片、膜盘和活塞杆等主要零件组成，其功能类似于活塞式气缸，分为单作用式和双作用式两种，如图 8－11 所示。

薄膜式气缸的膜片可以做成盘形膜片和平膜片两种形式。膜片材料为夹织物橡胶、钢片或磷青铜片，常用的是夹织物橡胶，橡胶厚度为 5～6 mm，有时也可用 1～3 mm 的金属式膜片只用于行程较小的薄膜式气缸中。

薄膜式气缸和活塞式气缸相比，具有结构简单，紧凑，制造容易，成本低，维修方便，寿命长，泄漏小，效率高等优点。但是膜片的变形量有限，故行程短(一般不超过 40～50 mm)，且气缸活塞杆上的输出力随着行程的加大而减小。

4. 冲击气缸

冲击气缸是一种体积小，结构简单，易于制造，耗气功率小但能产生相当大冲击力的一种特殊气缸。与普通气缸相比，冲击气缸的结构特点是增加了一个具有一定容积的蓄能腔和喷嘴。其结构如图 8－12 所示。

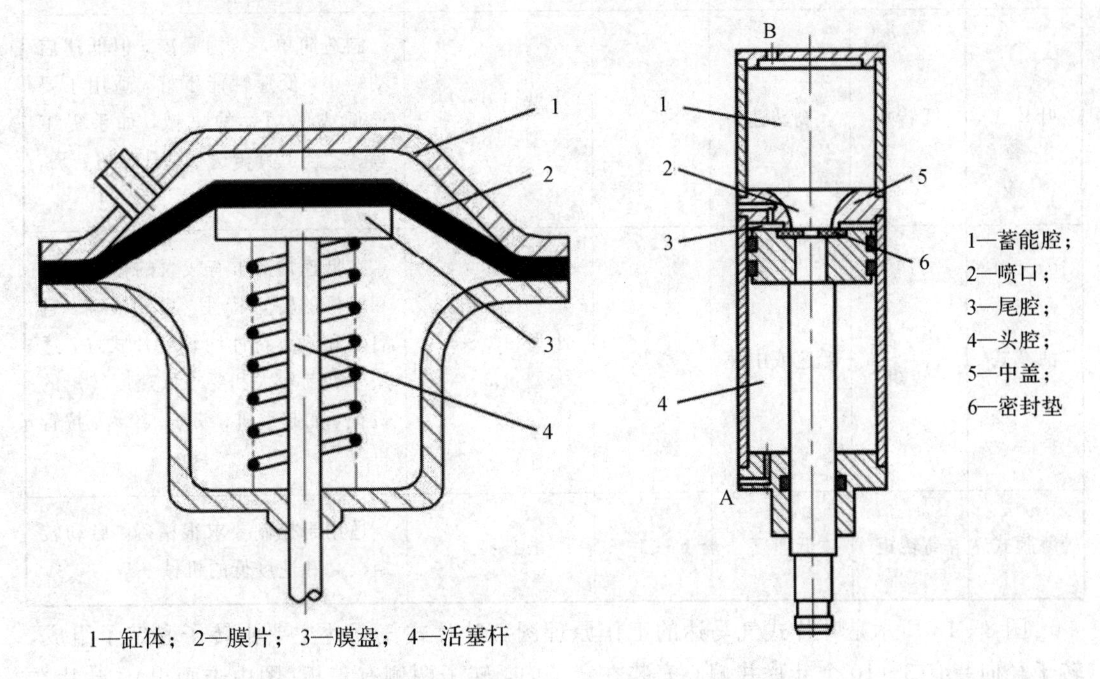

1—缸体；2—膜片；3—膜盘；4—活塞杆

图 8－11　薄膜式气缸结构简图

图 8－12　冲击气缸的结构简图

冲击气缸的整个工作过程可简单地分为三个阶段：第一个阶段，压缩空气由孔 A 输入冲击缸的下腔，蓄气缸经孔 B 排气，活塞上升并用密封垫封住喷嘴，中盖和活塞间的环形空间经排气孔与大气相通。第二阶段，压缩空气改由孔 B 输入蓄气缸中，冲击缸下腔经孔 A 排气。由于活塞上端气压作用在面积较小的喷嘴上，而活塞下端受力面积较大，一般设计成喷嘴面积的9倍，缸下腔的压力虽因排气而下降，但此时活塞下端向上的作用力仍然大于活塞上端向下的作用力。第三阶段，蓄气缸的压力继续增大，冲击缸下腔的压力继续降低，当蓄气缸内压力高于活塞下腔压力9倍时，活塞开始向下移动；活塞一旦离开喷嘴，蓄气缸内的高压气体迅速充入到活塞与中盖间的空间，使活塞上端的受力面积突然增加9倍，于是活塞将以极大的加速度向下运动，气体的压力能转换成活塞的动能；在冲程达到一定时，获得最大的冲击速度和能量，利用这个能量对工件进行冲击做功，就可以产生很大的冲击力。

二、气马达

气马达也是气动执行元件的一种，能够输出力矩和转速，驱动机构实现旋转运动。常见的气马达多为容积式气马达，是靠改变空气容积的大小和位置来工作的，按结构形式可分为叶片式气马达、活塞式气马达、齿轮式气马达和薄膜式气马达。表8-1所示是各种气马达的特点及应用范围。

表8-1　各种气马达的特点及应用范围

型式	转矩	转速	功率/kW	每千瓦耗气量 $q/(m^3/min)$	特点及应用范围
叶片式	低转矩	高转速	≤3	小型:1.0～1.4 大型:1.8～2.3	制造简单，结构紧凑，但低速启动矩小，低速性能不好，适用于要求低或中功率的机械，如手提工具、复合工具传送带、升降机、泵、拖拉机等
活塞式	中、高转矩	低速或中速	≤17	小型:1.0～1.4 大型:1.9～2.3	在低速情况下有较大的输出功率和较好的转矩特性，启动准确，且启动和停止特性均较叶片式好，适用于载荷较大和要求低速度转矩的机械，如起重机、绞车、绞盘、拉管机等
薄膜式	高转矩	低速度	<1	1.2～1.4	适用于控制要求很精确、启动转矩极高和速度低的机械

图8-13所示是叶片式气马达的工作原理图。叶片式气马达主要由转子和定子组成，转子径向装有3～10个叶片并偏心安装在定子内，转子两侧有盖板(图中未画出)，叶片在转子的槽内可径向滑动，叶片底部通有压缩空气，转子转动时靠离心力和叶片底部气压将叶片紧压在定子内表面上。定子内有半圆形的切沟，提供压缩空气及排出废气。当压缩空气从A口进入定子内，会使叶片带动转子做逆时针旋转，产生转矩；废气从排气口C排出，而定子腔内残留气体则从B口排出。如需改变气马达的旋转方向，只需改变进、排气口即可。

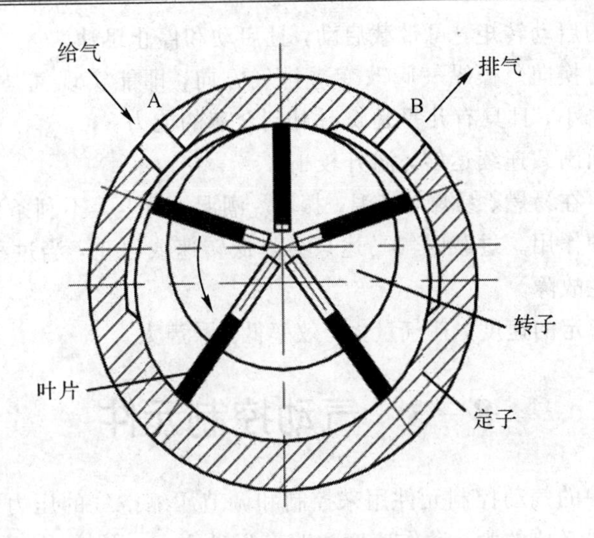

图 8-13 叶片式气马达的工作原理图

图 8-14 所示是活塞式气马达的工作原理图。压缩空气从进气口进入分配阀(又称配气阀)后再进入气缸，推动活塞及连杆组件运动，再使曲柄旋转。曲柄旋转的同时，带动固定在曲轴上的分配阀同步转动，使压缩空气随着分配阀角度位置的改变而进入不同的缸内，依次推动各个活塞运动，同各活塞及连杆带动曲轴连续运转。与此同时，与进气缸相对应的气缸则处于排气状态。

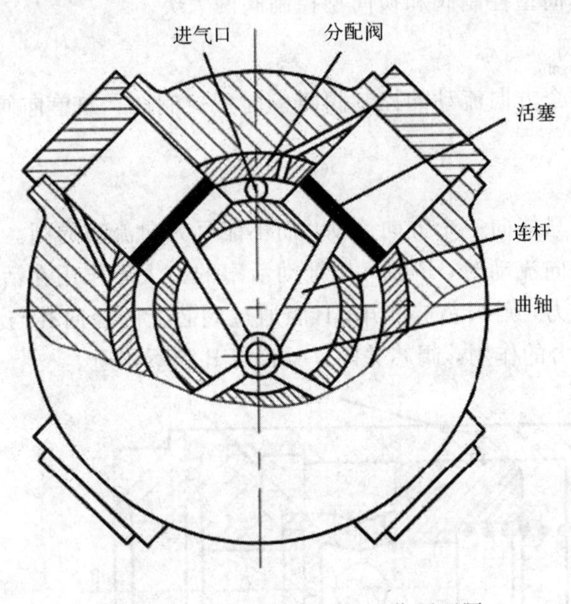

图 8-14 活塞式气马达的工作原理图

气马达和液压马达相比，具有以下特点：

(1) 功率范围及转速度范围较宽。功率小到几百瓦，大到几万瓦，转速在 $0\sim2.5\times10^4$ r/min 或更高。

(2) 可以实现无级调速。控制进气阀或排气阀的阀口开度，即控制输入或排出压缩空气的流量，就能调节马达的输出功率和转速。

(3) 具有较高的启动转矩，可带载启动，且启动和停止迅速。

(4) 可实现瞬时换向。操纵气阀改变进排气方向，即能实现气马达输出轴的正反转，可在瞬时换向，冲击小，且具有几乎是瞬时升到全速的能力。

(5) 可以长时间满载连续运转，温升较小。

(6) 工作安全。在易燃、易爆、高温、振动、潮湿、粉尘等不利条件下均能正常工作。

(7) 有过载保护作用。过载时气马达只会降低转速或停止，当过载解除后可立即重新正常运转，不会发生故障。

(8) 难以控制稳定的速度，耗气量大，效率低，噪声大。

8－3　气动控制元件

气压传动系统中的气动控制元件用来控制和调节压缩空气的压力、流量和方向，从而使气动执行机构获得必要的力、动作速度和改变运动方向，并按设计要求正常工作。与液压控制元件类似，气动控制元件按照功能和用途可分为方向控制阀、压力控制阀和流量控制阀。此外，还有通过改变气流方向和通断以实现各种逻辑功能的气动逻辑元件。

一、方向控制阀

方向控制阀是改变气体的流通方向或通断的控制阀。按照气体在阀内的作用方向，方向控制阀可以分为单向型控制阀和换向型控制阀两大类。

1. 单向型控制阀

只允许气流沿一个方向流动的控制阀叫单向型控制阀，如单向阀、梭阀、双压阀和快速排气阀等。

1) 单向阀

单向阀是指气流只能向一个方向流动，而不能反方向流动的阀。其结构图及图形符号如图 8－15 所示。正向流动时，P 腔气压推动活塞的力大于作用在活塞上的弹簧力和活塞与阀体之间的摩擦阻力，则阀芯被推开，P 腔通过阀芯上的径向孔与 A 腔接通；反向流动时，受气压力和弹簧力的作用，阀芯关闭，A 腔与 P 腔不相通。

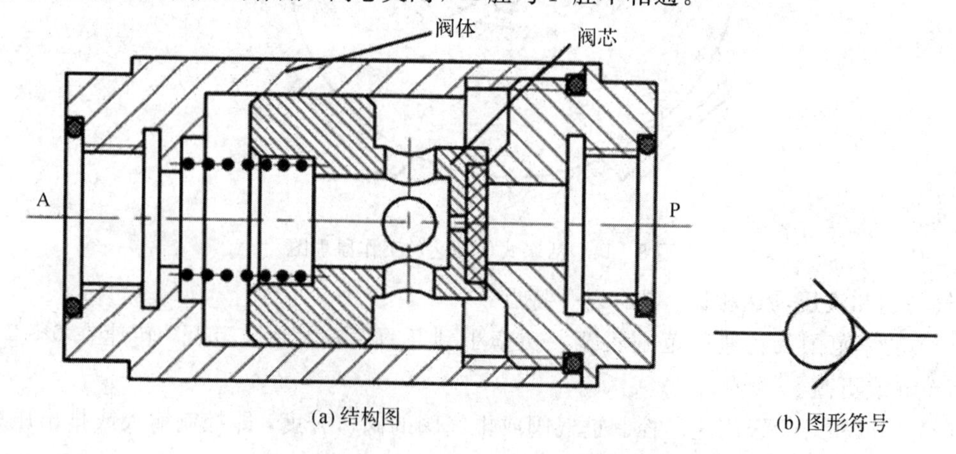

图 8－15　气动单向阀的结构图及图形符号

单向阀的特性包括最低开启压力、压降和流量特性等。因单向阀是在压缩空气作用下开启的，因此在阀开启时，必须满足最低开启压力，否则不能开启。即使阀处在全开状态也会产生压降，因此在精密的压力调节系统中使用单向阀时，需预先了解阀的开启压力和压降值。一般最低开启压力在 0.01～0.04 MPa，压降在 0.006～0.01 MPa。

在气动系统中，为防止储气罐中的压缩空气倒流回空气压缩机，在空气压缩机和储气罐之间应装有单向阀。单向阀还可与其他的阀组合成单向节流阀、单向顺序阀等。

2）或门型梭阀

图 8-16 所示为或门型梭阀的结构图及图形符号。这种阀相当于由两个单向阀串联而成，无论是 P_1 口还是 P_2 口输入，A 口总是有输出的，其作用相当于实现逻辑“或”的功能。当输入口 P_1 进气时将阀芯推向右端，通路 P_2 被关闭，于是气流从 P_1 进入通路 A；当 P_2 有输入时，则气流从 P_2 进入 A；若 P_1、P_2 同时进气，则哪端压力高，A 就与哪端相通，另一端就自动关闭。

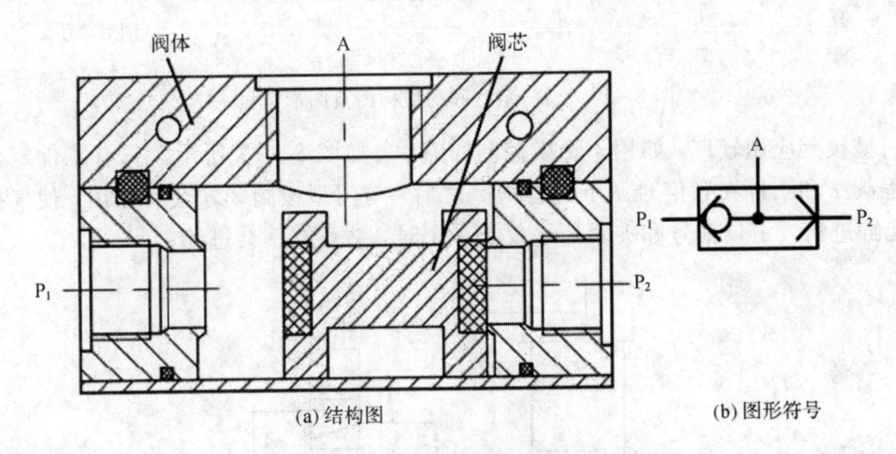

(a) 结构图　　(b) 图形符号

图 8-16　或门型梭阀的结构图及图形符号

或门型梭阀常用于选择信号，如手动和自动控制并联的回路，如图 8-17 所示。电磁阀通电，梭阀阀芯推向一端，A 口有输出，气控阀被切换，活塞杆伸出；电磁阀断电，则活塞杆收回。电磁阀断电后，按下手动阀按钮，梭阀阀芯推向一端，A 口有输出，活塞杆伸出；放开按钮，则活塞杆收回。此回路手动或电控均能使活塞杆伸出。

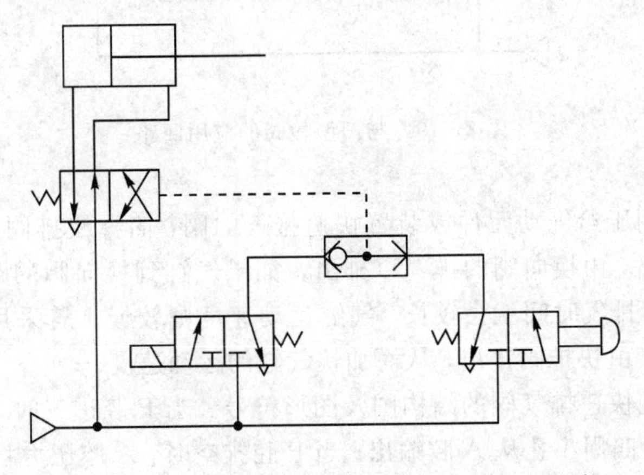

图 8-17　或门型梭阀应用于手动-自动换向回路

3）与门型梭阀（双压阀）

与门型梭阀（双压阀）有两个输入口，一个输出口。当输入口 P_1、P_2 同时都有输入时，A 口才会有输出，因此具有逻辑“与”的功能。图 8－18 所示是与门型梭阀的结构图及图形符号。当 P_1 输入时，A 无输出；当 P_2 输入时，A 无输出；当 P_1 和 P_2 同时有输入时，A 有输出。

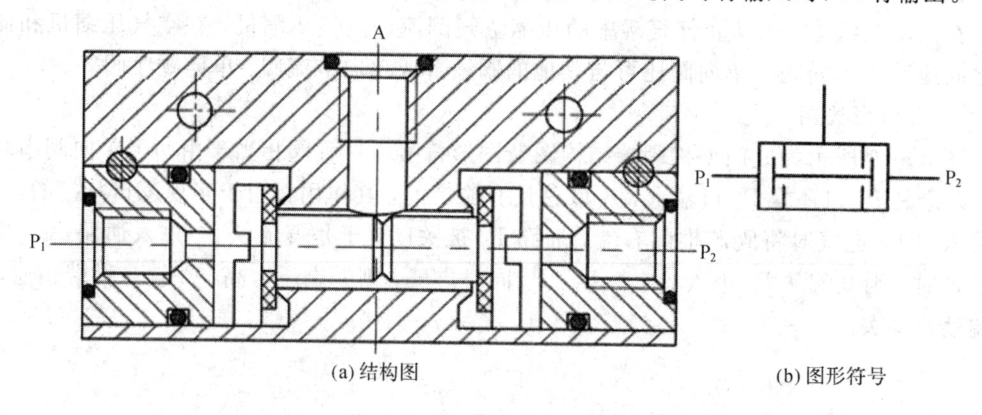

图 8－18　与门型梭阀的结构图及图形符号

与门型梭阀应用较广，如用于钻床控制回路中，如图 8－19 所示。只有工件定位信号压下行程阀 1 和工件夹紧信号压下行程阀 2 之后，与门型梭阀 3 才会有输出，使气控阀换向，钻孔缸进给。定位信号和夹紧信号仅有一个时，钻孔缸不会进给。

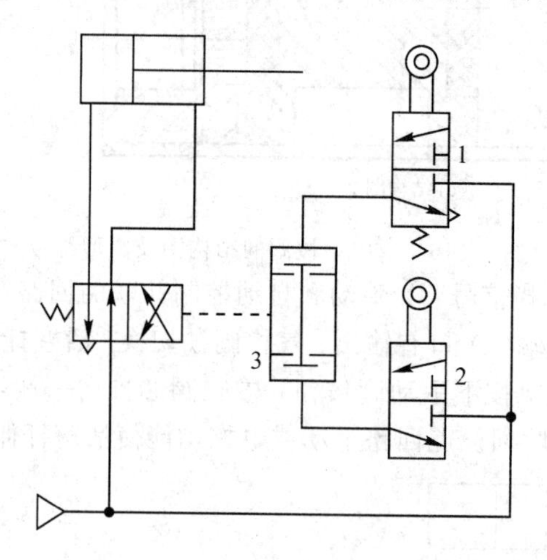

图 8－19　与门型梭阀的应用回路

4）快速排气阀

快速排气阀是用于给气动元件或装置快速排气的阀，简称快排阀。通常气缸排气时，气体从气缸经过管路，由换向阀的排气口排出。如果气缸到换向阀的距离较长，而换向阀的排气口又较小时，排气时间就会较长，气缸运动速度则较慢。若采用快速排气阀，则气缸内的气体就能直接由快排阀排出，从而加快气缸的运动速度。

图 8－20 所示是快速排气阀的结构图及图形符号。当 P 腔进气时，膜片被压下封住排气孔 O，气流经膜片四周小孔从 A 腔输出；当 P 腔排空时，A 腔压力将膜片顶起，隔断 P、A 通路，A 腔气体经排气孔 O 迅速排向大气。

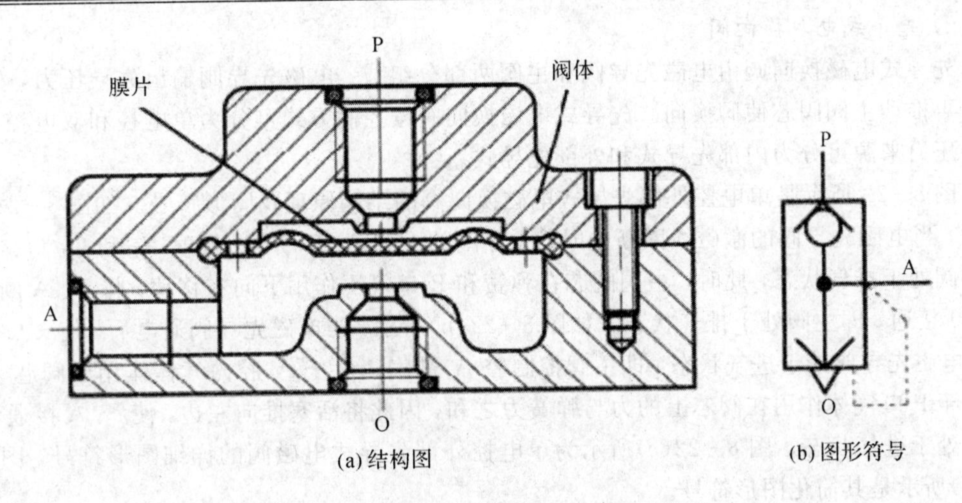

(a) 结构图　　(b) 图形符号

图 8-20　快速排气阀的结构图及图形符号

2. 换向型控制阀

换向型控制阀是指可以改变气流流动方向的控制阀。其按控制方式可分为气压控制、电磁控制、人力控制和机械控制，其中电磁换向阀是气动系统中最常用的换向型控制阀。下面主要介绍电磁换向阀。

电磁换向阀由电磁铁通电对衔铁产生吸力，利用电磁吸力实现阀的切换以改变气流方向。电磁换向阀易于实现电、气联合控制，能够远距离操作，故而得到了广泛的应用。电磁换向阀按工作方式又可分成直动式电磁换向阀和先导式电磁换向阀。

1) 直动式电磁换向阀

由电磁铁的衔铁直接推动阀芯换向的气动换向阀称为直动式电磁换向阀。直动式电磁换向阀有单电控和双电控两种。图 8-21 所示为单电控直动式电磁阀的结构原理，它是二位三通电磁阀。图 8-21(a)所示为电磁铁断电时的状态，阀芯靠弹簧力复位，使 P、A 断开，A、O 接通，阀处于排气状态；图 8-21(b)所示为电磁铁通电时的状态，电磁铁推动阀芯向下移动，使 P、A 接通，阀处于进气状态；图 8-21(c)是直动式电磁换向阀的图形符号。

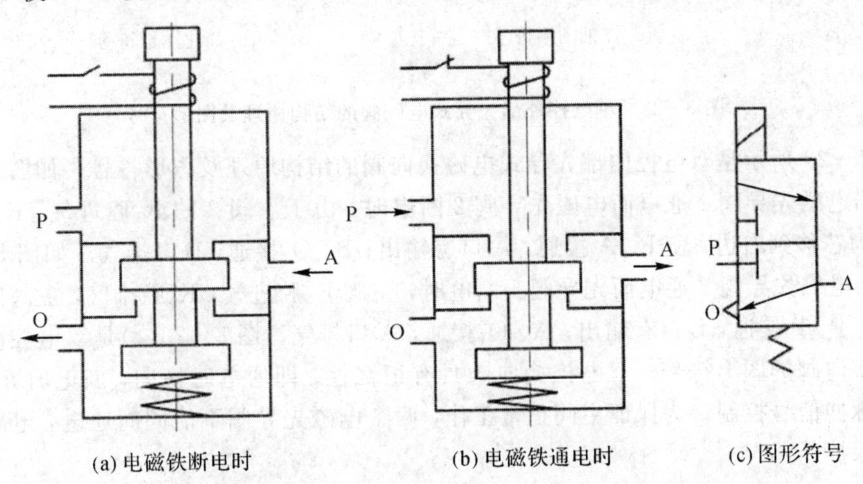

(a) 电磁铁断电时　　(b) 电磁铁通电时　　(c) 图形符号

图 8-21　单电控直动式电磁换向阀的结构原理及图形符号

2）先导式电磁换向阀

先导式电磁换向阀由电磁先导阀和主阀两部分组成，电磁先导阀输出先导压力，先导压力再推动主阀阀芯使阀换向。先导式电磁换向阀按控制方式可分为单电控和双电控，按先导压力来源可分为内部先导式和外部先导式。

图 8－22 所示是单电控外部先导式电磁换向阀的结构原理及图形符号。如图 8－22(a)所示，当电磁先导阀的激磁线圈断电时，先导阀的 x 和 A_1 口断开，同时 A_1 和 O_1 口接通，先导阀处于排气状态，此时，主阀阀芯在弹簧和 P 口气压作用下向右移动，将 P、A 断开，A、O 接通，即主阀处于排气状态。如图 8－22(b)所示，当电磁先导阀通电后，使 x、A_1 接通，电磁先导阀处于进气状态，即主阀控制腔 A_1 进气。由于 A_1 腔内气体作用于阀芯上的力大于 P 口气体作用在阀芯上的力与弹簧力之和，因此将活塞推向左边，使 P、A 接通，即主阀处于进气状态。图 8－22(c)所示为单电控外部先导式电磁阀的详细图形符号，图 8－22(d)所示是其简化图形符号。

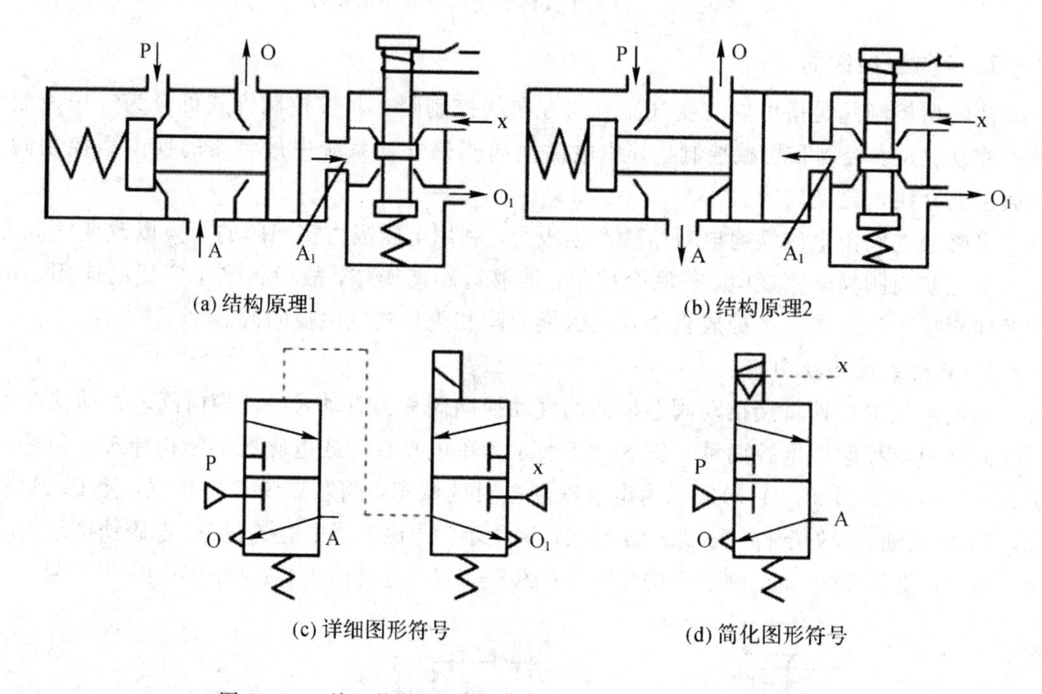

图 8－22 单电控外部先导式电磁阀的结构原理及图形符号

图 8－23 所示是双电控内部先导式电磁换向阀的结构原理及图形符号。如图 8－23(a)所示，当电磁先导阀 1 通电而电磁先导阀 2 断电时，由于主阀 3 的 K_1 腔进气，K_2 腔排气，使主阀阀芯移到右边，使 P、A 接通，A 口有输出；B、O_2 接通，B 口排气。如图 8－23(b)所示，当电磁先导阀 2 通电而先导阀 1 断电时，主阀 K_2 腔进气，K_1 腔排气，主阀阀芯移到左边，使 P、B 接通，B 口有输出；A、O_1 接通，A 口排气。图 8－23(c)是双电控内部先导式电磁换向阀的图形符号。双电控换向阀具有记忆性，即通电时换向，断电时并不返回，可用单脉冲信号控制。为保证主阀正常工作，两个电磁先导阀不能同时通电，电路中要考虑互锁保护。

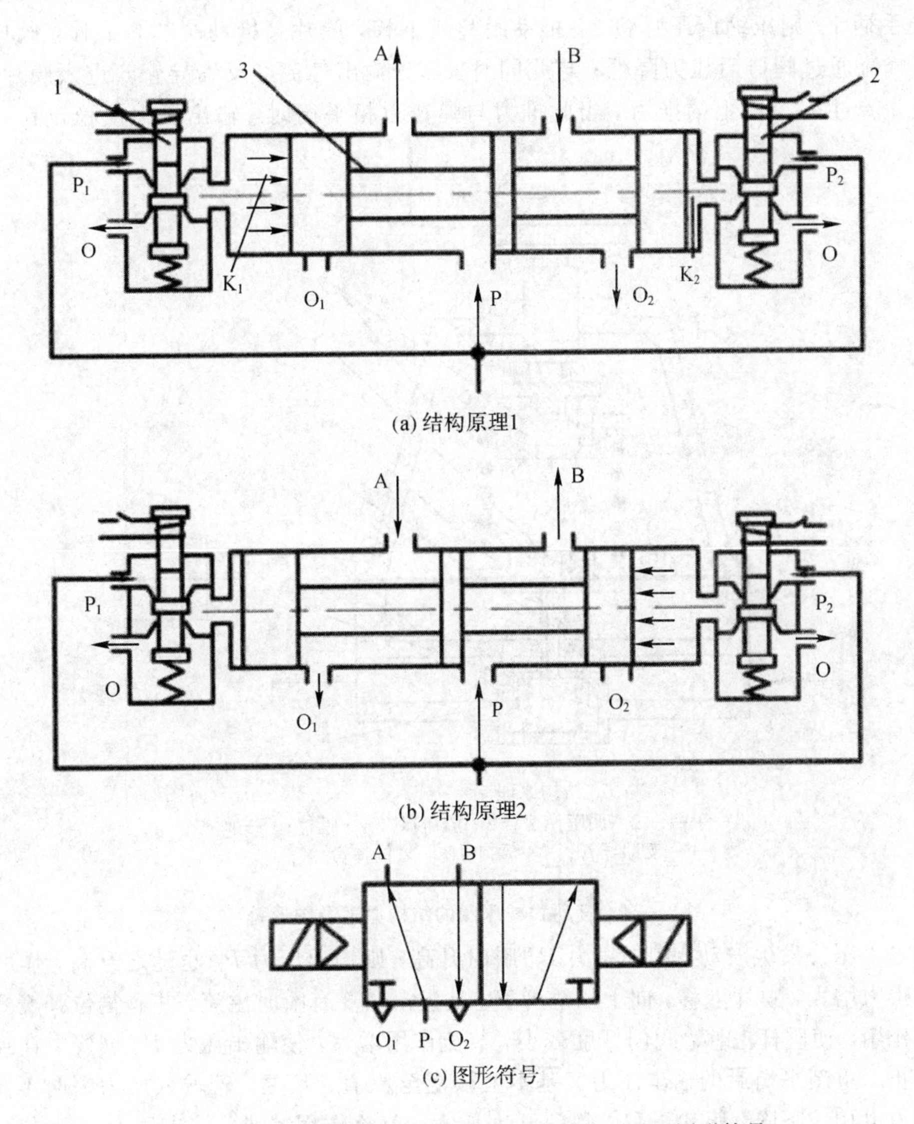

图 8-23 双电控内部先导式电磁阀的结构原理及图形符号

二、压力控制阀

压力控制阀是用来调节和控制压力大小的元件，主要包括减压阀(调压阀)、安全阀(溢流阀)、顺序阀等。

1. 减压阀

减压阀又称调压阀，它可以将较高的进口压力降低且调节到符合使用要求的压力，并保持调节后的出口压力稳定。其他减压装置(如节流阀)虽能降压，但无稳压能力。减压阀按压力调节方式，可分成直动式和先导式。

1) 直动式减压阀

图 8-24 所示为一种常用的直动式减压阀的结构原理及图形符号。这种减压阀可利用手柄直接调节调压弹簧的预压缩量来改变阀的输出压力，故称为直动式减压阀。顺时

针旋转手柄 1，则压缩调压弹簧 2，推动膜片 4 下移，膜片又推动阀芯 5 下移，阀口 7 被打开，气流通过阀口后压力降低；与此同时，部分输出气流经反馈导管 6 进入膜片气室，在膜片上产生一个向上的推力，当此推力与弹簧力相平衡时，输出压力便稳定在一定的值范围。

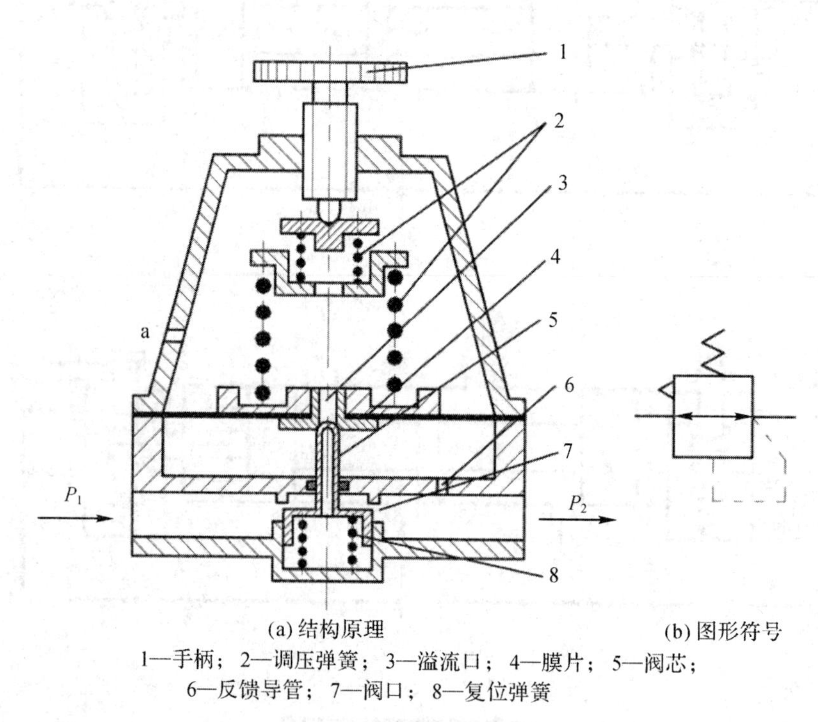

(a) 结构原理　　(b) 图形符号

1—手柄；2—调压弹簧；3—溢流口；4—膜片；5—阀芯；
6—反馈导管；7—阀口；8—复位弹簧

图 8-24　直动式减压阀的结构原理及图形符号

若输入压力发生波动，例如压力 P_1 瞬时升高，则输出压力 P_2 也随之升高，作用在膜片上的推力增大，膜片上移，向上压缩弹簧，从溢流口 3 有瞬时溢流，并靠复位弹簧 8 及气压力的作用，使阀杆上移，阀门开度减小，节流作用增大，使输出压力 P_2 回降，直到新的平衡为止。重新平衡后的输出压力又基本上恢复至原值。反之，若输入压力瞬时下降，则输出压力也相应下降，膜片下移，阀门开度增大，节流作用减小，输出压力又基本上回升至原值。

如输入压力不变，输出流量变化，使输出压力发生波动(增高或降低)时，依靠溢流口的溢流作用和膜片上力的平衡作用推动阀杆，仍能起稳压作用。

逆时针旋转手柄时，压缩弹簧力不断减小，膜片气室中的压缩空气经溢流口不断从排气孔 a 排出，进气阀芯逐渐关闭，直至最后输出压力降为零。

2）先导式减压阀

用压缩空气的作用力代替调压弹簧力以改变出口压力的阀，称为先导式减压阀。先导式减压阀调压时操作轻便，流量特性好，稳压精度高，适用于通径较大的减压阀。

先导式减压阀是使用预先调整好压力的空气来代替直动式调压弹簧进行调压的，其调节原理及主阀部分的结构与直动式减压阀相同。先导式减压阀的调压空气一般是由小型的直动式减压阀供给的。若将这种直动式减压阀装在主阀内部，则称为内部先导式减压阀；若将它装在主阀外部，则称外部先导式减压阀，可实现远距离控制。

3）减压阀的主要特性

(1) 输入压力。气压传动中使用压力为0～1 MPa，所以一般最大输入压力为1 MPa。

(2) 调压范围。调压范围指出口压力的可调范围，在此压力范围内，要达到一定的稳压精度。使用压力最好处于调压范围上限值的30%～80%。有的减压阀有几种调压范围可供选择。

(3) 额定流量。为防止气体流过减压阀造成的压力损失过大，一般限定气体通过阀通道内的流速在15～25 m/s之内。计算、实测各种通径的阀允许通过的流量值称为额定流量。

(4) 流量特性。流量特性指在一定进口压力下，出口压力与输出流量之间的关系。要求减压阀的调压精度高，即在某设定压力下，输出流量在很大范围内变化时，出口压力的相对变化量越小越好。

(5) 压力特性。压力特性指在输出流量基本不变的条件下，出口压力与进口压力之间的关系。一般要求在规定流量下，出口压力随进口压力变化而变化的值不大于0.05 MPa。

(6) 溢流特性。溢流特性指在设定压力下，出口压力偏离(高于)设定值时，从溢流孔溢出的流量大小。

(7) 环境和介质温度为－5℃～60℃。

4）使用减压阀的注意事项

(1) 减压阀的进口压力应比最高出口压力大0.1 MPa以上。

(2) 安装减压阀时，最好手柄在上，以便于操作。阀体上的箭头方向为气体的流动方向，安装时不要装反；阀体上堵头可拧下来，装上压力表。

(3) 连接管道安装前，要用压缩空气吹净或用酸蚀法将锈屑等清洗干净。

(4) 在减压阀前安装分水滤气器，阀后安装油雾器，以防减压阀中的橡胶件过早变质。

(5) 减压阀不用时，应旋松手柄回零，以免膜片经常受压产生塑性变形。

2. 安全阀(溢流阀)

安全阀和溢流阀在结构和功能方面相似，有时可以不加以区别。安全阀(溢流阀)的作用是当气动回路和容器中的压力上升到超过调定值时，能自动向外排气，以保持进口压力为调定值。实际上，溢流阀是一种用于维持回路中空气压力恒定的压力控制阀，而安全阀是一种防止系统过载、保证安全的压力控制阀。

安全阀和溢流阀的工作原理是相同的，图8-25所示是直动式溢流阀的工作原理及图形符号。图8-25(a)所示为阀在初始工作位置，预先调整手柄，使调压弹簧压缩，阀门关闭；图8-25(b)所示为当气压达到给定值时，气体压力将克服预紧弹簧力，活塞上移，开启阀门排气；当系统内压力降至给定压力以下时，阀重新关闭。调节弹簧的预紧力，即可改变阀的开启压力。

溢流阀(安全阀)与减压阀类似，以控制方式划分，有直动式和先导式两种。直动式安全阀一般通径较小，先导式安全阀一般用于通径较大或需要远距离控制的场合。

3. 顺序阀

顺序阀是依靠气压的大小来控制气动回路中各元件动作的先后顺序的压力控制阀，常用来控制气缸的顺序动作。

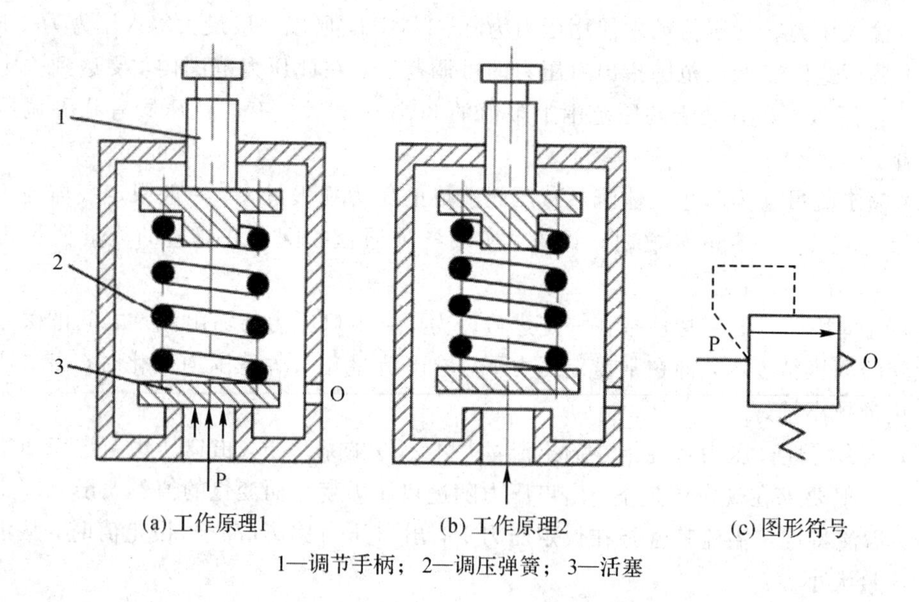

(a) 工作原理1　　(b) 工作原理2　　(c) 图形符号

1—调节手柄；2—调压弹簧；3—活塞

图 8-25　直动式溢流阀的工作原理及图形符号

顺序阀很少单独使用，往往与单向阀并联组装成一体，称为单向顺序阀，其工作原理及图形符号如图 8-26 所示。图 8-26(a)为气体正向流动时，进口 P 的气压力作用在活塞上，当它超过压缩弹簧的预紧力时，活塞被顶开，出口 A 就有输出，单向阀在压差力和弹簧力作用下处于关闭状态；图 8-26(b)为气体反向流动时，进口变成排气口，出口压力将顶开单向阀，使 A 口和排气口接通。调节手柄可改变顺序阀的开启压力。

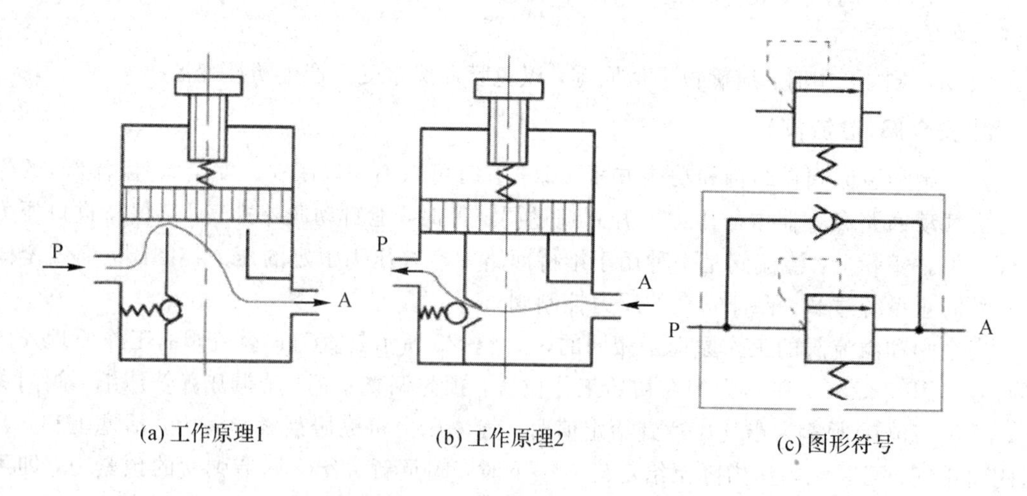

(a) 工作原理1　　(b) 工作原理2　　(c) 图形符号

图 8-26　单向顺序阀的工作原理及图形符号

如图 8-27 所示，顺序阀可用来控制两个气缸的顺序动作。压缩空气 P 先进入气缸 1，当压力达到某一给定值后，便打开顺序阀 4，压缩空气才进入气缸 2 使其动作；由气缸 2 返回的气体经单向阀排空。

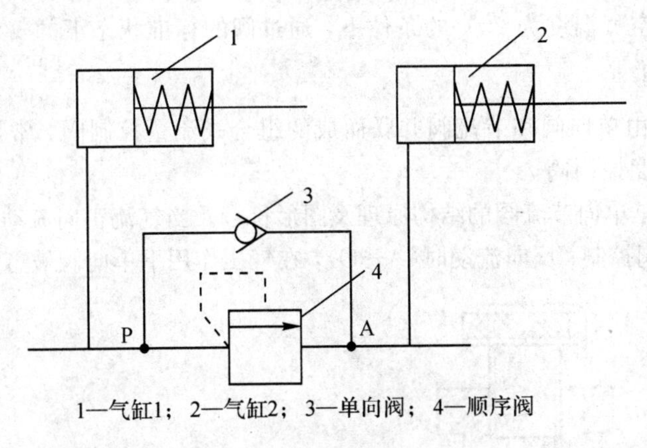

1—气缸1； 2—气缸2； 3—单向阀； 4—顺序阀

图 8-27 单向顺序阀的应用

三、流量控制阀

在气动系统中，控制气缸的运动速度、控制信号的延迟时间、控制油雾器的滴油量、控制缓冲气缸的缓冲能力等都是依靠控制流量来实现的。流量控制阀就是通过改变阀的通流截面积来实现流量控制的元件。流量控制阀主要包括节流阀、单向节流阀、排气节流阀等。

1. 节流阀

图 8-28 所示是节流阀的结构原理及图形符号。当压力气体从 P 口输入时，气流通过节流通道自 A 口输出。旋转阀芯螺杆，就可改变节流口的开度，从而改变阀的流通面积。

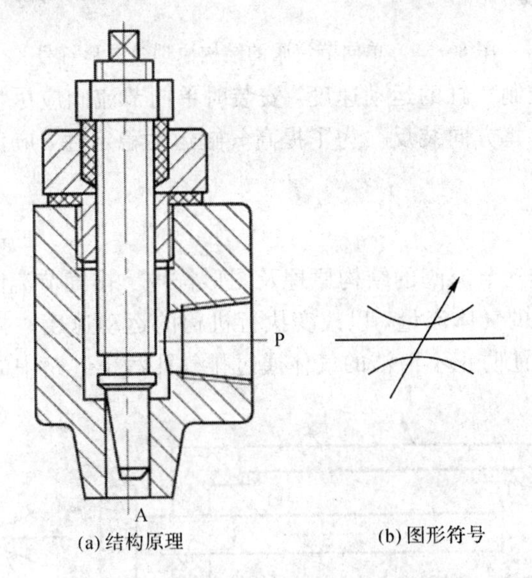

(a) 结构原理 (b) 图形符号

图 8-28 节流阀的结构原理及图形符号

对节流阀调节特性的要求是流量调节范围要大，阀芯的位移量与通过的流量成线性关系。节流阀节流口的形状对调节特性影响较大。

单向阀的流通能力可用有效截面积或最大流量来表示。有效截面积是指节流阀处于最大开度时的有效通流面积；最大流量是指节流阀处于最大开度时，进口压力为 0.5 MPa，出口通大气，压缩空气温度为20℃的条件下，通过阀的标准状态下的气体的流量。

2. 单向节流阀

单向节流阀是由单向阀和节流阀并联而成的组合式流量控制阀，常用于控制气缸的运动速度，故也称速度控制阀。

图8－29所示是单向节流阀的结构原理及图形符号。当气流正向流动时(P→A)，单向阀关闭，流量由节流阀控制；反向流动时(A→O)，在气压作用下单向阀被打开，无节流作用。

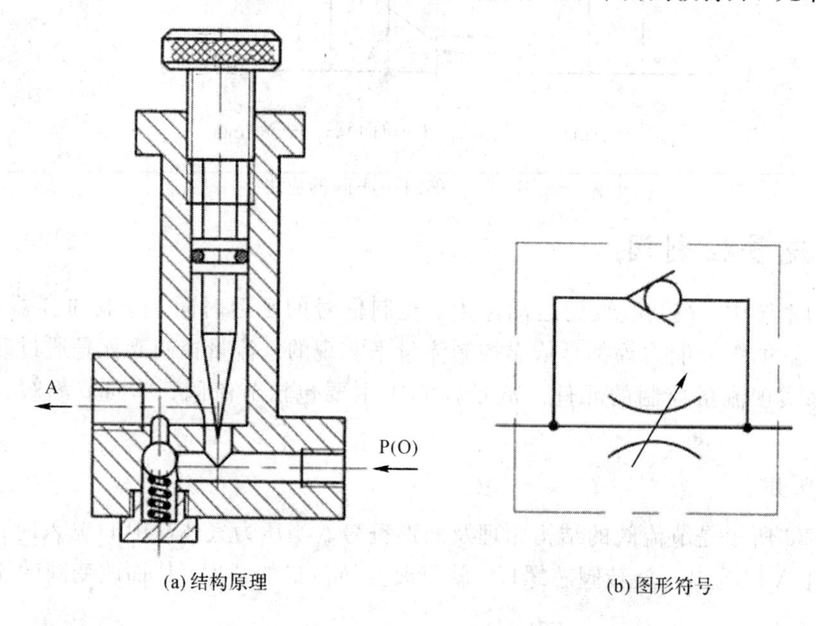

图8－29　单向节流阀的结构原理及图形符号

若用单向节流阀控制气缸的运动速度，安装时单向节流阀应尽量靠近气缸。在回路中安装单向节流阀时不要将方向装反。为了提高气缸运动稳定性，应该按出口节流方式安装单向节流阀。

3. 排气节流阀

图8－30所示是排气节流阀的结构原理及图形符号。排气节流阀安装在气动装置的排气口上，控制排入大气的气体流量，以改变执行机构的运动速度。排气节流阀常带有消声器以减小排气噪声，并能防止不清洁的气体通过排气孔污染气路中的元件。

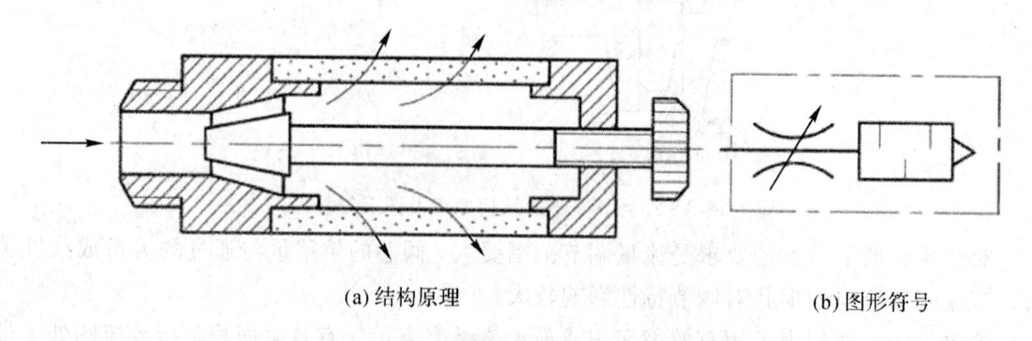

图8－30　排气节流阀的结构原理及图形符号

排气节流阀的工作原理与节流阀类似，依靠调节节流阀与阀体之间的通流面积来调节排气流量，一般用于在换向阀与气缸之间不能安装速度控制阀的场合。与速度控制阀的调速方法相比，由于控制容积增大，控制性能会变差。此外还应注意，排气节流阀对换向阀会产生一定的背压，对有些换向阀而言，此背压对换向阀的动作灵敏性可能有一定影响。

4. 使用流量控制阀的注意事项

用流量控制阀控制气缸的运动速度，应注意以下几点：

(1) 防止管道中的漏损。有漏损则不能期望有正确的速度控制，低速时更应注意防止漏损。

(2) 要特别注意气缸内表面加工精度和表面粗糙度，尽量减少内表面的摩擦力，这是速度控制不可缺少的条件。在低速场合，往往使用聚四氟乙烯等材料做密封圈。

(3) 要使气缸内表面保持一定的润滑状态。润滑状态一旦改变，滑动阻力也就改变，速度控制就不可能稳定。

(4) 加在气缸活塞杆上的载荷必须稳定。若这种载荷在行程中途有变化，则速度控制相当困难，甚至成为不可能。在不能消除载荷变化的情况下，必须借助于液压阻尼力，有时也使用平衡锤或连杆等。

(5) 必须注意速度控制阀的位置，原则上流量控制阀应设在气缸管接口附近。使用控制台时常将速度控制阀装在控制台上，远距离控制气缸的速度，但这种方法很难实现完好的速度控制。

四、气动逻辑元件

气动逻辑元件是一种采用压缩空气为工作介质，通过元件内部可动部件(如膜片、阀芯)的动作，改变气体流动方向，从而实现一定逻辑功能的气动控制元件。在结构原理上，气动逻辑元件基本上和方向控制阀相同，仅仅是体积和通径较小，一般用来实现信号的逻辑运算功能。

1. 气动逻辑元件的分类

气动逻辑元件的种类很多，可根据不同特性进行分类。

(1) 按工作压力分类，气功逻辑元件可分为高压型、低压型和微压型。

① 高压型——工作压力为 0.2～0.8 MPa。

② 低压型——工作压力为 0.05～0.2 MPa。

③ 微压型——工作压力为 0.005～0.05 MPa。

(2) 按结构型式分类，气功逻辑元件可分为截止式、滑柱式和膜片式。

元件的结构总是由开关部分和控制部分组成。开关部分是在控制气压信号作用下来回动作，改变气流通路，完成逻辑功能。

① 截止式——气路的通断依靠可动作的端面(平面或锥面)与气嘴构成的气口的开启或关闭来实现。

② 滑柱式——依靠滑柱(或滑块)的移动，实现气口的开启或关闭。

③ 膜片式——气路的通断依靠弹性膜片的变形开启或关闭气口来实现。

(3) 按逻辑功能分类。对二进制逻辑功能的元件，可按逻辑功能的性质分为两大类：

① 单功能元件——每个元件只具备一种逻辑功能，如或、非、与、双稳等。

② 多功能元件——每个元件具有多种逻辑功能，各种逻辑功能由不同的连接方式获得，如三膜片多功能气动逻辑元件等。

2. 气动逻辑元件的特点

（1）流通面积大，抗污染能力较强(射流元件除外)。

（2）无功耗气量低，带负载能力强。

（3）连接、匹配方便简单，调试容易，抗恶劣工作环境能力强。

（4）响应速度慢(时间一般在几毫秒到几十毫秒)。

（5）在强烈冲击和振动条件下，可能会出现误动作。

3. 高压截止式气动逻辑元件

高压截止式逻辑元件是依靠控制气压信号或膜片的变形来推动阀芯动作，改变气流的流动方向以实现一定逻辑功能的逻辑元件。气压逻辑系统中广泛采用高压截止式逻辑元件。它具有行程小，流量大，工作压力高，对气源压力净化要求低，可组合使用，便于实现集成安装和集中控制，拆卸和维修方便等优点。

1）与门元件

图 8-31 所示是与门元件的工作原理及逻辑符号。当 a 与 b 同时有信号时，由于驱动膜片 5 的面积大于阀芯 1 的下面积，阀芯下移，封死上阀座 3，打开下阀座 2，使 b 与 s 相通，这样就有信号输出。当 a、b 两孔只有一个有信号时，s 口无信号输出。

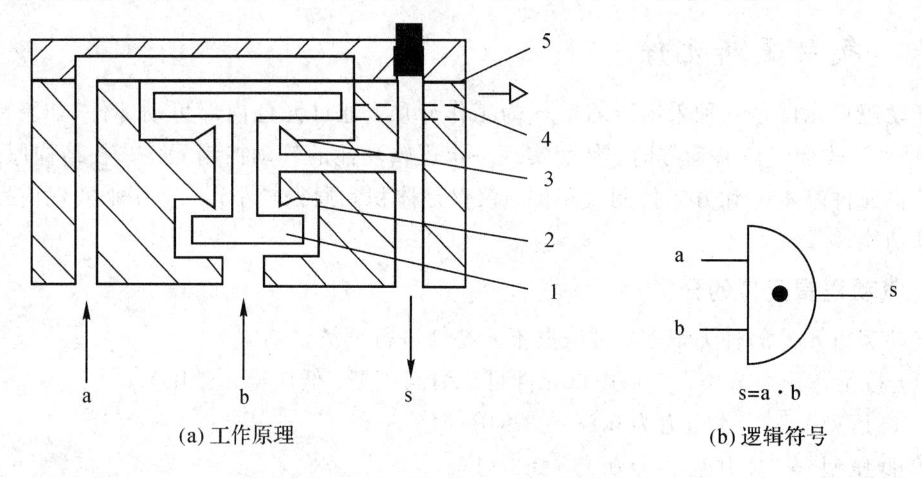

(a) 工作原理　　(b) 逻辑符号

图 8-31　与门元件的工作原理及逻辑符号

2）是门元件

把图 8-31 中的与门元件的信号孔 b 改为气源 p，就成为一个是门元件。当无信号时，气源压力使阀芯上移，关闭输出通道。当 a 有信号时，阀芯上移，气源气流可从 s 口输出。图 8-32 所示为是门元件的逻辑符号。

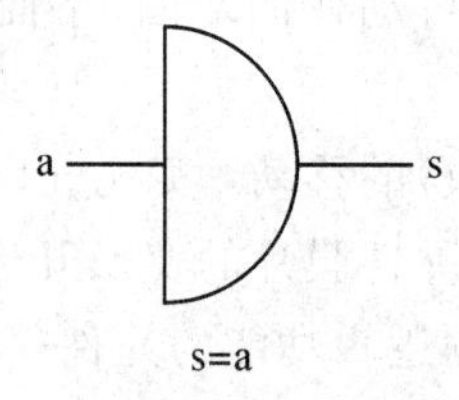

图 8-32　是门元件逻辑符号

3）或门元件

图 8－33 所示是或门元件的工作原理及逻辑符号。当 a 有输入信号时，阀板封闭下阀口，a 与 s 相通，s 有气信号输出；同样，当 b 口有输入信号时，阀板向上封闭上阀口，b 与 s 相通，s 也有气信号输出；若 a、b 两个口均有输入，则信号强者将关闭信号弱者的阀口，输出 s 仍然有气信号输出。

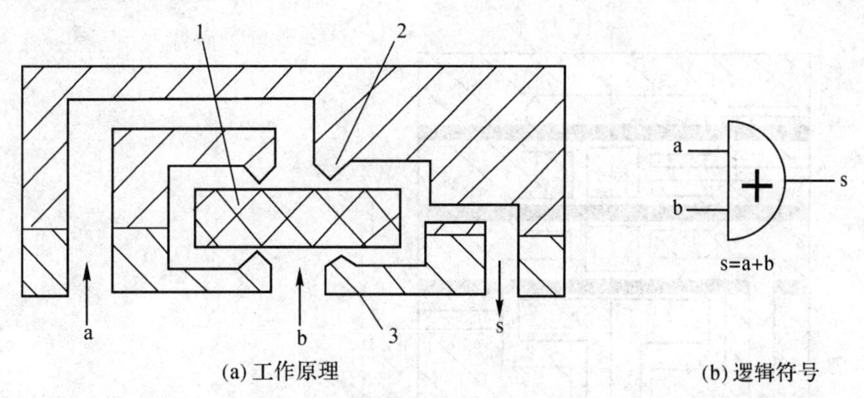

(a) 工作原理　　(b) 逻辑符号

图 8－33　或门元件的工作原理及逻辑符号

4）非门元件

图 8－34 所示是非门元件的工作原理及逻辑符号。当 a 口有输入信号时，阀芯在膜片的作用下关住气源口 p，p、s 通路切断，s 口无信号输出；当 a 口无信号输入时，阀芯在气源压力的作用下上移，p、s 相通，s 口有信号输出。这样就实现了逻辑“非”的功能。

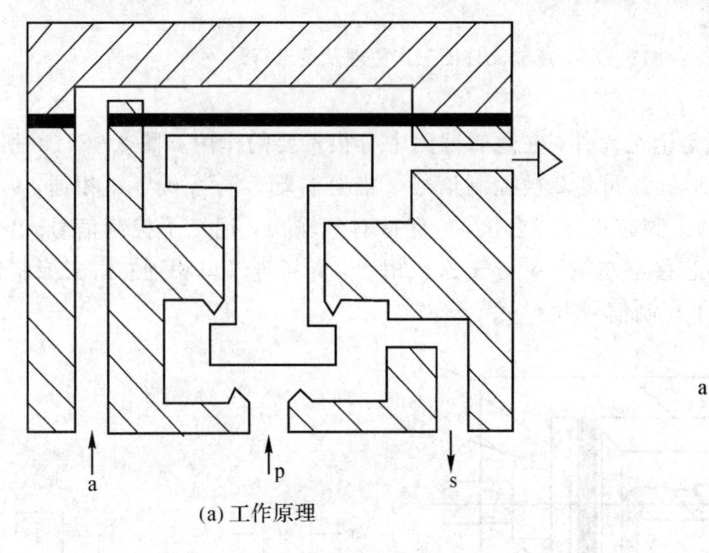

a　s

$s=\overline{a}$

(a) 工作原理　　(b) 逻辑符号

图 8－34　非门元件的工作原理及逻辑符号

5）禁门元件

逻辑“禁”的含义是指有 a 信号则禁止 b 信号输出，无 a 信号则有 b 信号输出。将图 8－34 中的非门元件的气源口 p 改为信号 b，就成为了禁门元件。图 8－35 所示是禁门元件的逻辑符号。

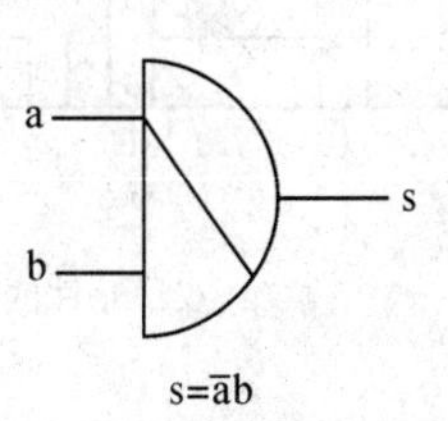

图 8－35　禁门元件逻辑符号

6）或非元件

图 8-36 所示是或非元件的工作原理及逻辑符号。该元件具有三个输入口 a、b、c，一个输出口 s，一个气源口 p。当三个输入口都没有输入信号时，p、s 相通，s 口有输出信号；三个输入口中任一个口有气信号时，阀芯都将下移，阀口关闭，p、s 通道切断，s 口无输出。

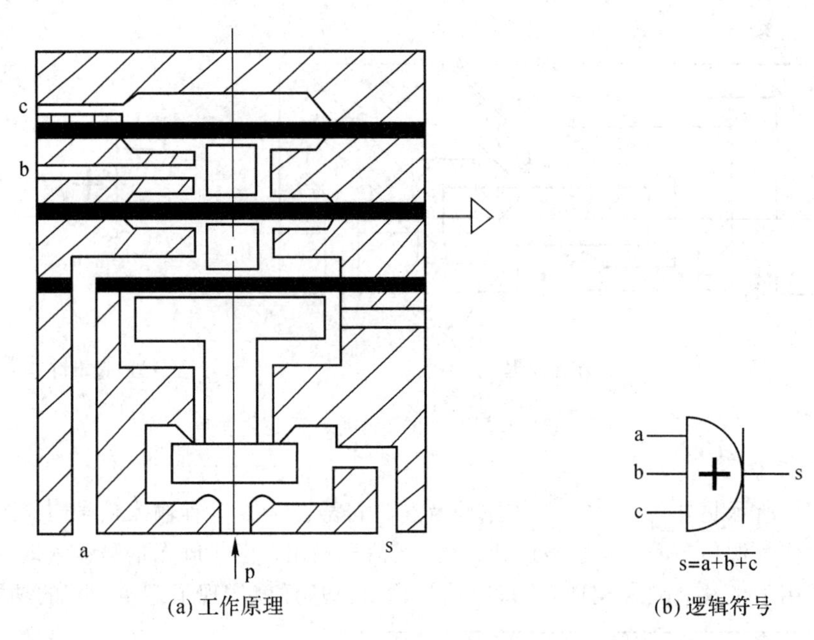

(a) 工作原理　　(b) 逻辑符号

图 8-36　或非元件的工作原理及逻辑符号

7）记忆元件

“双稳”和“单稳”都是记忆元件，在逻辑回路中有很重要的作用。图 8-37(a)所示为双稳元件的工作原理，图示位置阀芯 2 被控制信号 a 推至右端，气源 p 与 s_1 相通，s_2 与排气口相通；撤去控制信号 a，阀芯仍保持右位，s_1 保持有气输出，记忆了控制信号 a。当控制信号 b 有输入时，则阀芯移至左端，s_2 与气源 p 相通，s_1 与排气口相通；撤去控制信号 b，s_2 保持有气输出，记忆了控制信号 b。

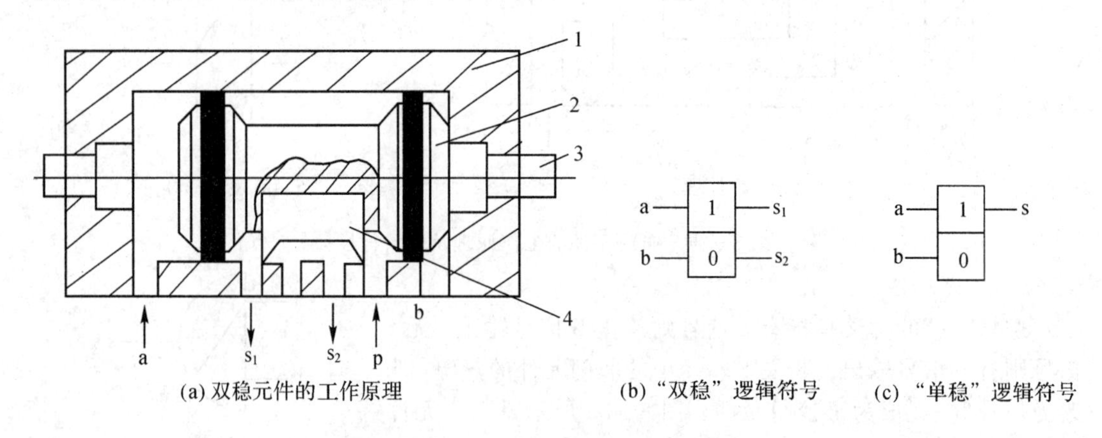

(a) 双稳元件的工作原理　　(b) “双稳”逻辑符号　　(c) “单稳”逻辑符号

图 8-37　记忆元件的工作原理及逻辑符号

4. 其他气动逻辑元件

1）高压膜片式逻辑元件

高压膜片式逻辑元件的可动部件是膜片，利用膜片两侧受压面积不等，使膜片变形，关闭或开启相应的孔，实现逻辑功能。高压膜片式逻辑元件的基本单元是三门元件，其他逻辑元件都是由三门元件派生出来的。

三门元件的结构原理如图 8－38 所示，其中 a 为控制口，b 为输入口，s 为输出口。整个元件共有三个通道，故称三门元件。当 a 有信号时，则 b 与 s 通路被膜片切断，s 无输出；当 a 有信号时，b 输入信号才能从 s 输出。

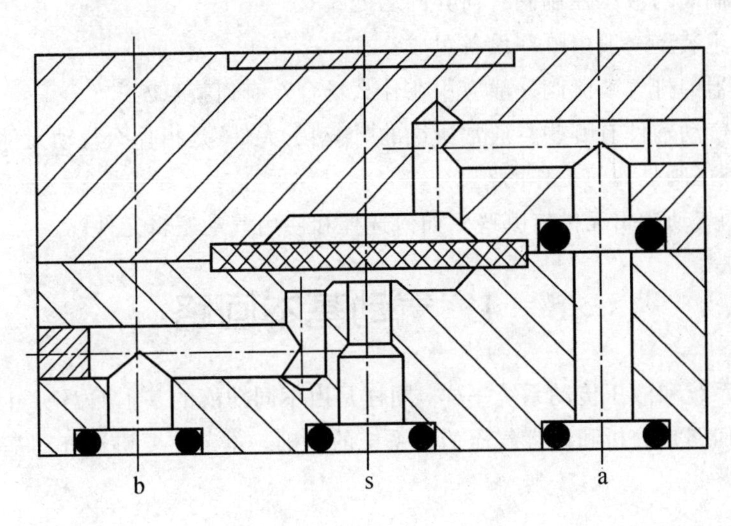

图 8－38　三门元件的结构原理

2）射流元件

射流元件是利用射流及其附壁效应进行控制的逻辑元件。其最大特点是无可动部件，因而抗振动、抗干扰能力强。射流元件的不足之处是抗污染能力较弱，对气源质量要求高，从而限制了它的应用范围。

5. 逻辑元件的选用

气动逻辑控制系统所用气源的压力变化必须保障逻辑元件正常工作需要的气压范围和输出端切换时所需的切换压力，逻辑元件的输出流量和响应时间等在设计系统时可根据系统要求参照有关资料选取。

无论采用截止式还是膜片式高压逻辑元件，都要尽量将元件集中布置，以便于集中管理。由于信号的传输有一定的延时，所以信号的发出点(例如行程开关)与接收点(例如元件)之间不能相距太远，一般说来，最好不要超过几十米。当逻辑元件要相互串联时一定要有足够的流量，否则可能无力推动下一级元件。

另外，尽管高压逻辑元件对气源过滤要求不高.但最好使用过滤后的气源，一定不要使加入油雾的气源进入逻辑元件。

习　题

1. 气压传动系统通常由哪几个部分组成?
2. 气压传动系统的主要特点是什么?
3. 气动控制元件按照功用可分为几类?
4. 哪些气动元件具有记忆功能? 记忆功能是如何实现的?
5. 薄膜式气缸的工作原理是什么?
6. 气动控制阀与液压控制阀有何异同之处?
7. 气源发生装置一般由哪些设备组成?
8. 带消音器的排气节流阀一般应用在什么场合? 有何特点?
9. 常用的气动辅件有哪些? 通常所说的“气动三大件”是指什么气动元件?
10. 气动减压阀是如何工作的?
11. 常用的气动逻辑元件有哪些? 如何选择和使用气动逻辑元件?

8-4　气动基本回路

气压传动系统和液压传动系统一样，同样是由不同功能的基本回路所组成的。熟悉常用的气动基本回路是分析和设计气压传动系统的基础。本节主要讲述气动基本回路的工作原理和特点。

一、换向控制回路

1. 单作用气缸换向回路

图 8-39 (a)所示为常用的二位三通阀控制回路，当电磁铁通电时靠气压使活塞杆伸出，断电时靠弹簧作用缩回。图 8-39(b)所示为由三位五通阀电气控制的换向回路，该阀具有自动对中功能，可使气缸停在任意位置，但定位精度不高、定位时间不长。

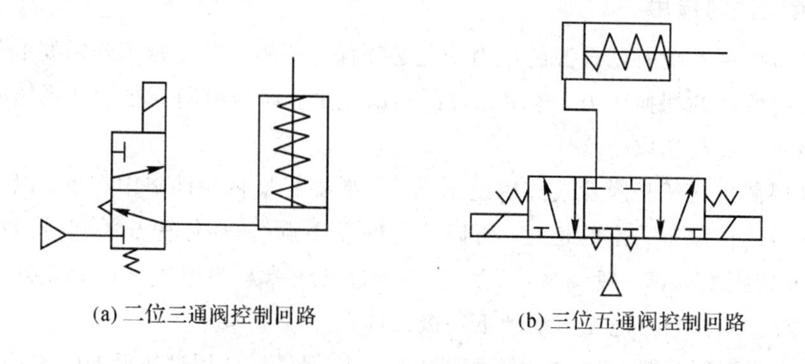

(a) 二位三通阀控制回路　　(b) 三位五通阀控制回路

图 8-39　单作用气缸换向回路

2. 双作用气缸换向回路

图 8－40 所示为二位五通主阀控制气缸换向回路，换向阀处在右位时气缸活塞杆伸出，处在左位时气缸活塞杆缩回。图 8－41 所示为三位五通阀控制气缸换向回路，该回路有中停功能，但定位精度不高。

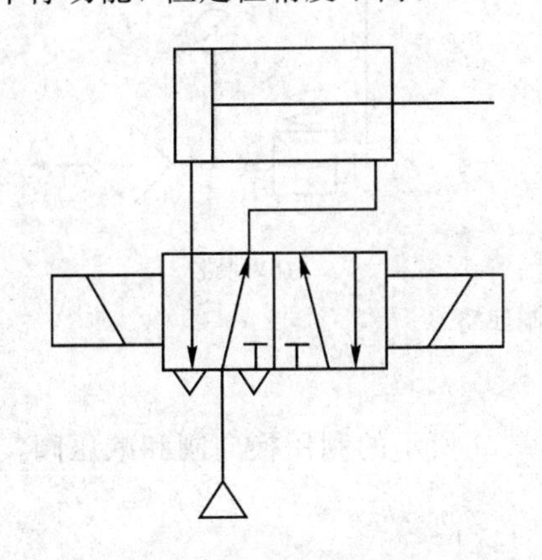

图 8－40　二位五通阀换向回路

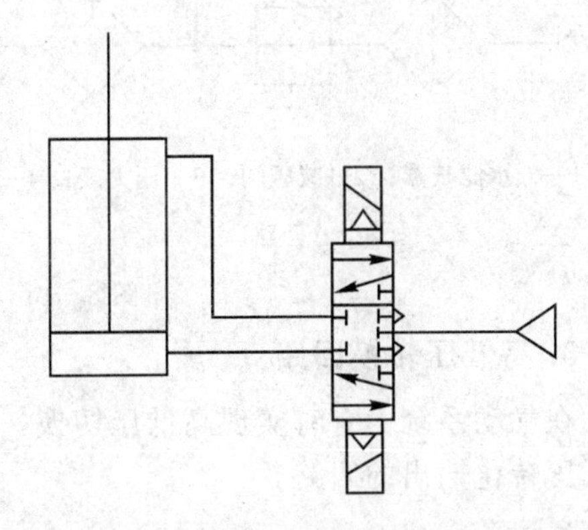

图 8－41　三位五通阀换向回路

二、压力控制回路

1. 气源压力控制回路

图 8－42 所示的气源压力控制回路用于控制气源系统中储气罐的压力，使之不超过调定的压力值和不低于调定的最低压力值。常用外控溢流阀或用电接点压力表来控制空气压缩机的转、停，使储气罐内压力保持在规定的范围内。采用溢流阀结构简单，工作可靠，但气量浪费大；采用电接点压力表对电机及控制要求较高，常用于对小型空压机的控制。

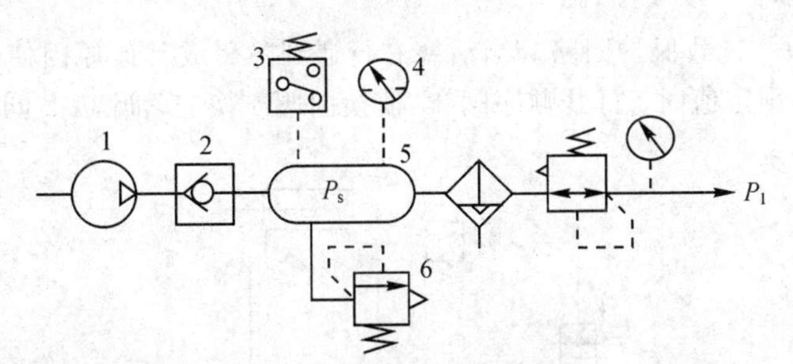

1—空压机；2—单向阀；3—压力开关；4—压力表；5—储气罐；6—安全阀

图 8－42　气源压力控制回路

2. 工作压力控制回路

为使气动系统得到稳定的工作压力，可采用图 8－43(a)所示的基本回路。从压缩空气站来的压缩空气，经分水滤气器、减压阀、油雾器供给气动设备使用。调节溢流式减压阀能得到气动设备所需要的工作压力。

如回路中需要多种不同的工作压力，可采用图 8－43(b)所示的回路。

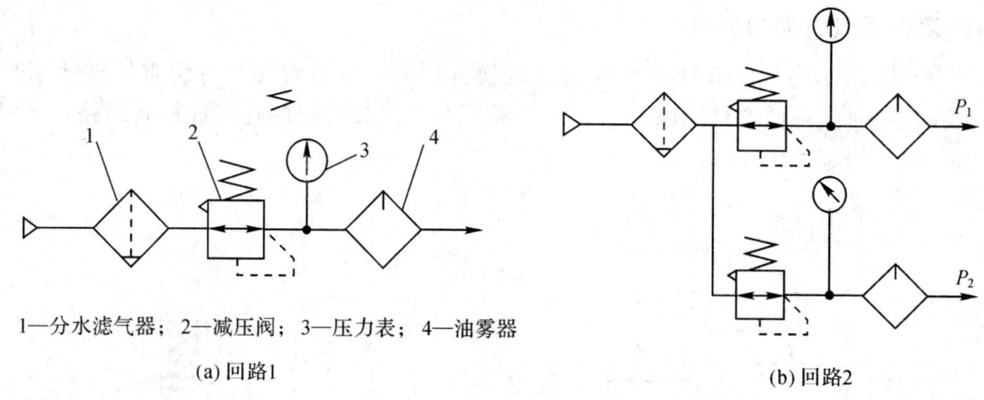

1—分水滤气器；2—减压阀；3—压力表；4—油雾器

(a) 回路1

(b) 回路2

图 8-43　工作压力控制回路

3. 高低压转换回路

在气动系统中有时实现高低压切换，可采用图 8-44 所示的利用换向阀和减压阀实现高低压转化输出的回路。

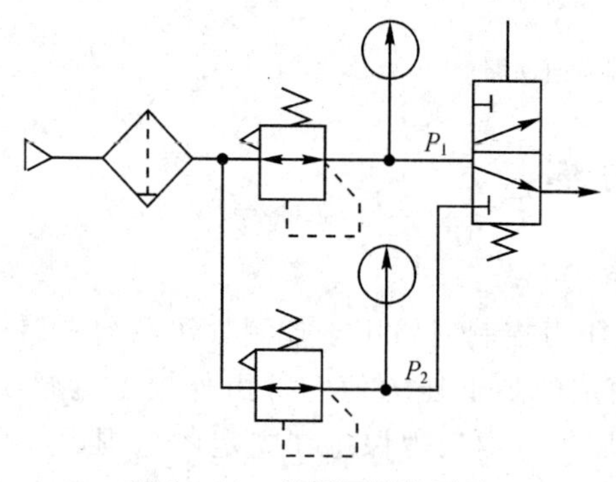

图 8-44　高低压转换回路

4. 过载保护回路

图 8-45 所示为一过载保护回路。当活塞右行遇到障碍或其他原因使气缸过载时，左腔压力升高，当超过预定值时，打开顺序阀 3，使换向阀 4 换向，阀 1、2 同时复位，气缸返回，从而保护设备安全。

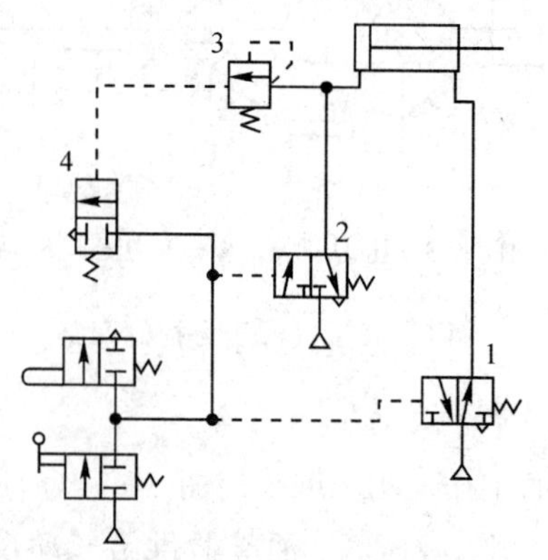

1、2—气空阀；3—顺序阀；4—换向阀

图 8-45　过载保护回路

5. 增压回路

一般的气动系统的工作压力比较低，但在有些场合，如由于气缸尺寸的限制得不到应有的输出力或局部需要使用高压的场合，可使用增压回路。图 8－46 所示是采用增压缸的增压回路。

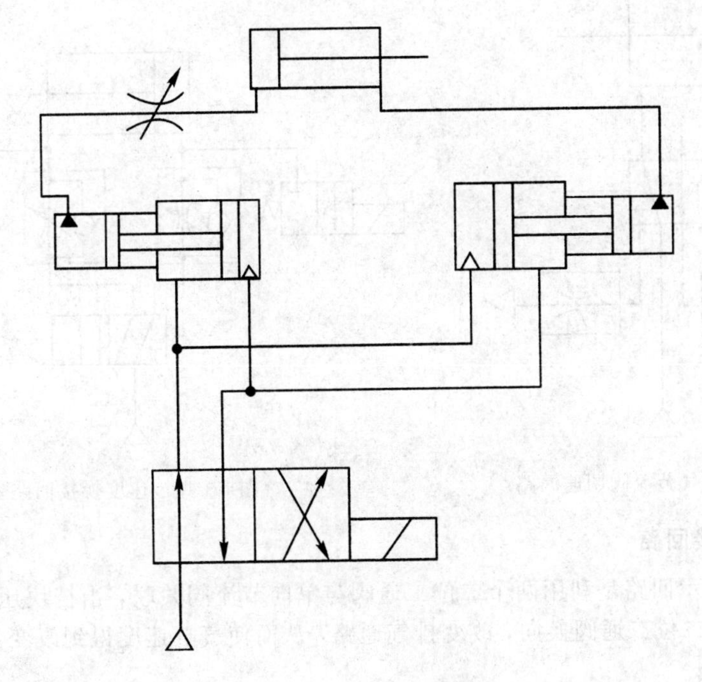

图 8－46　增压回路

三、速度控制回路

因气动系统使用的功率不大，其调速的方法主要是节流调速。

1. 单作用气缸调速回路

图 8－47 所示为单作用气缸速度控制回路，图 8－47(a)中，由两个单向阀分别控制活塞杆的升降速度。图 8－47(b)中，气缸上升时可调速，下降时通过快速排气阀排气，使气缸快速返回。

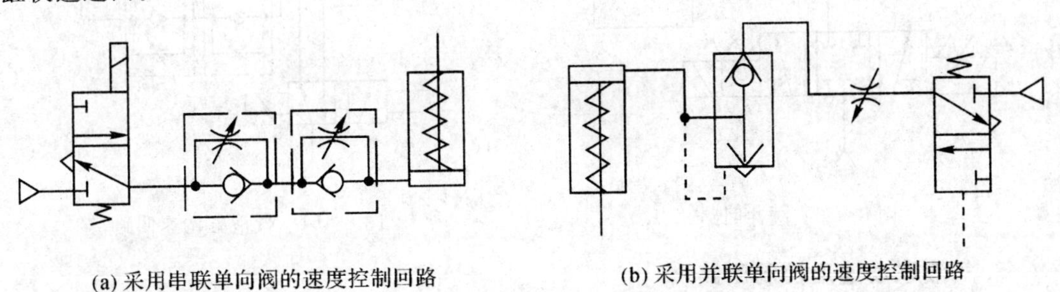

(a) 采用串联单向阀的速度控制回路　　(b) 采用并联单向阀的速度控制回路

图 8－47　单作用气缸调速回路

2. 排气节流阀调速回路

图 8-48 所示是通过两个排气节流阀来控制气缸伸缩的速度，可形成一种双作用气缸速度控制回路，可实现双向节流调速。

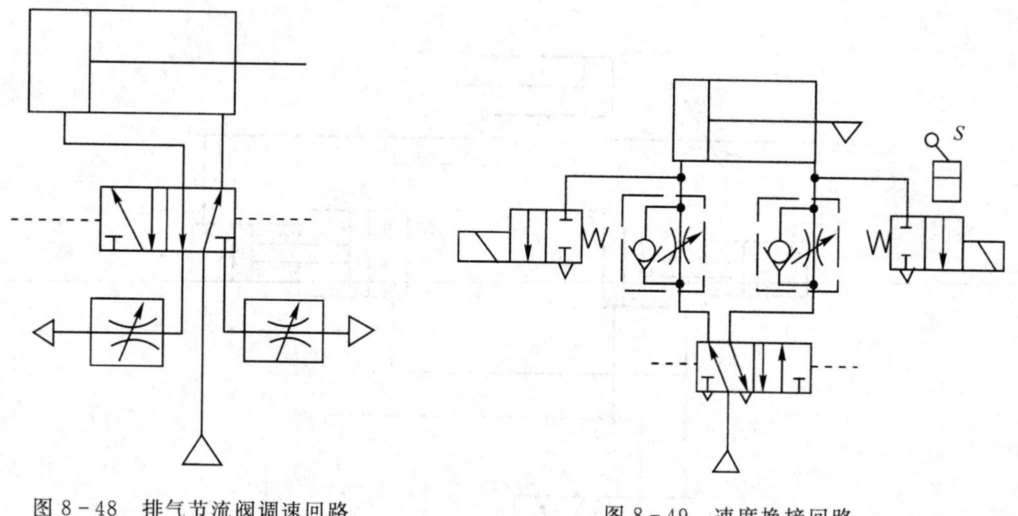

图 8-48　排气节流阀调速回路

图 8-49　速度换接回路

3. 速度换接回路

图 8-49 所示回路是利用两个二位二通阀与单向节流阀并联，当挡块压下行程开关时发出电信号，使二位二通阀换向，改变排气通路，从而使气缸速度得到改变。

4. 缓冲回路

由于气动执行元件动作速度较快，当活塞惯性力大时，可采用图 8-50 所示的缓冲回路。当活塞向右运动时，缸右腔的气体经二位二通阀排气，直到活塞运动接近末端，压下机动换向阀，这时气体经节流阀排气，活塞低速运动到终点。

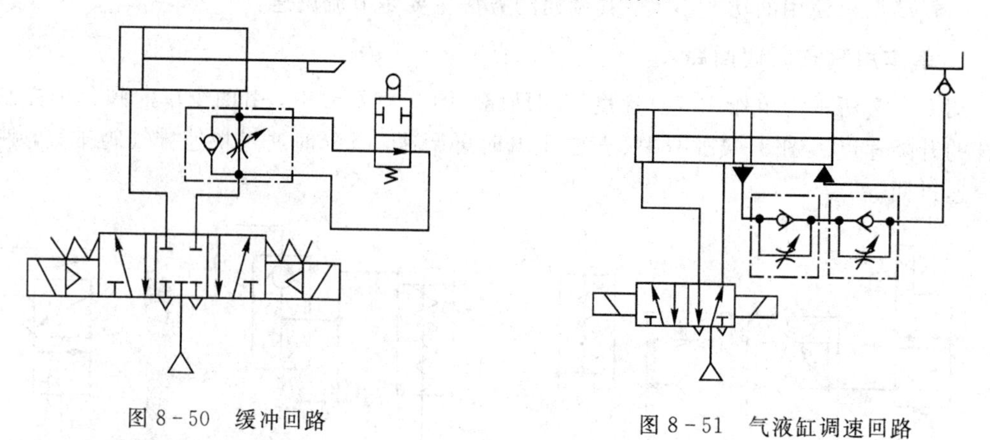

图 8-50　缓冲回路

图 8-51　气液缸调速回路

5. 气液联动速度控制回路

由于气体的可压缩性，造成运动速度不稳定，定位精度也不高，因此在气动调速及定位精度不能满足要求的情况下，可采用气液联动。

图 8-51 所示是通过调节两个单向节流阀，利用液压油不可压缩的特点，实现两个方

向的无级调速。

图 8－52 所示是通过用行程阀变速调节的回路。当活塞杆右行到挡块碰到机动换向阀后开始做慢速运动，改变挡块的安装位置即可改变开始变速的位置。

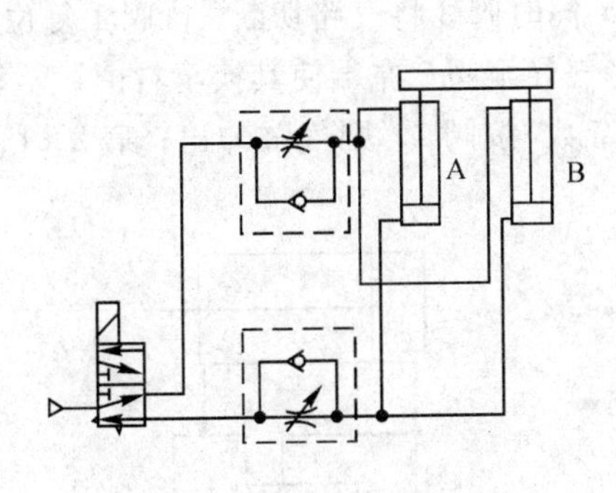

图 8－52　气液缸变速回路

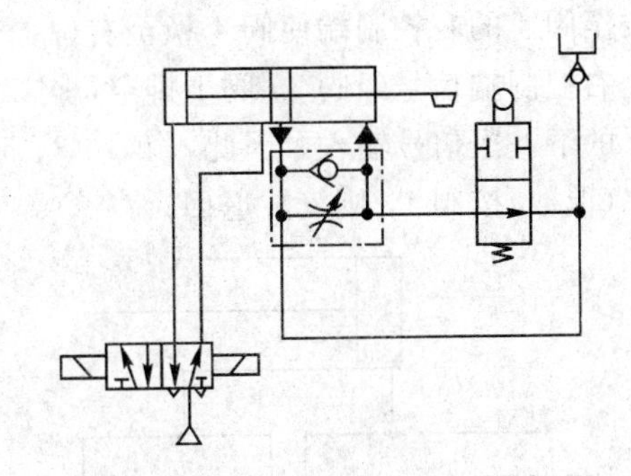

图 8－53　同步动作控制回路

四、其他基本回路

1. 同步控制回路

图 8－53 所示为简单的同步回路，采用刚性零件把 A、B 两个气缸的活塞杆连接起来。

2. 位置控制回路

图 8－54 所示为采用串联气缸的位置控制回路，气缸由多个气缸串联而成。当换向阀 1 通电时，右侧的气缸就推动中侧及右侧的活塞右行到达左气缸的行程的终点。图 8－55 所示为三位五通阀控制的能任意位置停止的回路。

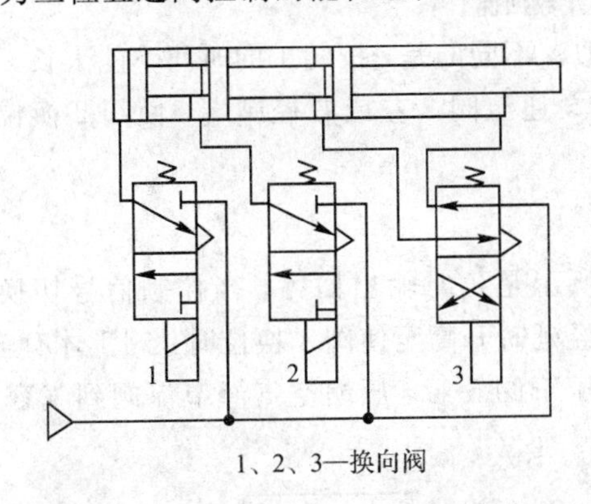

图 8－54　串联气缸位置控制回路

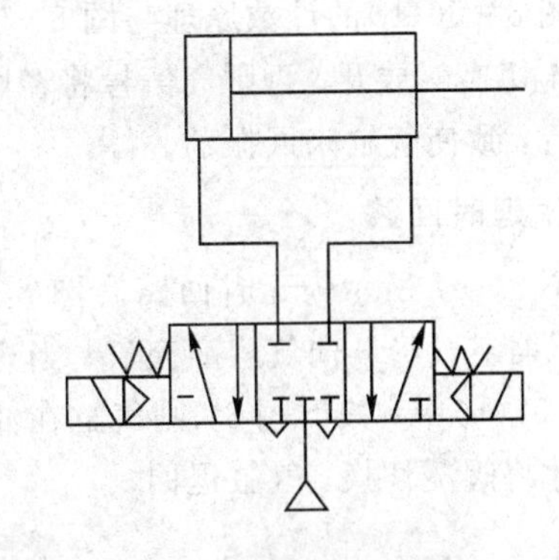

图 8－55　气控阀任意位置停止回路

3. 顺序动作回路

气动顺序动作回路是指在气动回路中，各个气缸按一定程序完成各自的动作。单气缸有单往复动作、二次往复动作、连续往复动作；双气缸及多气缸有单往复及多往复顺序动作。

4. 计数回路

计数回路可以组成二进制计数器。图 8－56(a)所示的回路中，按下手动阀 1，则气信号经阀 2 至阀 4 的左位或右位控制端使气缸推出或退回。设按下阀 1 时，气信号经阀 2 至阀 4 的左端使阀 4 换至左位，同时使阀 5 切断气路，此时气缸向外伸出；当阀 1 复位后，原通入阀 4 左控制端的气信号经阀 1 排空，阀 5 复位，于是气缸无杆腔的气经阀 5 至阀 2 左端，使阀 2 换至左位等待阀 1 的下一次信号输入。当阀 1 第二次按下后，气信号经阀 2 的左位至阀 4 的右控制端使阀 4 换至右位，气缸退回，同时阀 3 将气路切断；待阀 1 复位后，阀 4 右控制端信号经阀 2、阀 1 排空，阀 3 复位并将气导至阀 2 左端使其换至右位，又等待阀 1 的下一次信号输入。因此，第 1、3、5、…次(奇数)按阀 1，则气缸伸出；第 2、4、6、…次(偶数)按阀 1，则气缸退回。

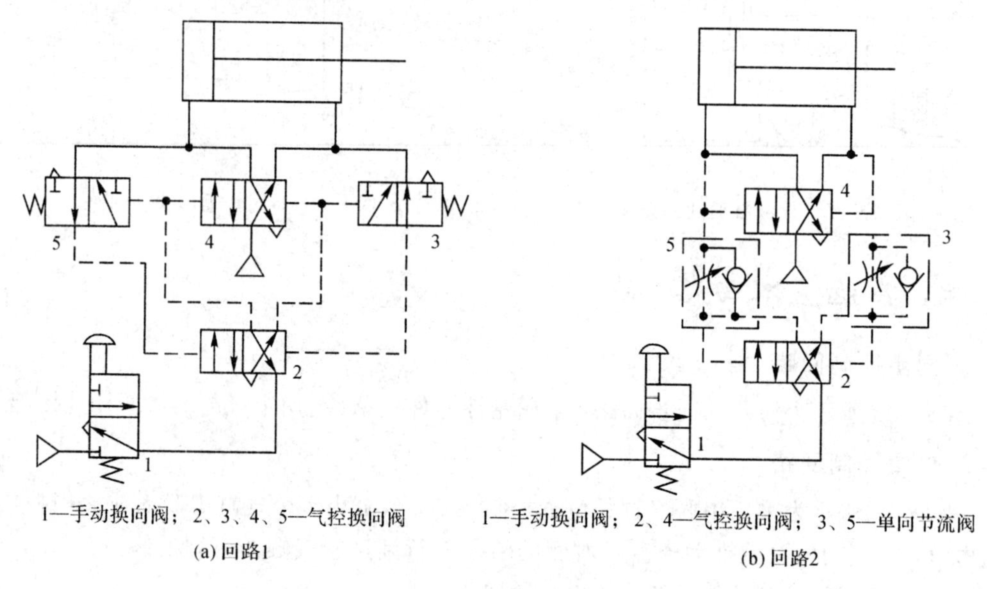

1—手动换向阀；2、3、4、5—气控换向阀

(a) 回路1

1—手动换向阀；2、4—气控换向阀；3、5—单向节流阀

(b) 回路2

图 8－56　计数回路

图 8－56(b)的计数原理与图 8－56(a)类似。不同的是，按阀 1 的时间不能太长，只要使阀 4 切换就放开，否则气信号将经阀 5 或阀 3 通至阀 2 左或右控制端，使阀 2 换位，气缸反行，致使气缸来回振荡。

5. 延时回路

图 8－57 所示为延时回路。图 8－57(a)所示是延时输出回路，当控制信号切换阀 4 后，压缩空气经 3 向气容 2 充气；当充气压力经延时升高至使阀 1 换位时，阀 1 才有输出。图 8－57(b)中，按下阀 8，则气缸在伸出行程压下阀 5 后，压缩空气经节流阀到气容 6 延时后才将阀 7 切换，气缸退回。

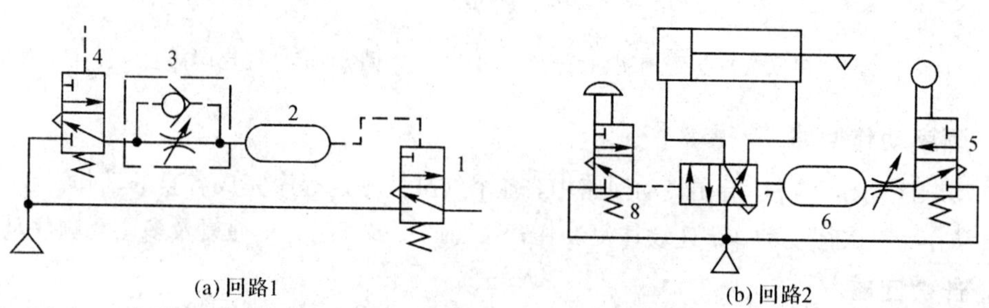

(a) 回路1

(b) 回路2

1、4—气控换向阀；2、6—气容；3—单向节流阀；5—行程阀；7—换向阀；8—手动换向阀

图 8－57　延时回路

8-5　气动系统实例

气压传动技术是实现工业生产自动化和半自动化的方式之一，其应用遍及国民经济生产的各个领域。

一、气液动力滑台气压系统

气液动力滑台是采用气-液阻尼缸作为执行元件，在机械设备中实现进给运动的部件。图 8-58 所示为气液动力滑台气压系统原理图，可完成两种工作循环，分别介绍如下。

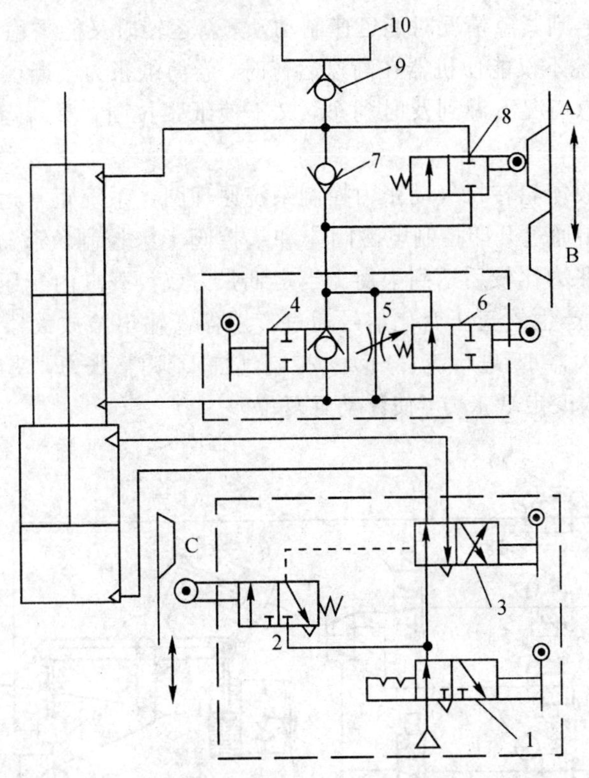

1、3—手动阀；2、4、6、8—行程阀；5—节流阀；7、9—单向阀；10—补油箱

图 8-58　气液动力滑台气压系统原理图

1. 快进—工进—快退—停止

当图 8-58 中手动阀 4 处于图示状态时，可以实现该动作循环，动作原理如下：

当手动阀 3 切换到右位时，给与进刀信号，在气压作用下气缸中的活塞开始向下运动，液压缸中活塞下腔的油液经行程阀 6 的左位和单向阀 7 进入液压缸活塞的上腔，实现快进；当快进刀活塞杆上的挡铁 B 切换行程阀 6 后(右位)，油液只经节流阀 5 进入活塞上腔，调节节流阀的开度，即可调节气－液缸运动速度，所以活塞开始工进；工进到挡铁 C 使行程阀 2 复位时，阀 3 切换到左位，气缸活塞向上运动；液压缸活塞上腔的油液经阀 8 的左位和手动阀中的单向阀进入液压缸下腔，实现快退；当快退到挡铁 A 切换阀 8，切断油液通道，活塞停止运动。

2. 快进—工进—慢退—快退—停止

当手动阀 4 处于左侧时，可实现该动作的双向进给程序。动作循环中的快进—慢进的动作原理与上述相同。当慢进至挡铁 C 切换阀 2 至左位时，阀 3 切换至左位，气缸活塞开始向上运动，这时液压缸上腔的油液经阀 8 的左位和阀 5 进入活塞下腔，实现慢退(反向进给)；慢退到挡铁 B 离开阀 6 的顶杆而使其复位后，液压缸活塞上腔的油液就经阀 6 左位而进入活塞下腔，开始快退；快退到挡铁 A 切换阀 8 而切断油路时，停止运动。

二、气动张力控制系统

胶印轮转机为大型高速印刷机械，走纸速度达 2～10 m/s。要求在印刷过程中纸张的张力必须基本恒定，遇到紧急情况时能迅速制动，重新运转时又能平稳启动。

气动张力控制系统不仅能使机器在高速运行时，卷筒纸张力不断变化情况下进行稳定的控制；并且能在紧急情况下做到及时刹车，又不使纸张拉断；重新运行时，又能使纸张张力达到原设定值。

图 8-59 所示为胶印轮转机气动张力控制系统原理图。系统正常运行时，走纸张力由减压阀 5 调定，其输出通过开印控制电磁阀 4 和气控阀 1 来控制负载缸 6，负载缸输出的力通过十字架与走纸张力比较后达到平衡。当走纸张力或负载缸内气压发生变化时，浮动辊 10 将产生摆动，使产生的气压变化信号通过传感器 9 输出给放大器 17 进行压力放大，再通过气控阀 2 到放大器 15 进行流量放大，控制气缸 14 调整张力，使压紧铜带对卷纸 12 的压紧力改变，从而改变走纸张力，使浮动辊复位。

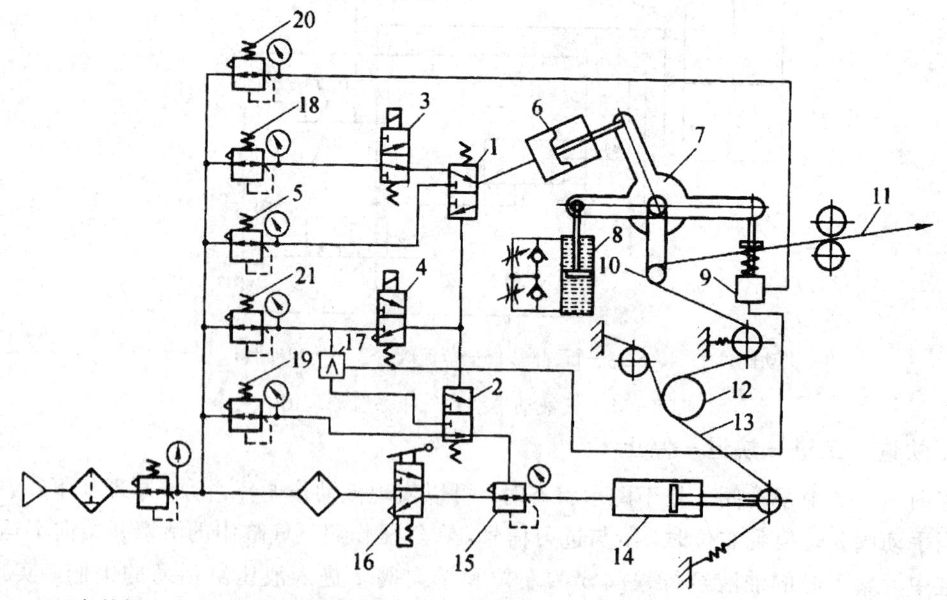

1、2—气控阀；3—停机控制电磁阀；4—开印控制电磁阀；5—张力调整减压阀；6—负载气缸；7—十字架；8—张力传感器；10—浮动棍；11—印刷走纸；12—卷筒纸；13—压紧铜带；14—张力控制气缸；15—流量放大器；16—手拉阀；17—压力放大器；18—停机时负载缸控制压力调整阀；19—停机时张力气缸控制压力调整阀；20—张力传感器气源压力调整减压阀；21—放大器及气控阀工作压力调整减压阀

图 8-59　胶印轮转机气动张力控制系统原理图

机器需要停止时，开印控制电磁阀 4 和停机控制电磁阀 3 同时打开，气控阀 1、2 同时换向，负载气缸和张力控制缸内的压力通过减压阀 18 和 19 的调定值急剧上升到设定值，铜带拉力剧增，使高速转动的纸卷筒在几秒内得到制动。

三、气动计量系统

1. 概述

在工业生产中，经常要对传送带上连续供给的粒状物料进行计量，并按一定质量分装。图 8-60 所示为一套气动计量装置，当计量箱中的物料质量达到设定值时，要求暂停传送带上物料的供给，然后把计量好的物料卸到包装容器中；当计量箱返回到图示位置时，物料再次落入到计量箱中，开始下一次计量。

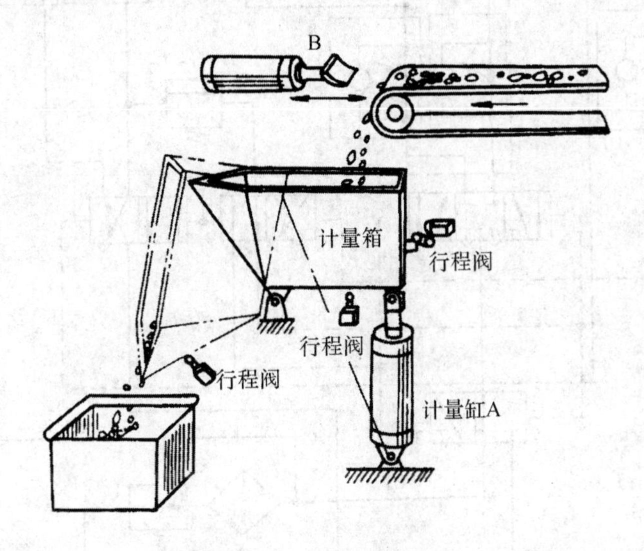

图 8-60　气动计量装置

装置的动作原理如下：气动装置停止工作一段时间后，因泄漏气缸活塞会在计量箱重力作用下缩回。因此，首先要有计量准备工作使计量箱达到预定位置；随着落入计量箱中，计量箱的质量不断增加，气缸 A 慢慢被压缩；计量的质量达到设定值时，气缸 B 伸出，暂停物料的供给；计量缸换接高压气源后伸出把物料卸掉；经过一段时间的延时后，计量缸缩回，为下次计量做好准备。

2. 气动控制系统

气动计量系统回路图如图 8-61 所示。气动计量装置启动时，切换阀 14 至左位，高压气体经减压阀 1 调节后使计量缸 A 伸出，当计量箱上的凸块通过行程阀 12 的位置时，阀 14 切换到右位，计量缸 A 以排气节流阀 17 所调节的速度下降；当计量箱侧面的凸块切换行程阀 12 后，阀 12 发出的信号使阀 6 换至图示位置，使止动缸 B 缩回；然后把阀 14 换至中位，计量准备工作结束。

随着物体落入计量箱中，计量箱的质量逐渐增加，此时缸 A 的主控阀 4 处于中位，缸内气体被封闭住而进行等温压缩过程，缸 A 活塞缸慢慢缩回；当质量达到设定值时，阀 13 切换；阀 13 发出气压信号使阀 6 换至左位，缸 B 伸出，暂停被计量物的供给，切换阀 5 至图示位置；缸 B 伸至行程终点后使无杆腔压力升高，打开阀 7，阀 4 和阀 3 被切换，高压气体进入缸 A，使缸 A 外伸，将被计量物倒入包装箱中；当缸 A 行至终点时，阀 11 动作，经由阀 10 和 C 组成的延时回路延时后，切换阀 5，使阀 4 和阀 3 换向，缸 A 活塞杆缩回；阀 12 动作，使阀 6 切换，缸 B 缩回，被计量物再次落入计量箱中。

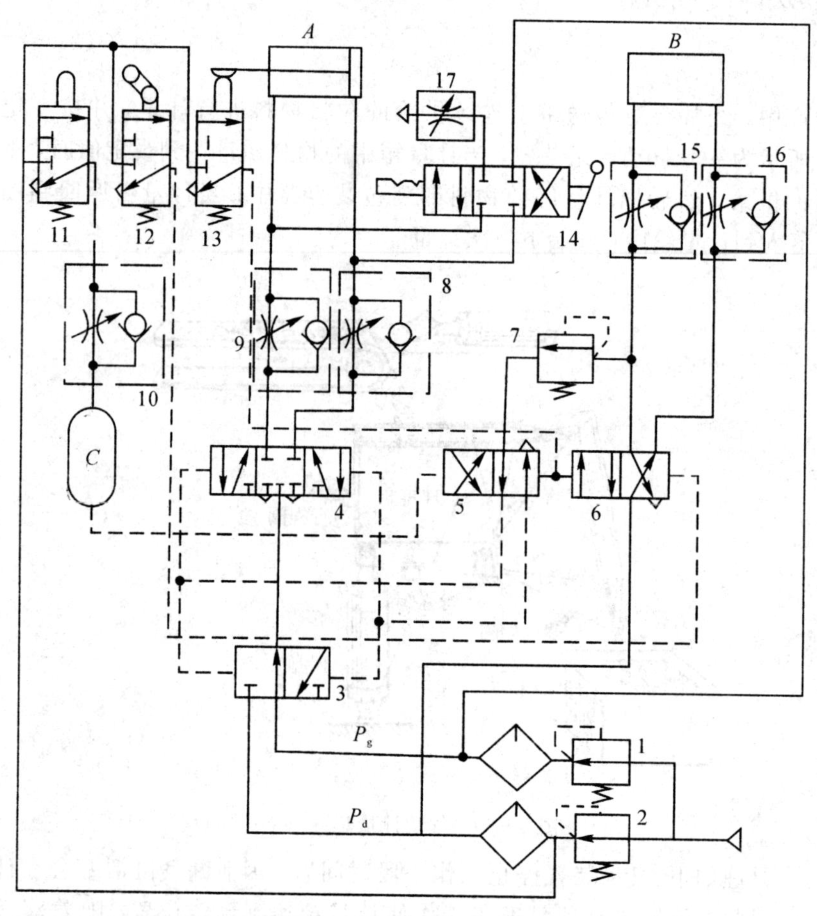

1、2—减压阀；3—高低压切换阀；4—主控换向阀；5、6—气控换向阀；7—顺序阀；8、9、10—单向节流阀；11、12、13—行程阀；14—手动换向阀；15、16—单向节流阀；17—排气节流阀；A—计量缸；B—止动缸；C—气容

图 8-61　气动计量系统回路图

习　题

1. 分析气液动力滑台气压系统的工作原理。
2. 分析气动张力控制系统的工作原理。
3. 分析气动计量系统的工作原理。

附录 液压与气压元件图形符号

(GB/T786.1—1993)

附表 1 液压泵、液压马达和液压缸图形符号

名　　称	符　　号	名　　称	符　　号
单向定量液压泵	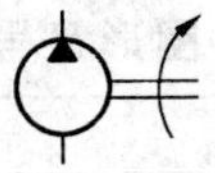	液压整体式传动装置	
双向定量液压泵	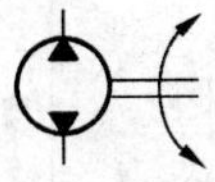	摆动马达	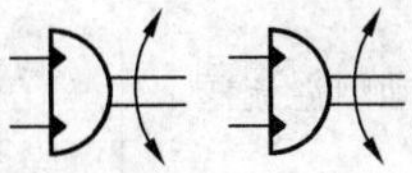
单向变量液压泵	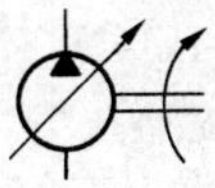	单作用弹簧复位缸	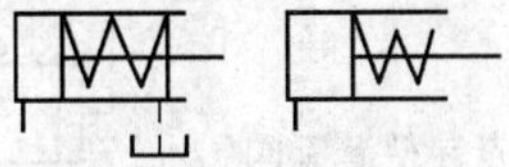
双向变量液压泵	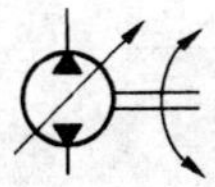	单作用伸缩缸	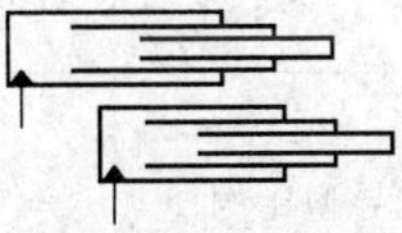
单向定量马达	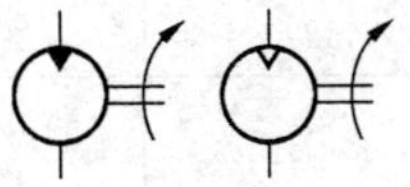	单向变量马达	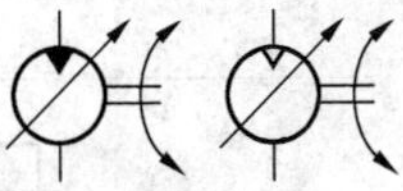
双向定量马达	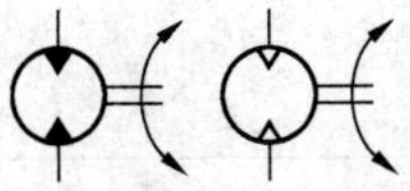	双向变量马达	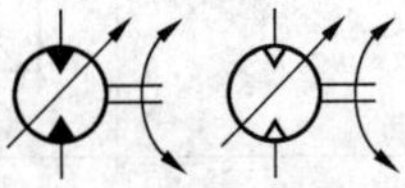
定量液压泵—马达	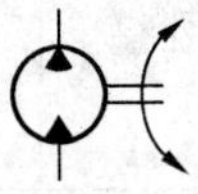	单向缓冲缸	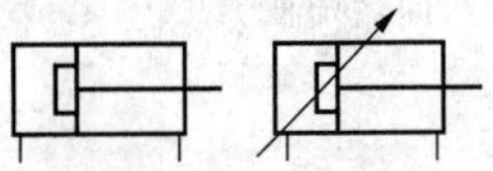
变量液压泵—马达	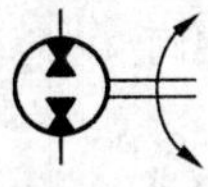	双向缓冲缸	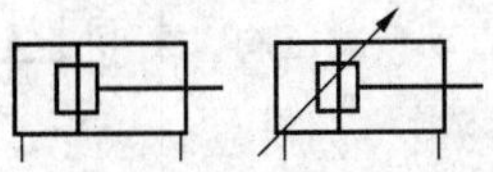

续表

名　　称	符　　号	名　　称	符　　号
双作用单活塞杆缸	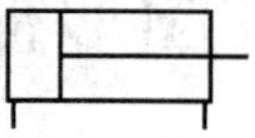	双作用伸缩缸	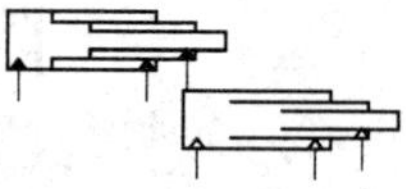
双作用双活塞杆缸	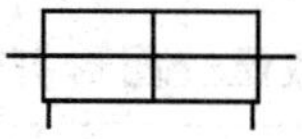	增压缸	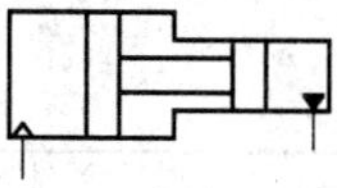

附表 2　液压与气压控制元件图形符号

名　　称	符　　号	名　　称	符　　号
直动型溢流阀	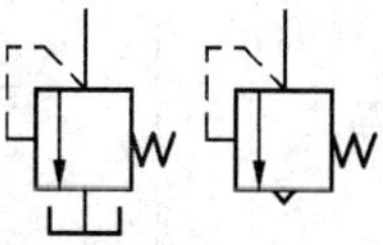	溢流减压阀	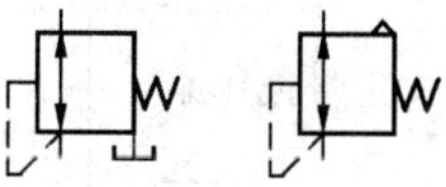
先导型溢流阀	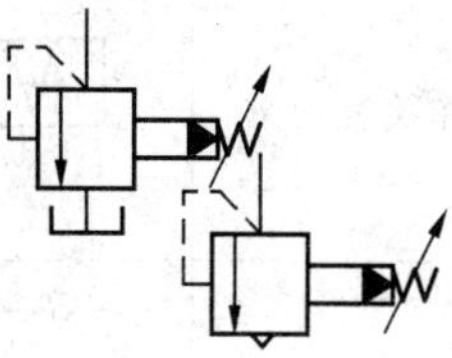	先导型比例电磁溢流减压阀	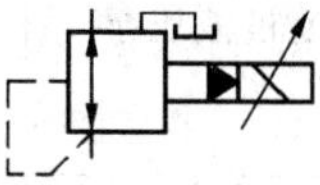
先导型比例电磁溢流阀	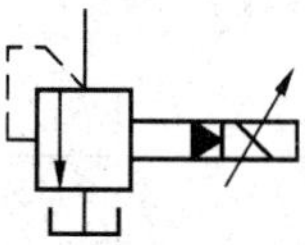	定比减压阀	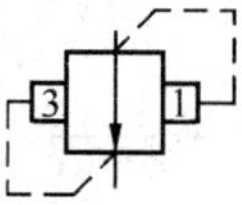 3　1
卸荷溢流阀	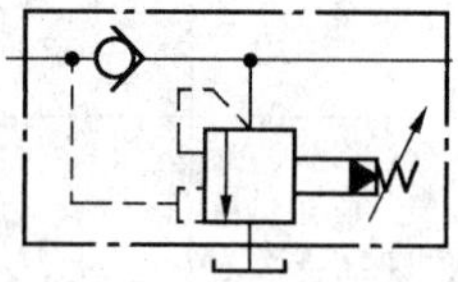	定差减压阀	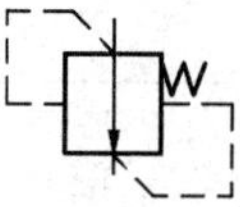
双向溢流阀	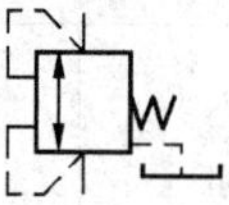	直动型顺序阀	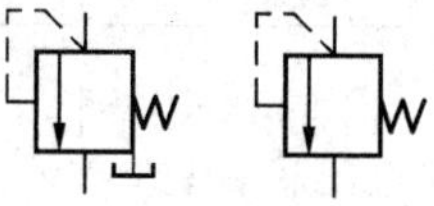
直动型减压阀	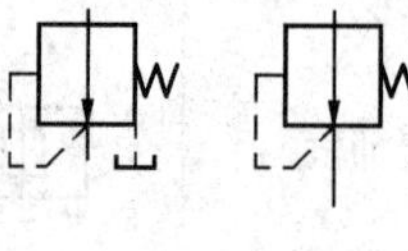	先导型顺序阀	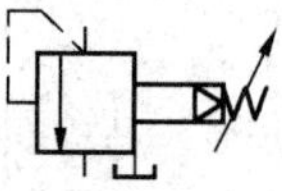

续表

名 称	符 号	名 称	符 号
先导型减压阀	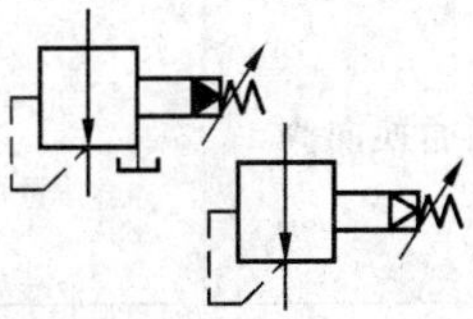	单向顺序阀（平衡阀）	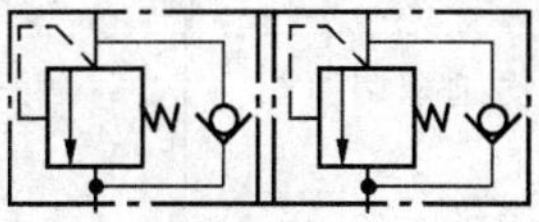
直动型卸荷阀	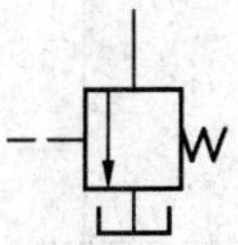	集流阀	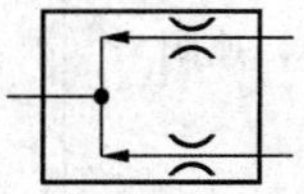
制动阀	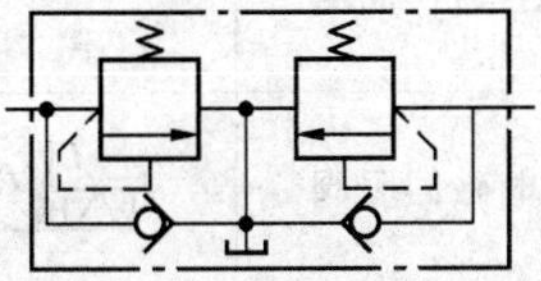	分流集流阀	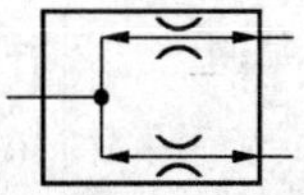
不可调节流阀		单向阀	
可调节流阀		液控单向阀	
可调单向节流阀	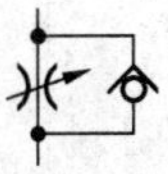	液压锁	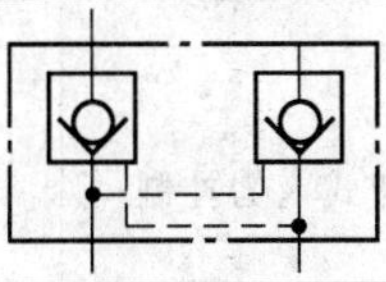
调速阀		或门型梭阀	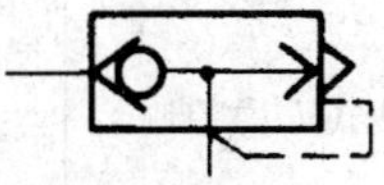
带消声器的节流阀	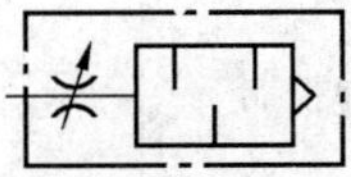	与门型梭阀	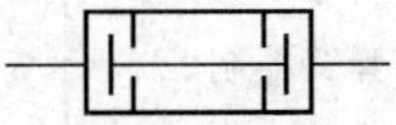
调速阀	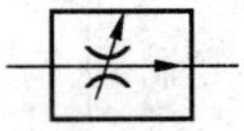	快速排气阀	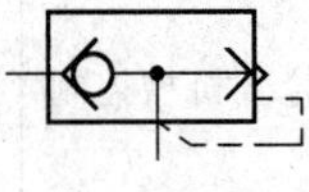
温度补偿调速阀	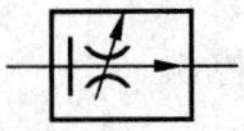	二位二通换向阀	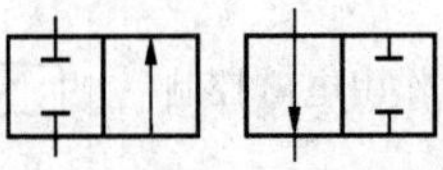

续表

名　称	符　号	名　称	符　号
旁通型调速阀	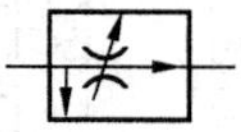	二位三通换向阀	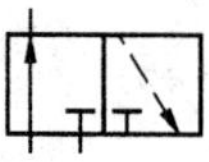
单向调速阀	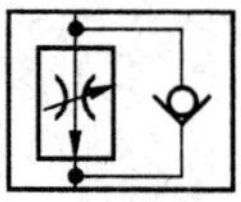	二位四通换向阀	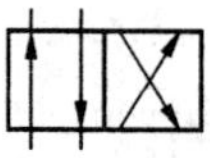
分流阀	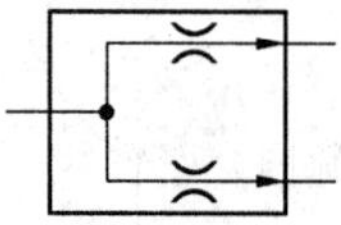	二位五通换向阀	
		四通电磁伺服阀	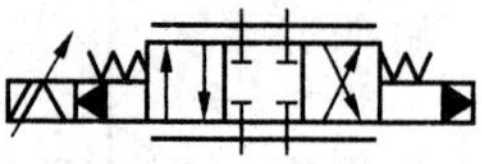
三位四通换向阀	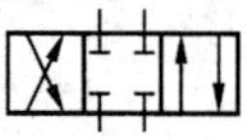	三位五通换向阀	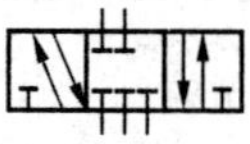

附表 3　常见控制装置图形符号

名　称	符　号	名　称	符　号
按钮式人力控制	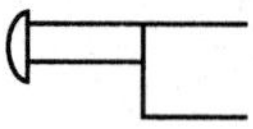	踏板式人力控制	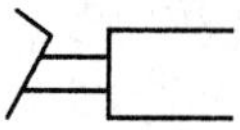
手柄式人力控制	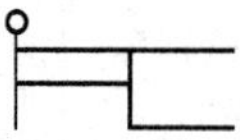	顶杆式机械控制	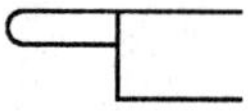
弹簧控制	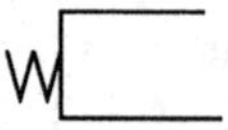	液压先导控制	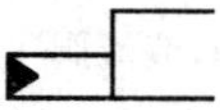
单向滚轮式机械控制	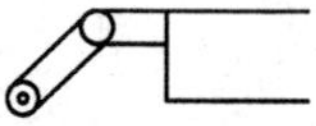	液压二级先导控制	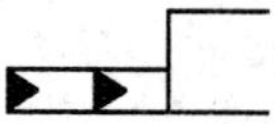
单作用电磁控制	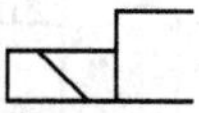 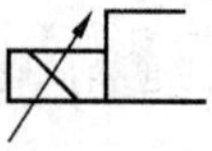	气—液先导控制	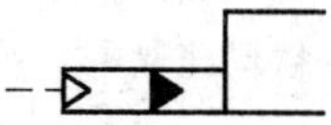

续表

名 称	符 号	名 称	符 号
双作用电磁控制	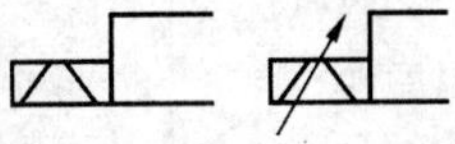	内部压力控制	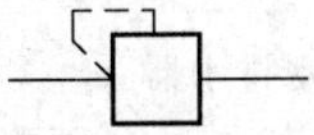
电动机旋转控制	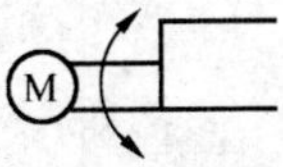 M	电-液先导控制	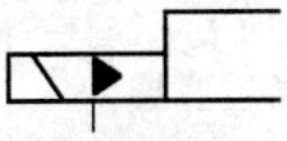
加压或泄压控制	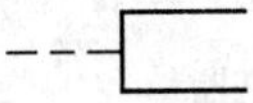	电气	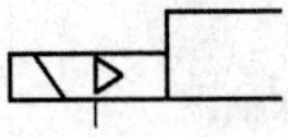
滚轮式机械控制	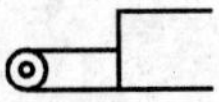	液压先导泄压控制	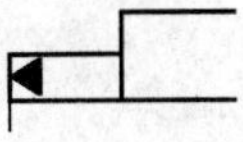
外部压力控制	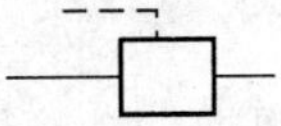	电反馈控制	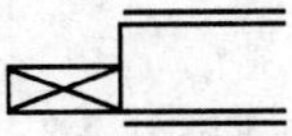
气压先导控制	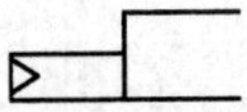	差动控制	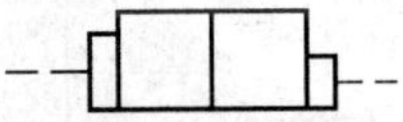

附表 4 液压与气压辅助元件图形符号

名 称	符 号	名 称	符 号
过滤器	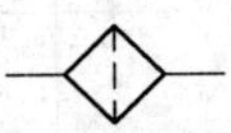	气罐	
磁芯过滤器	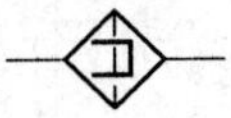	压力计	
污染指示过滤器	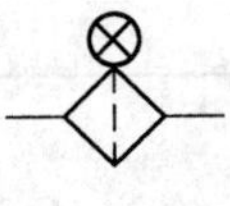	液面计	

续表

名　　称	符　　号	名　　称	符　　号
分水排水器		温度计	
空气过滤器		流量计	
除油器		压力继电器	W
空气干燥器		消声器	
油雾器		液压源	
气源调节装置		气压源	
冷却器		电动机	M
加热器		原动机	M
蓄能器		气-液转换器	

附表 5 其他辅助元件符号

名 称	符 号	名 称	符 号
工作管路		管端连接于油箱底部	
控制管路		密闭式油箱	
连接管路		直接排气	
交叉管路		带连接排气	
柔性管路		带单向阀快换接头	
组合元件线		不带单向阀快换接头	
管口在液面以上油箱		单通路旋转接头	
管口在液面以下油箱		三通路旋转接头	

参 考 文 献

[1] 甘秀芹，满维龙，张树刚. 液压与气压传动. 长春：吉林科学技术出版社，2012.
[2] 人力资源和社会保障部教材办公室组织. 液压传动与气动技术. 北京：中国劳动社会保障出版社，2011.
[3] 劳动和社会保障部教材办公室组织. 液压技术. 3 版. 北京：中国劳动社会保障出版社，2007.